计算机软件基础
（MOOC 版）

主　编　黄文生
副主编　张永坚
参　编　刘明芳　戚建宇　高　亮

机械工业出版社

本书融入了作者多年的教学经验及实际案例，以数据结构为主线，同时包含了操作系统原理、数据库原理、软件工程的相关重要知识点。内容包括：线性结构，非线性结构，排序和查找等相关算法的原理、实现和应用；处理器、存储器、设备和文件等资源的管理技术；数据库的基本原理和重要的 SQL 语言的使用；软件项目开发的过程和一些常用设计、编码、调试的基本规则和工具。每章都有小结对各章内容进行总结。本书配有视频讲解，通过扫描书中二维码可观看每章的相关教学视频。

本书适合非计算机专业的学生使用，也可作为非计算机专业的工程技术人员提高计算机应用水平的参考书，亦可作为计算机等级考试的辅助教材。

本书为新形态教材，配有以下教学资源：电子课件、习题答案、教学大纲、授课视频等，欢迎选用本书作教材的教师，登录 www.cmpedu.com 注册后下载，或联系微信 13910750469 索取（注明教师姓名+学校）。

图书在版编目（CIP）数据

计算机软件基础：MOOC版 / 黄文生主编. -- 北京：机械工业出版社，2024. 5. -- ISBN 978-7-111-76141-9

Ⅰ. TP31

中国国家版本馆CIP数据核字第20249LH402号

机械工业出版社（北京市百万庄大街22号　邮政编码100037）
策划编辑：吉　玲　　　　　　责任编辑：吉　玲
责任校对：潘　蕊　张　征　　封面设计：张　静
责任印制：常天培
北京机工印刷厂有限公司印刷
2024年9月第1版第1次印刷
184mm×260mm · 19.5印张 · 493千字
标准书号：ISBN 978-7-111-76141-9
定价：65.00 元

电话服务　　　　　　　　　网络服务
客服电话：010-88361066　　机 工 官 网：www.cmpbook.com
　　　　　010-88379833　　机 工 官 博：weibo.com/cmp1952
　　　　　010-68326294　　金 书 网：www.golden-book.com
封底无防伪标均为盗版　　　机工教育服务网：www.cmpedu.com

序

现在计算机技术的应用已经覆盖了全社会的各个领域，通过与其他学科紧密结合，成为促进各学科高速发展的推动力。掌握一定的计算机应用能力，是不同行业不同专业的工程技术人员必备的素质之一。除了计算机专业毕业的专业人才外，人数众多的运用计算机作为工具解决本领域中任务的其他专业的从业人员，也是计算机技术应用和发展的基础力量。正是这部分非计算机专业人员开发了大部分应用软件，他们所具备的优势是其他人难以代替的，因此，在非计算机专业中深入进行计算机教育是非常必要的，本教材的编写正适应了这种社会需求。

作为非计算机专业的学生和工程技术人员，不可能像计算机专业的学生那样学习软件相关的各门课程，而且非计算机专业中的计算机教育，无论目的、内容、教学体系、教材、教学方法等各方面都与计算机专业有很大不同，绝不能照搬计算机专业的模式和做法。因此，有必要将主要的软件技术和知识在一门课程中介绍，但又不能是简单的知识点罗列，要做到有的放矢。本教材的编写团队在高校长期从事计算机软件技术基础课程的教学和研究工作，同时参与各种工程项目开发，熟悉该课程的教学内容、学生体会和工程需求，本教材正是结合作者多年的教学和实践经验编写而成的。

教材内容包含计算机专业中和软件技术相关的四门核心课程内容：

1）数据结构：介绍线性表（含堆栈、队列）、树和二叉树、图等基本数据结构的概念、存储方式、相关算法和具体应用，基本的查找和排序方法。

2）操作系统原理：介绍操作系统的概念和工作原理，包括处理器、存储器、设备、文件等主要管理功能的工作原理。

3）数据库原理：介绍数据库的基础知识、关系代数和数据库管理系统的概念；结构化查询语言 SQL；数据库系统的应用设计，包括面向结构设计、平台选择与应用架构设计以及大数据等网络新技术。

4）软件工程：介绍软件工程的起源和主要思想，常用系统开发模型、各种启发式规则及开发步骤和工具等。

本教材有以下特点：

1）符合初学者的特点。以工程应用为目的和出发点，强调实用性，在教材中引入了很多工程应用实例，注意采用读者容易理解的方法阐明看似深奥难懂的问题，力求做到通俗易懂、便于自学。

2）满足不同学校不同专业的教学需求。原则上，只要对计算机软件设计有需求的非计算机专业都有使用本教材的需求。

3）采用多样化的形式。除了教材这一基本形式外，还可以提供电子教案，并且通过扫描书中的二维码、超链接等方式将教材中的相关知识点和教学视频等网络资源之间建立关联，以提高学习效果。

4）可读性强。本教材深入浅出，通过实例引出基本概念，便于读者接受。

李士宁

前　言

计算机技术的飞速发展，改变了世界，也改变了人类的生活。计算机技术的应用已经渗透到各个领域，与其他学科紧密结合，成为推动各学科飞速发展的有力的催化剂。计算机专业人才作为软件行业的主力军的作用是毋庸置疑的，但是，非计算机专业的工程技术人员掌握必要的计算机软件技术基础知识是提高计算机应用水平、利用计算机技术解决本专业工作中具体问题的重要途径，非计算机专业本科生既熟悉自己将来所从事的专业技术又掌握计算机的应用技能是一个优势。事实上，越来越多的软件由非专业人员来设计和使用，也在很大程度上为信息化的发展起到了巨大的推动作用。

本教材作者在高校长期从事计算机软件技术基础课程的教学和研究工作，具有丰富的教学经验，熟悉该课程的教学需求和学生体会，在此基础上根据高等院校非计算机专业对计算机软件技术的知识要求编写了本教材。本教材非常适用于非计算机专业的其他工程类专业的学生使用，也可作为计算机等级考试的辅助性教材。

本教材融入了作者多年的教学经验及实际案例，以数据结构为主线，同时包含了操作系统、软件工程和数据库原理等主要软件技术的相关内容，共 11 章，几乎每章都有本章小结和习题。

第 1 章对本教材中用到的 C 语言相关内容进行了简单回顾，包括数组、结构、指针和函数，同时介绍了算法的基本概念和算法设计的基本方法。

第 2 章介绍了数据结构中的相关基本概念和主要操作。

第 3 章介绍了线性表的相关概念，包括线性表的顺序和链式存储结构、堆栈、队列和数组等，以及它们的基本操作。

第 4 章讲述了树和二叉树的概念、相关算法以及赫夫曼树和二叉排序树等各种应用。

第 5 章讲述了图的存储、遍历等基本的概念，以及拓扑排序、最小生成树、关键路径和最短路径等图的具体应用。

第 6 章介绍了查找表的各种常见的查找技术，包括顺序表、有序表和散列表的查找等。

第 7 章讲述了常见的顺序表的各种排序技术。

第 8 章介绍了操作系统的概念和工作原理，包括处理器、存储器、设备、文件等主要管理功能的工作原理。

第 9 章介绍了数据库的基础知识、关系代数和数据库管理系统的概念。

第 10 章介绍了结构化查询语言 SQL 等。

第 11 章介绍了软件工程的起源和主要思想，常用系统开发模型、各种启发式规则及开发步骤和工具等。

本教材由黄文生任主编。其中，第 1~6 章由黄文生编写，第 7 章由高亮编写，第 8 章由刘明芳编写，第 9、10 章由张永坚编写，第 11 章由戚建宇编写。审稿由毛国勇教授完成。

由于作者水平有限，编写时间仓促，书中难免存在错误和不足之处，恳请广大读者指正。另外，在编写中参考了许多同类书籍，在此向相关作者一并表示最诚挚的谢意。

编　者

书中教学视频一览表

知识点名称	对应二维码	知识点名称	对应二维码	知识点名称	对应二维码
1-1 分支结构【第1页】		3-4 顺序表的应用及其优缺点【第30页】		4-4 二叉树的存储结构【第69页】	
1-2 循环结构【第1页】		3-5 线性链表的概念【第31页】		4-5 二叉树的遍历【第71页】	
1-3 指针【第4页】		3-6 线性链表的基本运算【第33页】		4-6 二叉树遍历的应用【第74页】	
1-4 函数【第5页】		3-7 循环链表和双向链表【第40页】		4-7 树和森林【第79页】	
1-5 算法的基本概念【第6页】		3-8 链表应用举例【第42页】		4-8 哈夫曼树及其应用【第83页】	
1-6 算法设计基本方法【第9页】		3-9 堆栈【第45页】		4-9 二叉排序树【第88页】	
2-1 数据结构概述【第15页】		3-10 队列【第53页】		5-1 图的基本概念【第97页】	
3-1 线性表的概念【第22页】		4-1 树的基本概念【第65页】		5-2 图的存储结构【第99页】	
3-2 顺序表的概念【第24页】		4-2 二叉树及其性质【第67页】		5-3 图的遍历【第106页】	
3-3 顺序表的算法【第25页】		4-3 两个特殊二叉树【第68页】		5-4 拓扑排序【第110页】	

（续）

VIII

知识点名称	对应二维码	知识点名称	对应二维码	知识点名称	对应二维码
5-5　最小生成树 【第 113 页】		7-3　起泡排序 【第 149 页】		8-3　存储空间管理 【第 180 页】	
5-6　关键路径 【第 118 页】		7-4　快速排序 【第 151 页】		9-1　数据库基础和数据研究过程 【第 206 页】	
5-7　最短路径 【第 123 页】		7-5　选择排序 【第 154 页】		10-1　SQL 语言应用和大数据简介 【第 236 页】	
6-1　顺序查找表 【第 131 页】		7-6　堆排序 【第 155 页】		11-1　软件工程概述及其生命周期 【第 264 页】	
6-2　折半查找 【第 132 页】		7-7　归并排序 【第 159 页】		11-2　模块化程序设计规则 【第 272 页】	
6-3　哈希查找 【第 136 页】		7-8　基数排序 【第 161 页】		11-3　软件详细设计的表达 【第 277 页】	
7-1　插入排序 【第 146 页】		8-1　操作系统概述 【第 166 页】		11-4　软件测试技术 【第 283 页】	
7-2　希尔排序 【第 148 页】		8-2　进程管理 【第 169 页】		11-5　调试技术 【第 292 页】	

目 录

X

第 1 章

预 备 知 识

1.1　C 语言回顾

C 语言是通用计算机编程语言，兼有高级和低级语言的功能，语法简洁、应用广泛，具有良好的跨平台特性，适合编写系统软件和应用软件。为了更好地理解书中的案例，本章将对后序章节中用到的 C 语言相关内容进行介绍。

1. 分支结构

C 语言中的分支结构一般通过 if 语句和 case 语句来实现，这里只介绍 if 语句，其格式如下：

```
if(表达式)
    语句 1;
else
    语句 2;
```

其中，语句 1 和语句 2 可以是空语句，语句 2 为空，就是不带 else 的 if 语句。if 语句可以多层嵌套，如符号函数 sign(x)：

$$sign(x) = \begin{cases} 1 & \text{当 } x>0 \text{ 时} \\ 0 & \text{当 } x=0 \text{ 时} \\ -1 & \text{当 } x<0 \text{ 时} \end{cases}$$

为此，可用以下两种方法实现：

```
方法一：                        方法二：
sign(x)                        sign(x)
{                              {
  if (x>0)  return(1);          if(x>0)  return(1)
  if (x==0) return(0);          else if(x==0) return(0)
  if (x<0)  return(-1);         else return(-1)
}                              }
```

其中方法二采用了嵌套格式。

2. for 循环语句

for 循环语句用在循环次数固定或已知的情况下，其格式如下：

```
for(表达式 1;表达式 2;表达式 3)
{
```

2

```
    语句;
    }
```

例如，用循环实现 1 到 100 的和的程序段如下：

```
sum=0;
for(i=1;i<=100;i++)
    sum=sum+i;
```

3. while 和 do while 循环语句

当循环次数不确定时，使用 while 或 do while 循环语句，其格式分别如下：

```
while(条件)
{
    语句
}
或
do
{
    语句
}while   (条件)
```

一般情况下，建议使用前一种格式。

例如，编写一个程序，对输入的以 0 作为结束的任意个数据求和。

```
main()
{ int   sum,x;
    sum=0;
    scanf("%d",&x);
    while(x<>0)
    {
        sum=sum+x;
        scanf("%d",&x);
    }
    printf("sum=%d",sum);
}
```

4. 数组

数组定义格式如下：

类型　数组名<[下标]> [[下标]...]

例如：

```
    int   a[30],int G[3][4];
```

分别定义了一个长度为 30 的一维数组 a 和一个 3 行 4 列的二维数组 G。注意，C 语言中数组的下标是从 0 开始编号的，所以，长度为 30 的一维数组的下标是 0~29。

例如，求 Fibonacci 数列的前 30 项并输出它们。

注意：Fibonacci 数列的定义为 $F(0)=1, F(1)=1, F(n)=F(n-1)+F(n-2)$，即 1，1，2，

$3,5,8,13,21,\cdots$

```
main()
{
    int i;
    int f[30]={1,1};              //初始化数组前两个元素
    for(i=2;i<30;i++)
        f[i]=f[i-1]+f[i-2];
    for(i=0;i<30;i++)
        printf("%5d",f[i]);
}
```

5. 结构体

结构体是用户自定义类型，在结构体中可以包含若干不同类型的数据项，这些数据项组合起来反映某一个信息。例如，定义一个结构体 student，其中包括学号、姓名、性别、年龄、家庭住址、电话等，这样就可以用变量 student 来存放某个学生所有的相关信息。

结构体定义的格式为：

```
struct 结构体名
{
    数据类型   成员名1;
    数据类型   成员名2;
        ⋮
    数据类型   成员名n;
};
```

例如，定义结构体 student 来描述学生信息，代码如下：

```
struct student
{
    char id[8];                   //学号
    char name[20];                //姓名
    int sex;                      //性别
    int age;                      //年龄
    char address[80];             //家庭住址
    char phone[20];               //电话
}S1;                              //定义结构体变量 S1
struct student S2,S[40];          //定义结构体变量 S2 和一个长度为 40 的结构体数组
```

注意：S1 是在定义结构时同时申明变量；S2、S 是在定义结构后再申明的变量，这里的 S 是一个结构体数组，长度为 40，即 S 的每个元素都是一个结构体，S 可以表示 40 个学生的信息。

上面 S1、S2 和 S 的定义，还可以采用下面的方式进行，即使用 typedef 语句来定义：

```
typedef struct
{
    long id;                      //学号
```

```
    char name[20];              //姓名
    int sex;                    //性别
    int age;                    //年龄
    char address[80];           //家庭住址
    char phone[20];             //电话
} student;                      //定义了一个结构体类型,类型名是 student
student S1,S2,S[40];            //定义了结构体变量 S1、S2 和结构体数组 S
```

注意：上面的定义中的 student 是类型名（前面用了 typedef），而不是变量。

结构体变量中分量的引用格式如下：

结构体变量名.分量名

例如：

```
strcpyf(S1.id,"22030130")
S1.age=19;
strcpyf(S1.name,"李明");
strcpyf(S[20].phone,"13912345678");
```

6. 指针

指针就是地址，存放地址的变量就是指针变量。如图 1-1 中，有 3 个简单变量 x、y 和 z，还有一个指针变量 p，对单元内容的访问有以下两种方式：

（1）直接访问

直接通过变量名访问，例如：

x=20,y=1,z=155;

（2）间接访问

通过另一个变量访问，把该变量的地址放到另一个变量中，即指针变量中，再通过指针变量访问该变量。图 1-1 中，变量 p 存放的是变量 x 的地址，这样就可以通过 p 来访问 x 的内容。指针类型的变量定义格式如下：

<类型> * <指针变量名>;   //在变量名前加了" * "

例如，图 1-1 中的变量定义如下：

```
int  x,y,z,*p;
```

如果要让 p 指向变量 x，还必须有如下语句：

p=&x;   //指针变量赋值,"&"是取地址运算符

此后，就可以通过 p 来访问 x 了，例如：

*P=50;   //表示 p 指针指向(即 x)的内容,赋值 50

7. 指针和数组

（1）数组指针

可以让指针指向数组元素（一维数组），这时的指针称为数组指针。此时要有如下的定

义和操作：

```
int a[5]={10,11,12,13,14},*p=a;
p=a;或 p=&a[0];        //结果是一样的,数组名本身代表数组的起始地址
```

下标法：通过 a[i] 来引用，如 a[3]。

指针法：用 *(a+i)、*(p+i) 引用第 i 个元素。

（2）指针数组

指针数组是指针构成的数组。首先它是一个数组，数组的元素都是指针，数组占多少字节由数组本身的大小决定，每一个元素都是一个指针。例如：

```
        int *p[5];
```

定义了一个长度为 5 的数组，数组元素都是指针类型。注意和前面的数组指针的区别。

8. 指针和结构体

指针变量也可以用来指向结构体变量中的成员。C 语言中指向结构体变量的成员的运算符可以用 "->" 来实现，例如，p->num 表示指针 p 指向的结构体变量中的成员 num。p->num 和（*p）.num 等价。

例如，分析以下结构体指针运算。

```
struct student *p;
p->num              //得到 p 指向结构体变量中的成员 num 的值
p->num++            //p 指向结构体变量中的成员 num 的值加 1
++p->n              //p 指向结构体变量中的成员 num 的值加 1 后再使用它
```

当指针用于链式存储时，一般用到包含指针变量的结构体类型，例如：

```
struct node                 //链表结点
{
  ListData  data;           //结点数据域
  struct node  *next;       //结点链域
}*p,*q;                     //指针变量
```

其中 p 和 q 是 2 个指向结构体的指针变量，结构体中的 next 分量是一个指针类型，它指向下一个结构体。

9. 函数

C 语言中的函数包括库函数和自定义函数两大类。函数可以有返回值，也可以没有返回值。例如：

```
int sum(int a,int b)
{
  return a+b;
}
```

sum() 函数是自定义函数，功能是实现两个参数的求和，返回它们的和值。

```
void main()
{
  int a,b;
  a=3;b=6;
```

```
    exchg(&a,&b);
    printf("%d,%d\n",a,b);
}
exchg(int * x,* y)
{
  int t;
  t= * x,* x= * y,* y=t;
}
```

运行结果：6,3

上面的 exchg( ) 函数实现了 x 和 y 两个指针变量指向单元的内容交换。该函数没有具体的返回值，主要完成相关的交换操作。

1.2 算法

1.2.1 算法的基本概念

算法：用于描述对于特定问题明确的求解步骤，它是操作指令的有限序列，每一条指令表示一个或多个操作。这里的特定问题是指某个应用计算机解决实际问题的相关需求。

算法和程序是不同的，在软件开发中，算法作为编写程序的准备，它是给人看的，而程序是给计算机看的，程序员负责完成将算法转换成程序。

1. 算法的基本特征

作为一个算法，一般应具有以下几个**基本特征**。

（1）可行性

对于算法的设计，人们总是希望能够得到满意的结果。但一个算法又总是在某个特定的计算工具上执行的，因此，算法在执行过程中往往要受到计算工具的限制，使执行结果产生偏差。例如，在进行数值计算时，如果某计算工具具有 7 位有效数字（如程序设计语言中的单精度运算），则在计算下列三个量：

$$A=10^{12}, B=1, C=-10^{12}$$

的和时，如果采用不同的运算顺序，就会得到不同的结果，即

$$A+B+C=10^{12}+1+(-10^{12})=0$$
$$A+C+B=10^{12}+(-10^{12})+1=1$$

而在数学上，A+B+C 与 A+C+B 是完全等价的。因此，算法与计算公式是有差别的。在设计一个算法时，必须要考虑它的可行性，否则不会得到满意的结果。

（2）确定性

算法中的每一个步骤都必须有明确的定义，不允许有模棱两可的解释，也不允许有多义性。在解决实际问题时，可能会出现这样的情况：输入 a、b 两个数，输出二者的差，那么问题来了，二者的差是 a-b 还是 b-a 呢？算法的定义必须明确，否则会使程序员无所适从。

（3）有穷性

算法的有穷性是指算法必须能在有限的时间内或步骤之后终止，数学中的无穷级数，在

实际计算时只能取有限项，即计算无穷级数值的过程只能是有穷的，因此一个数的无穷级数表示只是一个计算公式，而根据精度要求确定的计算过程才是有穷的算法。

算法的有穷性还应包括合理的执行时间的含义。例如，一个天气预报算法，如果其运算时间超过约定值，那么就起不到预报的作用，显然也就失去了实用价值。

（4）有输入

一个算法有零个或多个输入。一个算法执行的结果总是与输入的初始数据有关，不同的输入将会有不同的结果输出。当用函数描述算法时，输入往往是通过形参来表示的，在它们被调用时，从主调函数获得输入值。

（5）有输出

一个算法至少要有一个或多个输出，它们是算法进行信息加工后得到的结果，无输出的算法没有任何意义。

2. 评价算法的四个标准

（1）正确性

能正确地实现预定的功能，满足解决具体问题的需要。处理数据使用的算法是否得当，能不能得到预想的结果。

（2）易读性

易于阅读、理解和交流，便于调试、修改和扩充。写出的算法，应让别人知晓算法的逻辑。如果算法通俗易懂，在系统调试和修改或者功能扩充的时候，就会使系统的维护更为便捷。

（3）健壮性

当输入非法数据时，算法也能适当地做出反应并进行处理，不会产生预料不到的运行结果。数据的形式多种多样，算法面临着接收各种各样的数据，如果算法能够处理异常数据，那么处理能力越强，健壮性越好。

（4）时空性

算法的时空性是指算法的时间性能和空间性能，即算法在执行过程中的时间长短和空间占用问题。

3. 算法的复杂度分析

解决一个问题可以有多种不同的算法，一个可执行的算法不一定是一个好的算法。算法分析是一个复杂的问题，通常在算法正确的前提下，用计算机执行时时间资源和空间资源的消耗作为评价该算法优劣的标准。

（1）时间复杂度

计算算法所消耗时间的传统方法，它用事后统计的方法得到执行某算法的具体时间。但这种方法有很多缺点，甚至有时会因此掩盖算法本身的优劣。现在更多的是对算法进行事前估算，时间复杂度和频度是计算算法所消耗时间的两个重要指标。

时间复杂度是以算法中频度最大的语句来度量，一个特定算法"运行工作量"的大小只依赖于问题的规模（是一个和输入有关的量，通常用整数 n 表示，如数组元素个数、矩阵阶数等），或者认为它是问题规模的函数。而一个语句的频度是指该语句在算法中被重复执行的次数。算法中所有语句的频度之和记为 $T(n)$，当问题规模 n 趋向无穷大时，$T(n)$ 的数量级称为时间复杂度，记作：$T(n) = O(f(n))$，这里的"O"，是指 $T(n)$ 的数量级；算法中最基本运算的原操作运算次数通常为问题规模 n 的某个函数，记作 $f(n)$。

估算算法的时间复杂度通常是估算出算法中每条指令的执行时间，则时间复杂度为所有指令的执行时间之和。但考虑到算法的时间复杂度仅对算法执行时间的增长率比较关心，而不考虑算法的绝对执行时间，所以更常用的方法是从算法中选取一种对于所研究的问题来说是基本操作的原操作，以该基本操作在算法中重复执行的次数作为算法时间复杂度的依据。

【例 1-1】 估算下面算法的时间复杂度。

```
void func(int n)
{
  int i=1,k=100;
  while(i<n)
  {
      k++;
      i+=2;
  }
}
```

解：从上述算法中得知，其基本操作语句为：k++；i+=2；

设 while 循环的执行次数为 m，i 从 1 开始递增，最后取值为 $1+2m$，则 $i=1+2m<n$，即 $m<(n-1)/2=O(n)$，所以该算法的时间复杂度为 $O(n)$。

用数量级形式 $O(f(n))$ 表示算法的执行时间 $T(n)$ 时，函数 $f(n)$ 通常取较简单的形式，如 1、$\log_2 n$、n、$n\log_2 n$、n^2、n^3、2^n 等。在 n 较大时，其时间复杂度大小顺序为：$O(1)<O(\log_2 n)<O(n)<O(n\log_2 n)<O(n^2)<O(n^3)<O(2^n)$。

【例 1-2】 估算下面算法的时间复杂度。

```
for(i=1;i<=n;++i)              //①
    for(j=1;j<=n;++j)          //②
    {
    c[i,j]=0;                  //③
    for(k=1;k<=n;++k)          //④
    c[i,j]+=a[i,k]*b[k,j];     //⑤
    }
```

解：语句①的执行频度为 $n+1$（$i<=n$ 需执行 $n+1$ 次）

语句②的执行频度为 $n(n+1)$

语句③的执行频度为 n^2

语句④的执行频度为 $n^2(n+1)$

语句⑤的执行频度为 n^3

算法的执行时间是每条语句执行时间之和，所以 $T(n)=2n^3+3n^2+2n+1=O(n^3)$。

另外，上述算法中的基本操作是语句⑤，因为其执行频度为 n^3，所以该算法的时间复杂度为

$$T(n)=n^3=O(n^3)。$$

（2）空间复杂度

一个算法的空间复杂度，一般是指执行这个算法所需要的内存空间。

一个算法所占用的存储空间包括算法程序所占的空间、输入的初始数据所占的存储空间

以及算法执行过程中所需要的额外空间。其中额外空间包括算法程序执行过程中的工作单元以及某种数据结构所需要的附加存储空间（例如，在链式结构中，除了要存储数据本身外，还需要存储链接信息）。如果额外空间量相对于问题规模来说是常数，则称该算法是原地工作的。在实际问题中，为了减少算法所占的存储空间，通常采用压缩存储技术，以尽量减少不必要的额外空间。

1.2.2 算法设计基本方法

工程中常用的算法设计方法有枚举法、归纳法、递推法、递归法、分治法、迭代法、回溯法等，本节将通过一些实例分别介绍。

1. 枚举法

枚举法是利用计算机运行速度快、精度高的特点，对要解决问题的所有可能情况一个不落地进行检测，从中找出符合要求的答案，通过牺牲时间来换取答案的全面性。其基本思想是根据提出的问题，列举出所有可能的情况，然后依次做约束条件的判断，输出满足条件的结果。

枚举法的算法往往比较简单，但枚举运算的工作量可能会很大。这时需要对具体问题进行详细分析以减少列举量，从而提高算法的效率。

【例 1-3】 百钱买百鸡问题。

中国古代数学家张丘建在《算经》中提出：鸡翁一，值钱五，鸡母一，值钱三，鸡雏三，值钱一，百钱买百鸡，问翁、母、雏各几何？

用 Cock、Hen、Chicken 分别表示公鸡、母鸡和小鸡的数量，其中公鸡个数最多能买 19个，母鸡个数最多可买 33 个，用 C 语言编写出如下算法：

```
void bqbj1()
{ int Cock,Hen,Chicken;
  for(Cock=0;Cock<20;Cock++)
  for(Hen=0;Hen<34;Hen++)
  for(Chicken=0;Chicken<100;Chicken++)
     if((Cock+Hen+Chicken==100)
        &&(Cock*5+Hen*3+Chicken/3==100)&&(Chicken%3==0))
      printf("Cock=%d Hen=%d Chicken=%d\n",Cock,Hen,Chicken);
}
```

在这个算法中，共有三层循环，总循环次数为 20×33×101＝68680 次，经过分析，可以发现这个算法可以进一步优化，从而减少大量不必要的循环次数。

首先，当公鸡个数确定后，母鸡个数的最大值不一定要达到 33，而是买了公鸡后，剩余钱能买的最大值：Hen<(100-Cock*5)/3。

其次，考虑到总个数为 100，在公鸡和母鸡数量确定的情况下，小鸡数 Chicken＝100-Cock-Hen，因此，可去掉第三层循环。

经过以上分析，可以对上述算法进行修改。经修改后的算法用 C++描述如下：

```
void bqbj2()
{ int Cock,Hen,Chicken;
```

```
for(Cock=0;Cock<20;Cock++)
  for(Hen=0;Hen<(100-Cock*5)/3;Hen++)
    {Chicken=100-Cock-Hen;
     if((Cock*5+Hen*3+Chicken/3==100)&&(Chicken%3==0))
       printf("Cock=%d Hen=%d Chicken=%d\n",Cock,Hen,Chicken);
    }
}
```

不难分析，修改后算法的循环总次数为 $\sum_{i=0}^{19}\left(33-\frac{5}{3}i\right)<680$。

2. 归纳法

归纳法的基本思想是通过列举少量的特殊情况，经过分析，最后找出一般的关系。简单地说，归纳就是通过观察一些简单而特殊的情况，最后总结出有用的结论或解决问题的有效途径。显然，归纳法要比列举法更能反映问题的本质，但是，从一个实际问题中总结归纳出一般的关系，并不是一件容易的事情，尤其是要归纳出一个数学模型更为困难。

顾名思义，归纳法用于解决有一定规律的问题。

【例 1-4】 猴子吃桃问题。

猴子第一天摘下 N 个桃子，当时就吃了一半，还不过瘾，就又吃了一个。第二天又将剩下的桃子吃掉一半，又多吃了一个。以后每天都吃前一天剩下的一半零一个。到第 10 天再想吃的时候就剩一个桃子了，求第一天共摘下来多少个桃子？

设 D1 为前一天的桃子数，D2 为后一天的桃子数，则根据吃桃的过程有公式：
$$D2=D1-(D1/2+1)=D1/2-1$$

这是根据前一天算后一天，但现在是要根据后一天算前一天，所以有
$$D1=(D2+1)\times2$$

用 C 语言的赋值语句来替换上面的等式，有
$$D=(D+1)\times2$$

等号右边的 D 代表后一天的个数，等号左边的 D 代表前一天的个数。

```
int main()
{
    int i;
    int D=1;
    for(i=9;i>=1;i--)
      D=2*(D+1);
    printf("%d\n",D);
}
```

3. 递推法

递推法是一种简单的算法，即通过已知条件，利用特定关系得出中间推论，直至得到结果的算法。递推法分为顺推法和逆推法两种。

（1）顺推法

所谓顺推法是从已知条件出发，逐步推算出解决问题的方法。

如斐波拉契数列，设它的函数为 f(n)，已知 f(1)=1，f(2)=1；f(n)=f(n-2)+f(n-1)

（n>=3, n∈N）。则通过顺推可以知道，f(3)=f(1)+f(2)=2，f(4)=f(2)+f(3)=3……直至得到要求的解。

（2）逆推法

所谓逆推法是从已知问题的结果出发，用迭代表达式逐步推算出问题开始的条件，即顺推法的逆过程。

例 1-4 中的猴子吃桃问题就是逆推法的应用。

4. 递归法

递归算法简单地说就是自己调用自己。

能采用递归描述的算法通常有这样的特征：为求解规模为 n 的问题，设法将它分解成规模较小的问题，然后能从这些小问题的解中方便地构造出大问题的解，并且这些规模较小的问题，也能采用同样的分解和综合方法，分解成规模更小的问题，并从这些更小问题的解构造出规模较大问题的解。特别地，当规模 n=1 时，能直接得解。

递归法一般都可以通过递归函数或递归定义表达出来，这里用阶乘计算举例说明。

【例 1-5】 用递归法实现 n 的阶乘。

已知 n 的阶乘：

$$n!=n×(n-1)×(n-2)×……×1=n×(n-1)!$$

用函数表示如下：

$$fact(n)=\begin{cases}1 & \text{当 n=1 时}\\ n×fact(n-1) & \text{当 n>1 时}\end{cases}$$

根据函数定义，可以写出如下递归程序：

```
int fact(n)
{
  if(n==1)  return 1;
  else return n * fact(n-1);
}
```

在这个算法中，fact() 函数调用了它自己。

递归程序最典型的特点是自己调用自己，但在递归程序中一定要有出口，否则就是无限递归，产生的后果就是堆栈溢出。

【例 1-6】 用递归法实现如图 1-2 所示的汉诺塔游戏。

其规则是：有 3 个柱子 A、B、C，n 个大小不同的盘子（现在假设是 3 个），要把 A 柱上的盘子（初始状态按大小顺序排列），最终移到 C 柱上，移动规则是

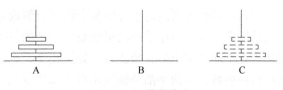

图 1-2　汉诺塔游戏

每次只能移动一个，且只能小的在上大的在下，B 柱作为过渡。

编程的基本思路是：

首先将 n 张盘看成由两部分组成：第一部分是最大的盘 n 号盘，第二部分则是剩余的 n-1 张盘，称为 n-1 张盘。注意，这里的 n-1 张盘是多张盘组成的，n 号盘只有一张盘。

其中：一张盘搬动时，可直接搬到目的地，多张盘搬动时，要调用自己来实现。

则可以写出如下算法描述：

如果 n=1

　　　　直接将 n 号盘从 A 搬到 C

否则进行如下操作

　　　　　将 A 上面的 n-1 张盘从 A 搬到 B；

　　　　　直接将 n 号盘从 A 搬到 C；

　　　　　将 B 上的 n-1 张盘从 B 搬到 C；

根据以上算法描述，可以用 C 语言写出如下算法：

```
void Hanoi(int n,A,B,C)
{ //将 n 张盘从 A 搬动到 C,将 B 作为过渡,
  if(n==1)
      move(n,A,C);          //一张盘片
  else
    {
      Hanoi(n-1,A,C,B);     //多张盘片
      move(n,A,C);          //一张盘片
      Hanoi(n-1,B,A,C);     //多张盘片
    }
}
void move(int n,A,C)
{
  printf("将%d 号盘从%d 搬到%d\n",n,A,C);
}
```

单张盘片搬动时，可直接用移动函数；多张盘片搬动时，通过调用自己来实现。

这里的移动函数使用了 printf 语句，可以将搬动顺序显示输出。

递归是一种很重要的算法设计方法之一。递归过程能将一个复杂的问题归结为若干个较简单的问题，然后将这些较简单的每一个问题再归结为若干个更简单的问题，这个过程可以一直做下去，直到最简单的问题为止。

5. 分治法

分治法求解问题的过程是将整个问题分解成若干个小问题后分而治之，其中最典型的应用就是折半查找，每比较一次可以减少一半的数据量。其查找过程是在排好序的数据中，每次从排在中间的那个数开始比较，如果相等，则表示找到；如果要找的数比当前元素小，则淘汰后面的数，从前半部分继续用折半算法进行查找；反之，如果要找的数比当前元素大，则在后半部分继续用折半算法进行查找。具体算法将在数据结构的查找算法中讲解。

在生活中，查英文字典其实就用到了折半查找的概念，首先字典都是排序的，试分析一下，如果要在一个有 1000 页的字典中查找某个单词，用折半查找的方法去翻字典，最多翻看多少页才能找到要查找的单词？

6. 迭代法

迭代法是数值计算和分析中的一种常用方法，从一个初始估计值出发，寻找一系列近似解来解决问题，一般用来解方程或者方程组。

迭代法也被称为辗转法，是一个不断用变量的旧值，递推新值的过程，在解决问题时总是重复利用一种方法，直到精度满足要求为止。应用迭代法首先要确定迭代函数，迭代函数要满足收敛性。用迭代法写出的程序一般是循环程序。

【例 1-7】 求方程 $x^2-x-1=0$ 在 $x=1.5$ 附近的一个根，精确到小数点后 4 位。

根据方程，可以变换成两个迭代公式：

$$x=(x+1)^{0.5} \quad\quad (1)$$
$$x=x^2-1 \quad\quad (2)$$

由于收敛性要求，选择函数（1）作为迭代函数。

所以，$x=(1.5+1)^{0.5}=1.58113883$

$\quad\quad x=(1.58113883+1)^{0.5}=1.606592304$

$\quad\quad x=(1.606592304+1)^{0.5}=1.614494442$

$\quad\quad x=(1.614494442+1)^{0.5}=1.616939839$

$\quad\quad x=(1.616939839+1)^{0.5}=1.617695842$

$\quad\quad x=(1.617695842+1)^{0.5}=1.617929492$

$\quad\quad x=(1.617929492+1)^{0.5}=1.618001697$

$\quad\quad x=(1.618001697+1)^{0.5}=1.61802401$

7. 回溯法

回溯法又称为"试探法"，它是一种高级算法，一般在计算机专业研究生阶段开设的高级算法课程中讲解，这里只介绍一下基本思路。

用回溯法解决问题时，每进行一步都是抱着试试看的态度，如果发现当前选择并不是最好的，或者这么走下去肯定达不到目标，则立刻做回退操作，重新选择。这种走不通就回退再走的方法就是回溯法。

【例 1-8】 八皇后问题。

八皇后问题是以国际象棋为背景的问题：有八个皇后（可以当成八个棋子），如何在 8 * 8 的棋盘中放置八个皇后，使得任意两个皇后都不在同一条横线、纵线或者斜线上。

八皇后问题是使用回溯法的典型案例。算法的思路是：

1）从棋盘的第一行、第一个位置开始，依次判断当前位置是否能够放置皇后。判断的依据为：同该行之前的所有行中皇后的所在位置进行比较，如果在同一列或者在同一条斜线上，则不符合要求，继续检验后序的位置。（注意：斜线有两条，为正方形的两个对角线。）

2）如果该行的所有位置都不符合要求，则回溯到前一行，改变皇后的位置，然后继续向下试探。

3）如果试探到最后一行，所有皇后摆放完毕，则直接打印出 8 * 8 的棋盘。

以上介绍了几种工程上常用的算法设计的基本方法。实际上，算法设计的方法还有很多，如数字模拟法、用于数值近似的数值法等，在此不再一一介绍，有兴趣的读者可参考相关算法方面的书籍。

1.3 本章小结

本章首先对 C 语言进行了回顾，然后介绍了算法的基本概念和算法设计的基本方法，主要内容如下：

1）C 语言中的分支、循环语句以及相对复杂的数组、结构及指针类型变量是后面第 2 到第 7 章要用到的预备知识。

2）算法是用于描述对于特定问题明确的求解步骤，它是操作指令的有限序列。算法具有五个特性：有穷性、确定性、可行性、输入和输出。一个算法的优劣应该从以下四个方面来评价：正确性、可读性、健壮性和高效性。

3）算法分析的两个主要方面是分析算法的时间复杂度和空间复杂度，以考察算法的时间和空间效率。一般情况下，鉴于运算空间较为充足，故将算法的时间复杂度作为分析的重点。算法执行时间的数量级称为算法的渐近时间复杂度。

第 2 章

数据结构概述

现代计算机所从事的工作早已突破了仅仅进行科学计算的范畴，而是主要用于非数值计算，包括处理字符、表格和图像等具有一定结构的数据，典型的是数据量的处理大大增加，而且开始以对数据进行非数值性的加工处理为主，这些数据之间存在着某种联系。计算机完成此类工作的效率与被处理数据的组织形式有着密切的关系，这种组织形式即"数据结构"。如何合理地组织数据，高效地处理数据是"数据结构"主要研究的问题。

2.1 数据结构的基本概念

2.1.1 问题引入

数据结构主要研究非数值计算问题，因此无法通过数学方程建立数学模型的途径来解决，而是通过建立数据之间合适的结构关系，采用相应的算法加以解决。

【例 2-1】 无序表和有序表的查找。

两组相同的数据，分别以无序和有序的方式存放在顺序表中，现要对它们按关键字查找，对表 2-1 所示的无序表进行查找时，只能采用依次比较的方法，而对表 2-2 所示的有序表进行查找时，就可以采用效率更高的折半查找法来查找。

表 2-1 无序表

1	2	3	4	5	6	7	8	9	10	11
25	13	89	21	37	56	64	75	60	88	12

表 2-2 有序表

1	2	3	4	5	6	7	8	9	10	11
5	13	19	21	37	56	64	75	80	88	92

【例 2-2】 人机对弈，如图 2-1 所示。

以井字棋为例，对弈开始后，每下一步棋，则构成一个新的棋盘格局，且相对于上一个棋盘格局的可能选择可以有多种形式，这个过程可以用一棵倒挂的树来表示，从初始状态（根）到某一最终格局（叶子）的一条路径，就是一次具体的对弈过程。图 2-1 所示是其中某一状态下的棋盘格局。在这个例子中，处理的对象模型称为"树"的数据结构。

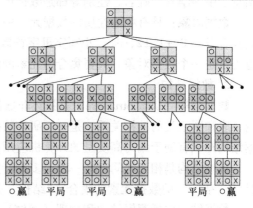

图 2-1 对弈问题

【例 2-3】 最短工期问题。

在项目工程进度管理中，将一个大的项目分解成很多有关联关系并能确定完成时间的子活动，如何从这些活动中选择关键活动并最终计算出项目的最短工期？解决的方法是把这类问题抽象为图的关键路径问题，如图 2-2 所示。

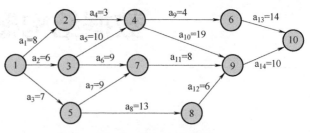

图中结点 1 是项目的起点（源点），结点 10 是项目的终点（汇点），边的权值代表某活动的最短工期，现在要计算整个工程的最短工期，就是要找出从起点到终点的一条最长路径，即关键路径。关键路径问题的数学模型就是网络结构。此类问题还有最短路径和最小生成树等。

图 2-2　最短工期问题

从上面三个实例可以看出，描述这类非数值计算问题的数学模型不再是单纯的数学方程，而是诸如线性表、树和图的数据结构。因此，简单地说，数据结构是一门研究非数值计算程序设计中的操作对象，以及这些对象之间的关系和操作的学科；是一门研究数据组织、存储和运算的一般方法的学科。

2.1.2　什么是数据结构

1. 基本概念

先看几个常用的概念和术语。

数据：信息的载体，是描述客观事物的数、字符以及所有能输入到计算机中并被计算机程序识别和处理的符号的集合，包括数值性数据和非数值性数据两大类。

程序中常用的整数、实数等属于数值型数据，字符以及图像、声音等多媒体信息就属于非数值型数据。

数据元素：数据的基本单位，在计算机中通常作为一个整体进行考虑和处理。在有些情况下，数据元素也称为元素、结点、记录等。数据元素用于完整地描述一个对象，例如，学生基本信息表中的一个学生记录，树中棋盘的一个格局（状态），以及图中的一个顶点等。一个数据元素往往可以由若干数据项（DataItem）组成。

数据项：组成数据元素的、有独立含义的、不可分割的最小标识单位。例如，学生基本信息表中的学号、姓名、性别等都是数据项。

数据对象：具有相同性质的数据元素的集合，是数据的一个子集。例如，整数数据对象是集合 $N=\{0,\pm1,\pm2,\cdots\}$，小写字母字符数据对象是集合 $M=\{a,b,\cdots,z\}$，学生基本信息表也可以是一个数据对象。只要集合内元素的性质相同，就可称之为一个数据对象。

2. 数据结构

数据结构（Data Structure）是描述非数值计算问题的数学模型，它不是数学方程，而是树、表和图之类的结构关系，是一门研究数据组织、存储和运算的一般方法的学科。学习数据结构知识有助于编写高质量的计算机应用程序。

数据结构是相互之间存在一种或多种特定关系的数据元素的集合。换句话说，数据结构是带"结构"的数据元素的集合，"结构"是指数据元素之间存在的关系。

数据结构包括逻辑结构和物理（存储）结构两个层次，下面将分别进行介绍。

2.2 数据的逻辑结构

数据的逻辑结构是从逻辑关系上描述数据，它与数据的存储无关，是独立于计算机的。因此，数据的逻辑结构可以看作是从具体问题抽象出来的数学模型。

数据的逻辑结构有两个要素：一是数据元素，二是关系。数据元素的含义如前所述，关系是指数据元素间的逻辑关系。可以用一个二元组做如下形式定义：

某一数据对象的所有数据成员之间的关系。记为

```
Data_Structure=(D,S)
```

其中，D 是某一数据对象，S 是该对象所有数据元素之间关系的有限集合。

根据数据元素之间关系的不同特性，通常有四类基本结构：集合结构、线性结构、树形结构和网络结构，如图 2-3 所示，它们的复杂程度依次递进。

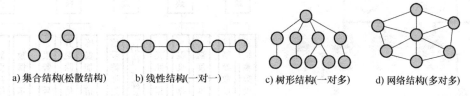

a) 集合结构(松散结构)　　b) 线性结构(一对一)　　c) 树形结构(一对多)　　d) 网络结构(多对多)

图 2-3　逻辑结构

1. 集合结构

集合结构的集合中任意两个数据元素之间除了"同属一个集合"的相互关系外，别无其他逻辑关系，组织形式松散，如图 2-3a 所示。但为了便于研究和处理，往往将集合结构线性化。

2. 线性结构

线性结构指的是集合中数据元素之间存在着"一对一"的线性关系，它是最常用、最简单的一种数据结构。习惯上用结点来描述数据元素，相邻结点之间存在序偶关系，在线性表里有且仅有一个开始结点和一个终端结点，并且所有结点最多只有一个前驱和一个后继。日常生活中线性表的例子非常多，例如，英文字母表、学生基本信息表等都是线性表。

栈与队列是两种特殊的线性结构。从结构看它们与普通线性表一样，但在执行数据的插入和删除操作时会受到限制，即它们是操作受限的线性表。

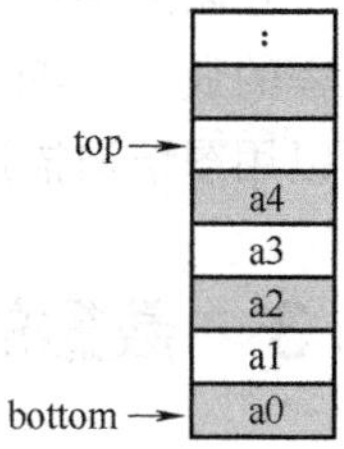

栈又称堆栈，它的插入和删除操作限定在线性表的同一端进行，其操作如图 2-4 所示的 top 端。堆栈在计算机系统中无处不在，主要用于函数调用（含嵌套函数和递归函数）中的现场保护。

图 2-4　堆栈

队列则是另一种线性表，类似于日常生活中的排队，在队列中，元素的插入和删除操作分别限定在表的两端进行，如图 2-5 所示。操作系统中的作业队列和打印任务队列、日常生活中的各类排队业务等均可用队列来实现。

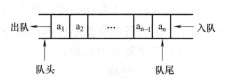

图 2-5　队列

3. 树形结构

树形结构是一个或多个数据元素或节点的有限集合，数据元素之间是一对多的关系。

树及图形结构均为非线性结构。在树中有且仅有一个结点没有前驱，称为根结点，其他结点有且仅有一个前驱。它的结构特点是具有明显的层次关系。

生活中的家谱可以用树展示，如图 2-6 所示，单位的组织机构可以用树来描述，计算机系统中同样有很多数据关系是树状结构，如人机对弈问题、软件系统的模块结构、文件目录结构等，如图 2-7 所示。

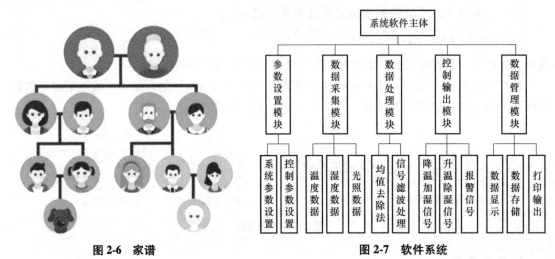

图 2-6　家谱　　　　　　　　　　　图 2-7　软件系统

4. 网络结构

网络结构又称图结构，图中数据元素之间是多对多的关系，图是由结点集合 V 和边的集合 E 组成。其中，在图结构中常常将结点称为顶点，边是顶点的有序偶对，若两个顶点之间存在一条边，就表示这两个顶点具有相邻关系。网络结构为网络硬件、软件、协议、存取控制和拓扑提供了标准。

互联网结构、交通网络图、教学计划编排、工程的最短工期、最小代价、最短路径问题等都可以用图结构描述。图 2-8 所示为一个交通图。

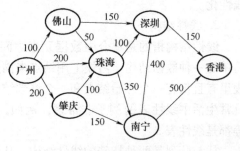

图 2-8　交通网络图

2.3　数据的物理结构

数据的逻辑结构从逻辑关系上描述数据，是独立于计算机的；数据的存储结构是数据结构在计算机内存中的表示和实现，是依赖于计算机的。数据的存储结构主要有顺序、链式、索引、散列 4 种基本存储结构，其中后两种结构可以看成是前两种存储结构的结合，因此，后面章节介绍的各种数据结构都从顺序和链式两种存储方法进行了介绍，当然也可以根据需要组合成其他更复杂的结构。

1. 顺序存储结构

顺序存储结构是一种最基本的存储方法，将逻辑上相邻的数据元素存放在内存中的相邻位置，结点之间的关系由存储单元的邻接关系来体现，即逻辑相邻则物理相邻，因此，顺序存储方式需要占用连续地址空间，通常是借助于程序设计语言中的一维数组来表示顺序存储结构。

2. 链式存储结构

链式存储结构即在每个结点存储一个数据元素时，增加一个或多个指针，用于存放与该数据元素有关的另一个数据元素的地址，以此指针来表示数据元素之间的逻辑关系，由此得到的存储结构称为链表。链式存储的存储空间是根据需要动态申请的，因此，可以不占用连续地址空间。链表既可以表示线性结构，也可以表示非线性结构。

链表中的每一个结点在 C 语言中可以用结构体类型来表示，每个结点所占的存储单元分为两部分：一部分存放结点本身的信息，称为数据项；另一部分存放结点的后继结点所对应的存储单元的地址，称为指针项。指针项可以包含一个或多个指针，以指向结点的一个或多个后继。

3. 索引存储结构

索引存储结构是除建立存储结点信息外，还建立附加的索引表来标识结点的地址，从而用于快速找到数据记录的一种数据结构，就好比一本教科书的目录部分，通过目录中找到对应文章的页码，便可快速定位到需要的文章。

索引存储结构的优点是检索速度快，缺点是增加了附加的索引表，会占用较多的存储空间。

4. 散列存储结构

散列存储又称 hash 存储，是一种在数据元素的关键码与存储位置之间建立确定对应关系的存储技术。散列存储技术除了可以用于存储数据外，还可以用于数据查找，散列查找将在第 6 章介绍。

同一个逻辑结构可以用不同的存储结构存储，本章主要介绍顺序存储与链式存储。具体选择哪一种需根据数据特点及实际运算的效率来确定。

2.4 数据操作

数据操作也称为数据运算。数据操作是数据结构的一个重要研究方面，对任何一种数据结构的研究都离不开对该种结构的数据进行运算及对算法的研究。最常用的数据操作有以下几种：初始化、插入、删除、修改、查找、排序。不同的数据结构其数据操作也不相同，例如，针对线性表常见的基本操作有线性表初始化、求线性表的长度、取表元素、按值查找、插入、删除、取前驱、取后继等。

基本运算并不是它的全部运算。数据结构的操作定义在逻辑结构层次上，而操作的具体实现建立在存储结构基础上。每个操作的算法只有在存储结构确立之后才能实现。

数据操作在 C 语言中就是通过各种功能函数来实现的。

2.5 本章小结

本章介绍了数据结构的基本概念和术语。图 2-9 所示为数据结构研究的内容，也是本章主要内容。

1）数据结构是一门研究数据组织、存储和运算的一般方法的学科。

2）数据结构包括两个方面的内容：数据的逻辑结构和存储结构。同一逻辑结构采用不同的存储方法可以得到不同的存储结构。

① 数据的逻辑结构是从逻辑关系上描述数据，它与数据的存储无关，是独立于计算机的，通常有四类基本逻辑结构：集合结构、线性结构、树形结构和网络结构。

② 数据的存储结构是指数据在计算机中的存储形式，主要有两类存储结构：顺序存储和链式存储。

3）数据操作：最常用的数据操作有以下几种：初始化、插入、删除、修改、查找、排序。

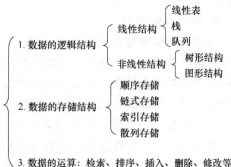

图2-9 数据结构研究的内容

 习题

2-1 名词解释：数据、数据元素、数据类型。

2-2 简述数据的逻辑结构与存储结构的含义以及它们之间的关系。

2-3 存储结构由哪两种基本的存储方法实现？

2-4 试求下面程序段中printf语句的执行频度（次数），并给出算法的时间复杂度。

（1）求1~n中3个数的所有组合。

```
void combi(int n)
{
  int i,j,k;
  for(i=1;i<=n;i++)
      for(j=i+1;j<=n;j++)
          for(k=j+1;k<=n;k++)
              printf("%d,%d,%d\n",i,j,k);
}
```

（2）求一个正整数的二分序列。

```
void binary(int n)
{
  while(n)
  {
    printf("%5d,%d,%d",n);
    n=n/2;
  }
}
```

2-5 选择题

（1）在数据结构中，从逻辑上可以把数据结构分成（ ）。

    A. 动态结构和静态结构　　　　　　B. 紧凑结构和非紧凑结构

　　C. 线性结构和非线性结构　　　　　　D. 内部结构和外部结构

(2) 与数据元素本身的形式、内容、相对位置、个数无关的是数据的（　　）。

　　A. 存储结构　　　　B. 存储实现　　　　C. 逻辑结构　　　　D. 运算实现

(3) 通常要求同一逻辑结构中的所有数据元素具有相同的特性，这意味着（　　）。

　　A. 数据具有同一特点

　　B. 不仅数据元素所包含的数据项的个数要相同，而且对应数据项的类型要一致

　　C. 每个数据元素都一样

　　D. 数据元素所包含的数据项的个数要相等

(4) 以下说法正确的是（　　）。

　　A. 数据元素是数据的最小单位

　　B. 数据项是数据的基本单位

　　C. 数据结构是带有结构的各数据项的集合

　　D. 一些表面上很不相同的数据可以有相同的逻辑结构

(5) 算法的时间复杂度取决于（　　）。

　　A. 问题的规模　　　　　　　　　　　B. 待处理数据的初态

　　C. 计算机的配置　　　　　　　　　　D. A 和 B

(6) 以下数据结构中，（　　）是非线性数据结构。

　　A. 树　　　　　　B. 字符串　　　　　C. 队列　　　　　D. 栈

第3章

线 性 表

线性结构是最基本也是最常用的一种结构，本章将讨论线性表的逻辑结构、存储结构和相关运算，以及线性表的应用实例；讨论两种比较特殊的线性表：堆栈和队列。

3.1 线性表的基本概念与运算

3.1.1 线性表的定义

线性表：$n(n \geqslant 0)$ 个相同类型数据元素的有限序列，记作 $(a_1, \cdots, a_{i-1}, a_i, a_{i+1}, \cdots, a_n)$。其中，$a_i$ 是表中数据元素，n 是表长度。

在日常生活中，线性表的例子比比皆是。例如，26 个英文字母的字母表 $(A, B, C, \cdots, Z)$ 是一个线性表，表中的数据元素是单个字母。在稍复杂的线性表中，一个数据元素可以包含若干个数据项。例如，学生基本信息表，一个学生为一个数据元素，包括学号、姓名、性别、籍贯、专业等数据项。图 3-1 所示为一个简单的线性表，a、b、c、d、e 是其数据元素，它的表长为 5。

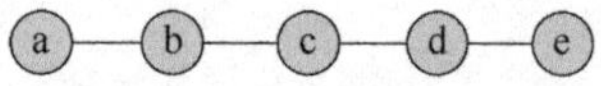

图 3-1 简单线性表

矩阵也是一个线性表，只不过它是一个比较复杂的线性表。在矩阵中，既可以把每一行看成是一个数据元素（即一个行向量为一个数据元素），也可以把每一列看成是一个数据元素（即一个列向量为一个数据元素）。其中，每一个数据元素（一个行向量或一个列向量）实际上又是一个简单的线性表。

数据元素可以是简单项，在稍微复杂的线性表中，一个数据元素还可以由若干个数据项组成。

例如，某班的学生情况登记表是一个复杂的线性表，表中一个学生的情况就组成了线性表中的一个数据元素，每一个数据元素包括姓名、学号、性别、年龄和班级 5 个数据项，见表 3-1。在这种复杂的线性表中，由若干数据项组成的数据元素称为记录（record），由多个记录构成的线性表称为文件（file）。因此，上述学生情况登记表就是一个文件，其中一个学生的情况就是一个记录。

由以上示例可以看出，对于非空的线性表，其特点是：

1）同一线性表中的数据元素具有相同特性。

2）相邻数据元素之间存在序偶关系，如图 3-1 中所示的有序偶 (a,b)、(b,c)、(c,d)、(d,e)。

表 3-1 学生情况登记表

学号	姓名	性别	年龄	班级
22020201	陈平	男	19	22 电一
22020202	曹杰	男	19	22 电一
22020203	蒋琪	女	18	22 电一
22020204	刘雨	女	18	22 电一
22020205	王阳	男	19	22 电一

3）存在唯一的一个被称作"第一个"的数据元素。

4）存在唯一的一个被称作"最后一个"的数据元素。

5）除第一个数据元素外，其他每一个数据元素有一个且仅有一个直接前驱。

6）除最后一个数据元素外，其他每一个数据元素有一个且仅有一个直接后继。

3.1.2 线性表的运算

线性表是一个相当灵活的数据结构，其基本运算主要有 9 种：

1）置空表运算 InitList(L)：建立一个空的线性表 L，只有表的架构，但不包含任何元素。

2）求线性表长度 GetLength(L)：该运算的作用是求线性表 L 的长度，即线性表中包含的数据元素的个数。

3）插入结点 Insert(L,x,i)：该运算的作用是在线性表的第 i 个位置插入一个值为 x 的新的数据元素，经过插入运算后，线性表的长度由原来的 n 变为 n+1。

4）删除结点运算 Delete(L,x)：该运算的作用是删除线性表 L 中元素值等于 x 的结点，经过删除结点运算后，线性表的长度由原来的 n 变为 n-1。

5）按值查找运算 Find(L,x)：该运算的作用是搜索线性表中某个数据元素所在的位置。若线性表 L 中存在一个值为 x 的数据元素 a_i，则运算结果为元素所在的位置 i。

6）提取函数 GetData(L,i)：在线性表 L 中提取第 i 个元素的值。

7）取前驱 Precursor(L,x)：寻找线性表 L 中元素值等于 x 的前驱。

8）取后继 Succeed(L,x)：寻找线性表 L 中元素值等于 x 的后继。

9）排序运算 Sort(L)：该运算的作用是将线性表中所有数据元素按照某种要求进行重新排序。

除了上述的 9 种基本运算，对线性表还可以进行一些更为复杂的运算，例如，将若干个线性表按某个要求合并成一个新的线性表；将一个线性表按某种要求拆分为若干个线性表；复制一个线性表等。这些复杂运算均可在上述基本运算的基础上进行。

【例 3-1】 利用线性表的基本算法，编写删除在线性表 L 中重复出现的数据元素的算法。

1）算法思路：依次检查线性表 L 中的每个数据元素，并逐一同后继数据元素相比较，如果相同，则从表 L 中删除该数据元素。

2）算法描述：

```
Purge(L)
{
```

```
int i=1,j,x,y;                    //初始化,以第一个结点为参考结点
while(i<Length(L))                //依次取出所有数据元素
{
    x=GetData(L,i);               //取当前结点的值
    j=i+1;
    while(j<=length(L))           //依次和后面的数据元素做比较
    {
        y=Getdata(L,j);           //依次取被审查元素的值
        if(y==x)  Delete(L,j);    //如果相同则删除
        else j++;                 //如果不相同,则继续审查下一个
    }
    i++;                          //更新当前结点
}
}
```

3.2 线性表的顺序存储方式及其运算

在计算机中存放线性表，一种最简单的方法是顺序存储，也称为顺序分配。

3.2.1 顺序表

线性表的顺序存储是指在内存中把线性表的结点按逻辑顺序依次存放在一组地址连续的存储空间中，用这种方式存储的线性表简称为顺序表。其特点是，顺序表中数据元素之间的逻辑关系可以用数据元素在计算机内的物理位置相邻来表示，即逻辑上相邻的数据元素，物理次序也相邻。

如图 3-2 所示线性表的顺序存储，假设该线性表最多可存放 maxlen 个数据元素，目前表中有 n 个数据元素，每个数据元素需占用 l 个存储单元，顺序表的起始地址是第一个数据元素所占单元的存储地址，记为 $loc(a_1)$，则顺序表中第 i 个数据元素的存储位置为

$$loc(a_i) = loc(a_1) + (i-1)l$$

由于线性表中的所有数据元素属于同一数据类型，所以每个数据元素在存储器中占用的空间（字节数）相同。因此，要在此结构中查找某一个数据元素是很方便的，只要知道顺序表首地址和每个数据元素在内存中所占字节的大小，就可求出任一数据元素的地址，因此顺序存储结构的线性表是一种随机存取的存储结构。

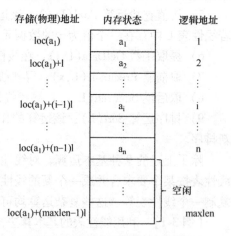

图 3-2 线性表的顺序存储结构

由图 3-2 可以看出，线性表的顺序存储结构具有以下基本特点：

1) 线性表中所有数据元素所占的存储空间是连续的。

2）线性表中各数据元素在存储空间中是按逻辑顺序依次存放的，即逻辑上相邻的元素，物理次序也相邻。

3）存取方式为随机存取，即查找序号为 i 的元素与顺序表中的数据元素个数 n 无关。

线性表的顺序存储结构可借助于高级程序设计语言中的一维数组来表示，一维数组的下标与数据元素在线性表中的序号相对应。

用 C 语言定义线性表的顺序存储结构如下：

```
#define maxlen 100          //线性表可能达到的最大长度
typedef struct
{
  ElemType data[maxlen];    //线性表占用的数组空间
  int length;               //线性表的当前长度
}SeqList;
```

上述定义可用图 3-3 表示。

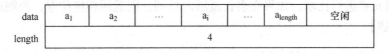

图 3-3　线性表 SeqList 图示

说明：

1）结点类型定义中 ElemType 数据类型是为了描述的统一而自定义的，在实际应用中，用户可以根据自己实际需要来具体定义顺序表中元素的数据类型，例如 int、char、float 或是一种 struct 结构类型。

2）从数组中起始下标为 0 处开始存放线性表中的第一个元素。因此需注意区分元素的序号和该元素在数组中的下标位置之间的对应关系，即数据元素 a_1 的序号为 1，而其对应存放在 data 数组的下标为 0；a_i 在线性表中的序号值为 i，而在顺序表对应的数组 data 中的下标为 i-1。

利用定义的顺序表的数据类型 SeqList 就可以如下定义变量了，即

```
SeqList  L;
```

将 L 定义为 SeqList 类型的变量，利用 L. data[i-1] 来访问顺序表中序号为 i 的数据元素 a_i；通过 L. length 可以得到顺序表的长度，而 L. length-1 就是顺序表中最后一个元素的下标。

3.2.2　顺序表的基本运算

顺序表的操作主要包括：初始化、按值查找、提取函数、取前驱、取后继、插入算法以及删除算法等。

1. 初始化

顺序表的初始化操作就是构造一个空的顺序表。

【算法思路】

由于采用的是静态分配空间的方式，存储单元已经分配完成，因此，初始化时不需要将

存储单元的内容清空，只要将表的当前长度设为 0 即可。

【算法描述】

```
void InitList(SeqList L)          //构造一个空的顺序表 L
{
  L.length=0;                     //空表长度为 0
}
```

本算法中顺序表的存储空间的分配是采用静态分配的方式，这样操作简单，不需要申请和释放，实际应用时，通过指针可以采用动态分配的方式来获得存储空间，需要多少就申请多少，使用后可以通过销毁操作释放占用的存储空间。

2. 按值查找

在顺序表 L 中查找 e 所在的位置，若找到，返回表项的序号（下标加 1），否则返回 0。

【算法思路】

设置一位置变量 i，使其从第一个单元位置依次指向后续单元，用要查找的关键字和相应位置的数据元素进行比较，如果在表长范围内找到，则返回相应位置，否则返回 0。

【算法描述】

```
int Find(SeqList L,ListData e)
{
  int i=0;
  for(i=0;i<L.length;i++)
    if(L.data[i]==e)return i+1;    //查找成功,返回序号
  return 0;                        //查找失败,返回 0
}
```

【算法分析】

一般来说，查找算法的复杂度是由比较次数来决定的，而比较次数和被查元素在线性表中的位置有关，如果要找的值在第一个位置，那么它的比较次数就为 1，在第二个表项，次数就为 2，依次类推，在第 i 个表项，比较次数就为 i。为此，用平均查找长度 ASL（Average Search Length）来进行分析。

ASL 是指在查找时为确定元素在顺序表中的位置，需和给定值进行比较的数据元素个数的期望值。对于有 n 个记录的表，有如下公式：

$$ASL=\sum_{i=1}^{n} P_i \times C_i$$

其中，P_i 是查找第 i 个元素的概率，C_i 为找到表中其关键字与给定值相等的第 i 个记录时，和给定值已进行过比较的关键字个数。

已知 $\sum_{i=1}^{n} P_i=1$，假设每个元素的查找概率相等，则 $P_i=1/n$，这里 $C_i=i$。

因此，上述公式可以简化为：

$$ASL=\frac{1}{n}\sum_{i=1}^{n} i=\frac{1}{n}\frac{n(n+1)}{2}=\frac{n+1}{2}$$

由此可见，顺序表的按值查找算法的时间复杂度为 O(n)。

3. 提取函数

在顺序表 L 中提取指定单元的元素值。

【算法思路】

这个算法比较简单，只要给定的位置参数合法就取出元素，否则返回空值。

【算法描述】

```
ListData GetData(SeqList L,int i)      //i 是序号
{
  if(i>=1&&i<=L.length)                //位置参数合法
     return L.data[i-1];
  else
    {
    printf("参数 i 不合理! \n");
    return null                        //位置参数不合法,返回空值
    }
}
```

【算法分析】

本算法的时间复杂度为 O(1)。

4. 取前驱

在顺序表 L 中，返回指定元素 e 的前驱元素。

【算法思路】

通过前面介绍的查找函数 Find()，在顺序表中查找其位置，返回其前一个位置上的数据元素。注意以下两点：

1) Find() 函数返回的是序号，不是下标。

2) 第 1 个元素是没有前驱的。

【算法描述】

```
listdata pre(SeqList L,ListData e)
{
  int i=Find(L,e);         //查找 e
  if(i>1)                  //第 2 个元素开始有前驱
    return  L.data[i-2];   //返回前驱值
  else                     //e 不存在,或 e 是第 1 个元素,没有前驱
    return null;
}
```

【算法分析】

本算法的时间复杂度和查找算法相同，均为 O(n)。

5. 取后继

在顺序表 L 中，返回指定元素 e 的后继元素。

【算法思路】

和取前驱算法类似，用 Find() 函数进行定位后取得后继元素。注意：最后一个元素是没有后继的。

【算法描述】

```
listdata Next(SeqList L,ListData e)
{
  int i=Find(L,e);              //查找 e
  if(i>=1 && i<L.length)        //从第 1 个元素到倒数第 2 个元素有后继
    return  L.data[i];          //返回后继值
  else                          //e 不存在,或 e 是最后一个元素,没有后继
    return null;
}
```

【算法分析】

本算法的时间复杂度和查找算法相同，均为 $O(n)$。

6. 插入算法

线性表的插入操作是指在表的第 i 个位置插入一个新的数据元素 e，使长度为 n 的线性表

$$(a_1,\cdots,a_{i-1},a_i,\cdots,a_n)$$

变成长度为 n+1 的线性表

$$(a_1,\cdots,a_{i-1},e,a_i,\cdots,a_n)$$

例如，已知线性表 $(25,34,57,16,48,9,63,70)$，需在第 5 个元素之前插入一个元素 50，则需要将第 8 个位置到第 6 个位置的元素依次后移一个位置，然后将 50 插入到第 5 个位置，如图 3-4 所示。

序号	1	2	3	4	5	6	7	8	9
下标	0	1	2	3	4	5	6	7	8
原始数据	25	34	57	16	48	9	63	70	
移动数据	25	34	57	16		48	9	63	70
插入数据	25	34	57	16	50	48	9	63	70

图 3-4 顺序表中插入元素

【算法思路】

1）判断插入位置 i 是否合法（i 值的合法范围是 $1 \leqslant i \leqslant L.length+1$）或顺序表的存储空间是否已满，若不合法或表已满，则返回 0，表示插入操作失败。

2）将第 n 个至第 i 个位置的元素依次向后移动一个位置，空出第 i 个位置（i=n+1 时无需移动）。

3）将要插入的新元素 e 放入第 i 个位置。

4）表长加 1。

【算法描述】

```
int ListInsert(SeqList L,int i,ListData e)
{
```

```
if(i<1||i>L.length+1||L.length==maxlen)    //判断插入位置是否合法或表已满
    return 0;
for(j=L.length;j>=i;j--)                    //循环移位
    L.data[j]=L.data[j-1];
L.data[i-1]=e;                              //写入插入元素
L.length++;                                 //表长加1
return 1;
}
```

【算法分析】

在插入算法中，时间主要耗费在数据元素的移动上，而移动元素的个数和插入元素的位置相关。

在这里用 AMN（Average Moving Number）来表示算法的平均移动次数。

假设 P_i 是在第 i 个元素之前插入一个元素的概率；C_i 是在 i 号位置上插入元素时所需要的移动次数；AMN 为在长度为 n 的线性表中插入一个元素时所需移动元素次数的期望值。允许插入的位置是 1～n+1，则在等概率的情况下，每个位置的概率为 1/(n+1)，则有

$$AMN = \sum_{i=1}^{n+1} P_i C_i = \frac{1}{n+1} \sum_{i=0}^{n} (n-i+1) = \frac{1}{n+1}(n+\cdots+1+0) = \frac{1}{(n+1)} \frac{n(n+1)}{2} = \frac{n}{2}$$

由此可见，本算法的时间复杂度为 O(n)。

7. 删除算法

线性表的删除操作是将表的第 i 个元素删除，使长度为 n 的线性表

$$(a_1,\cdots,a_{i-1},a_i,a_{i+1},\cdots,a_n)$$

变成长度为 n-1 的线性表

$$(a_1,\cdots,a_{i-1},a_{i+1},\cdots,a_n)$$

例如，已知线性表（25,34,57,16,48,9,63,70），需要删除第 5 个元素 48，则需要将第 6 个位置到第 8 个位置的元素依次前移一个位置，如图 3-5 所示。

图 3-5 顺序表中删除元素

【算法思路】

1）判断删除位置 i 是否合法（合法值为 1≤i≤L.length），若不合法，则返回错误信息，表示删除操作失败。

2）将第 i+1 至第 n 个的元素依次向前移动一个位置（i=n 时无需移动）。

3）表长减 1。

【算法描述】

```
int  ListDelete(SeqList L,int i)
{
  if(i<1||i>L.length)                   //判断删除位置i是否合法
      return 0;
  for(int j=i;j<L.length;j++)           //数据迁移
      L.data[j-1]=L.data[j];
  L.length--;
  return 1;                             //删除成功
}
```

30

【算法分析】

在删除算法中，时间主要耗费在数据元素的移动上，而移动元素的个数和删除元素的位置相关。

和插入算法相同，用平均移动次数 AMN 来表示。

假设 P_i 是删除第 i 个元素的概率；C_i 是删除第 i 个元素时所需要移动的元素次数；AMN 为在长度为 n 的线性表中删除一个元素时所需移动元素次数的期望值。允许删除的位置是 1~n，则在等概率的情况下，每个位置的概率为 1/n，则有

$$AMN= \sum_{i=1}^{n} P_iC_i = \frac{1}{n} \sum_{i=0}^{n} (n-i) = \frac{1}{n}(n-1+\cdots+1+0) = \frac{1}{n} \frac{(n-1)n}{2} = \frac{n-1}{2}$$

由此可见，本算法的时间复杂度为 O(n)。

在实际使用中，一般的删除操作是将关键字满足一定条件的数据元素删除，而不是删除指定位置的数据元素，这时，只要在上述算法中增加一个查找函数即可，具体算法如下：

```
int ListDelElem(SeqList L,ListData e)
{ //删除顺序表L中元素值等于e的第1个元素
  int i=Find(L,e);                      //在表中查找e
  if(i<1)
      return  0
  for(int j=i;j<L.length;j++)           //数据迁移
      L.data[j-1]=L.data[j];
  L.length--;
  return 1;                             //删除成功
}
```

3.2.3　顺序表的应用

【例 3-2】　集合的并集。

完成两个集合 A 和 B 的"并"运算，并集还存放在集合 A 中。

设：　集合 A = {1,3,4,5,7,10}

　　　集合 B = {2,4,7,9}

则：A∪B = A+(B−A) = {1,2,3,4,5,7,9,10}

　　　　　 = {$\underbrace{1,3,4,5,7,10}_{A}$, $\underbrace{2,9}_{B-A}$}

结论：A 和 B 的并集中，A 中的所有元素属于它们的并集，B 中除去属于 A 的剩余元素同样属于它们的并集。

【算法思路】

以 A 为基础，从 B 中依次取出所有元素在 A 中查询，若没找到，就将该元素插入到 A 中。

【算法描述】

```
void Union(SeqList A,B)
{
   for(int i=0;i<B. lenggth;i++)
   {
       int x=GetData(B,i);          //在 B 中取一元素
       int k=Find(A,x);             //在 A 中查找它
       if(k==0)
           ListInsert(A,x,A. length)  //未找到,则插入到 A 尾部
   }
}
```

本算法用到了前面介绍的 GetData、Find 和 Insert 三个基本算法，所有基本算法均可在实际应用中被调用。

参考例 3-2，应该可以非常方便地写出两个集合交集的算法。

显然，线性表的顺序存储具有如下优点：

1）方法简单，各种高级语言中都有数组，容易实现。

2）逻辑相邻，物理相邻，也就是说数据的逻辑顺序和物理地址的先后顺序一一对应。

3）存储空间使用紧凑，不用为表示结点间的逻辑关系而增加额外的存储开销。但这不是说就没有浪费，当元素个数没有达到最大个数时，存储空间的浪费还是比较大的。

4）具有按元素序号随机访问的特点，每个元素的访问时间是一样的。

但线性表的顺序存储也存在以下缺点：

1）数据元素最大个数需预先确定，使得高级程序设计语言编译系统需预先分配相应的存储空间，存储空间不便于扩充。

2）插入与删除运算的效率很低。为了保持线性表中的数据元素顺序，在插入操作和删除操作时需移动大量数据。对于插入和删除操作频繁的线性表，将影响系统的运行速度。

所有这些问题，都可以通过线性表的另外一种存储方式——链式存储结构来解决。

3.3 线性表的链式存储方式及其运算

3.3.1 线性链表

线性表的链式存储结构，称为线性链表，它是用一组任意的存储单元（既可以是连续的，也可以是不连续的）存储线性表的数据元素，每个存储单元称为结点。每个结点包含两部分内容：一部分称为数据域，用于存放数据的元素值；另一部分称为指针域，用于存放指向直接前驱或直接后继结点的指针（地址）。

例如，要存放线性表（a,b,c,d,e,f,g）这 7 个元素，除了可以采用顺序表的存储方式

外，也可以将这 7 个元素存放在一个不连续的存储空间中，如图 3-6 所示。

每个结点的指针域存放的是下一个结点的地址，1012 号单元存放的是最后一个结点元素 g，它没有后续结点，所以其指针域为 nil，代表指针为空。第一个元素 a 存放在 1042 单元，它是由头指针指向的。对链表的访问就是从头指针开始的。

每个结点的结构示意图如图 3-7 所示，包含数据域 data 和指针域 next。

单元地址	单元内容	
	数据域	指针域
1000	f	1012
1006	e	1000
1012	g	nil
1018		
1024	b	1048
1030	d	1006
1036		
1042	a	1024
1048	c	1030

头指针 1042

图 3-6　线性链表的内存状态

图 3-7　结点结构图

由此，可用图 3-8 表示上述线性表的逻辑结构。

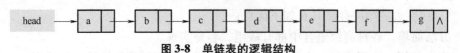

图 3-8　单链表的逻辑结构

由于此链表的每个结点中只包含一个指针域，故又称为线性链表或单链表。

一般情况下，为了处理方便，在单链表的第一个结点之前增设一个结点，称之为头结点。增加头结点的作用主要有以下两个原因：

（1）便于首元结点的处理

增加了头结点后，首元结点的地址保存在头结点（即其"前驱"结点）的指针域中，则对链表的第一个数据元素的操作与其他数据元素相同，无需进行特殊处理。

（2）便于空表和非空表的统一处理

当链表不设头结点时，假设 head 为单链表的头指针，它应该指向首元结点，则当单链表长度为 0 时，head 指针为空（判定空表的条件可记为：head==nil）。

增加头结点后，无论链表是否为空，头指针都是指向头结点的非空指针。

图 3-9 所示为带头结点的单链表，后面章节讨论的链表都是带头结点的。

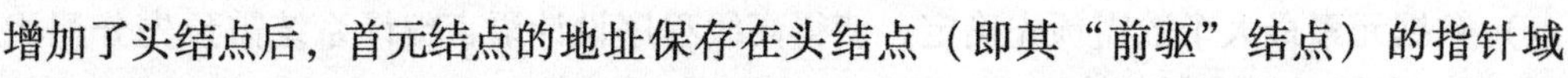

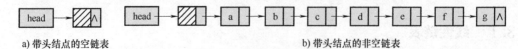

a) 带头结点的空链表　　　　　　　　　　　b) 带头结点的非空链表

图 3-9　带头结点的单链表

在单链表中，各个元素的存储位置都是随意的，要想访问链表中的某个元素（如第 i 个元素），必须从头指针出发顺链依次访问前面的 i-1 个结点，因此，单链表是非随机存取的存储结构，称为顺序存取的存取结构。所以，其基本操作的实现不同于顺序表。

对链表的定义其实就是对链表结点结构的定义，在 C 语言中用带指针的结构体类型来描述结点，代码如下：

```
typedef struct node         //链表结点
{  ListData data;           //结点数据域
   struct node * next;      //结点链域
}ListNode, * LinkList;
```

其中：

data：用于存放元素的数据信息。

next：用于存放元素直接后继结点的指针分量。

ListNode：结构体类型名，该类型结构变量用于表示线性链表中的一个结点。

LinkList：指向结构体的指针类型，该类型的变量用于表示指向结构体的指针。

下面定义指针变量：

```
ListNode * head, * p, * q;      //head、p、q 为指向结点 (结构) 的指针变量
LinkList head, p, q;            //同上一条定义语句等效
```

设某单链表当前状态如图 3-10 所示，head 为头指针，可用于表示该链表（习惯上称 head 链表），p、q 为移动指针，分别指向首元结点（存放第一元素的结点）和尾结点。则有

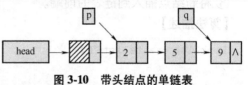

图 3-10　带头结点的单链表

```
p->data;                //得到元素值 2
p->next;                //2 和 5 之间的指针
p->next->data;          //得到元素值 5
p->next->next->data;    //得到元素值 9
q->next=nil;            //最后一个结点的指针分量置空
p=p->next;              //指针后移一个节点
```

3.3.2　单链表的基本运算

单链表的运算主要有初始化、创建、遍历、查找、插入、删除、清空、合并、分解、逆转、复制、排序等，下面介绍其中的 8 个运算。

1. 单链表的初始化

单链表的初始化操作就是构造一个如图 3-9a 所示的空链表。

【算法思路】

用头指针指向新生成的结点作为头结点，将头结点的指针域置空。

【算法描述】

```
linkList InitLink()         //构造一个空的单链表
{
  linkList head=(ListNode * )malloc(sizeof(ListNode));    //申请结点空间
  head->next=nil;                                          //将头结点的指针域置空
  return head;
}
```

33

2. 单链表的创建

单链表的创建就是根据输入的数据动态建立一个单链表的过程，一般有前插法和后插法两种。

（1）前插法

前插法是通过将新申请的结点逐个插入到链表的头部（头结点之后）来创建链表。例如，输入顺序为 1、2、3，共 3 个元素，建立链表的过程依照如图 3-11 所示。最后建立的链表的结点顺序为 3、2、1。

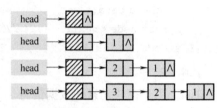

图 3-11　前插法建立单链

【算法思路】

1）建立空链表。

2）重复读入数据，直到读入结束符为止（如以 0 结束），每输入一个数据依次完成如下操作：

① 生成新结点。

② 将读入数据存放到新结点的数据域中。

③ 将新结点插入到链表的前端。

【算法描述】

```
LinkList createListF( )
{
  LinkList head,q;
  int x;
  head=(LinkList)malloc(sizeof(ListNode));
  head->next=nil;                              //建立空链表
  scanf("%d",&x);
  while(x!=0)
    {
      q=(listNode * )malloc(sizeof(ListNode));
      q->data=x;                               //建立新结点
      q->next=head->next;                      //插入到头节点之后
      head->next=q;
      scanf("%d",&x);
    }
  return head;
}
```

【算法分析】

本算法的时间复杂度为 O(n)。

（2）后插法

后插法是通过将新申请的结点逐个插入到链表的尾部来创建链表。例如，输入顺序为 1、2、3，共 3 个元素，建立链表的过程依照如图 3-12 所示。最后建立的链表的结点顺序为 1、2、3。

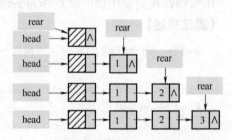

图 3-12　后插法建立单链表

【算法思路】

1）建立空链表。

2）初始化尾指针 rear，指向头结点。

3）重复读入数据，直到读入结束符为止（如以 0 结束），每输入一个数据依次完成如下操作：

① 生成新结点。

② 将读入数据存放到新结点的数据域中。

③ 将新结点插入到链表的尾结点 * rear 之后。

④ 尾指针 rear 指向新的尾结点。

【算法描述】

```
LinkList createListR()
{
  LinkList head,q,rear;
  int x;
  head=(LinkList)malloc(sizeof(ListNode));
  head->next=nil;                              //建立空链表
  rear=head;
  scanf("%d",&x);
  while(x!=0)
  {
    q=(listNode *)malloc(sizeof(ListNode));
    q->data=x;                                 //建立新结点
    rear->next=q;                              //插入到尾结点之后
    rear=q;                                    //尾指针指向新的尾结点
    scanf("%d",&x);
  }
  rear->next=nil;
  return head;
}
```

【算法分析】

本算法的时间复杂度为 $O(n)$。

头插法是从一个空表开始，每次插入的结点都作为链表的第一个结点。尾插法是将新结点插入到当前链表的表尾，使其成为当前链表的尾结点。头插法建立链表算法简单，但生成的链表中结点的次序和输入的顺序相反。若希望二者次序一致，可采用尾插法建立链表。

3. 单链表的遍历

链表的遍历访问应用广泛，所谓遍历就是依次访问所有结点，且每个结点只被访问一次的过程。

【算法思路】

1）设一移动指针 p，使其指向首元结点。

2）当 p 不空时，重复执行如下操作：

① 访问当前结点。

② 指针后移。

【算法描述】

```
TraversalLink(LinkList head);
{
  LinkList p;
  p=head->next;          //让移动指针指向第一个结点
  while(p!=nil)
  {
    visit(p->data);    //访问当前结点,如可用 printf("%5d",p->data)来代替
   p=p->next;          //移动指针后移
  }
}
```

【算法分析】

显然，本算法的时间复杂度为 O(n)。

算法中的访问结点操作（visit）可根据具体应用而定，例如，当用于统计链表结点个数时，可用一个计数器来代替。

4. 单链表的查找

与顺序表的查找过程类似，从链表的首元结点出发，依次将结点值与给定值 value 进行比较，返回查找结果。

【算法思路】

1）用移动指针 p 指向首元结点。

2）当移动指针 p 不为空，并且 p 指向结点的数据域不等于给定值，则循环执行移动指针 p 向后移。

3）返回 p。此时，若查找成功，则返回结点的指针；若查找失败，则 p 为 nil。

【算法描述】

```
LinkList Find(LinkList head,ListData value)
{
  LinkList p;
  p=head->next;                           //指针 p 指向第一个结点
  while(p!=nil && p->data!=value)         //循环移位
     p=p->next;
  return p;                               //返回查找结果
}
```

【算法分析】

本算法的时间复杂度为 O(n)。

思考题：如果在有序链表中进行查找，该如何修改以减少比较次数？

5. 单链表的插入（按序号插入）

在介绍单链表的插入算法之前，先看看在单链表中插入一个元素的操作。在图 3-13 中共有 3 个结点，现在要在第一个结点和第二个结点（元素 2 和 5）之间插入一个新的元素 3。此时，共需要完成两步操作：

1）修改元素 3 的指针域，使其指向元素 5 的结点。

2）修改元素 2 的指针域，使其指向新元素 3 的结点。

假设移动指针 p 指向第一个结点，q 指向要插入的新结点，那么在结点 p 之后插入新结点 q 的操作可用如下两条指令完成：

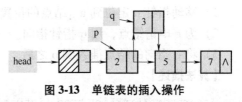

图 3-13　单链表的插入操作

```
Newnode->next=p->next;
p->next=newnode;
```

通过分析可知，无论 p 指向头结点 head 或中间任意结点，还是指向最后一个结点，都可以用上述的两条指令完成。在完成插入算法时，只要将移动指针移到插入位置的前一个结点位置，就可通过上述两条指令完成插入操作。

单链表的按序号插入算法，是将值为 e 的新结点插入到链表 head 的第 i 个结点位置上，即插入到结点 a_{i-1} 和 a_i 之间，因此需要将移动指针定位到第 i-1 个结点的位置上。

【算法思路】

1）移动指针 p 定位到 a_{i-1} 结点的位置。

2）为 e 申请结点，用 q 指针指向。

3）将 q 指向的结点插入到 p 之后。

【算法描述】

```
int Insert(LinkList head,int i,ListData e)
{
  Link List p=head,q;
  int k=0;
  while(p!=nil && k<i-1)
      { p=p->next;  k++;}              //定位到第 i-1 个结点
  if(p==nil)                          //定位失败,终止插入
      return 0;
  q=(ListNode*)malloc(sizeof(ListNode));  //创建新结点
  q->data=e;
  q->next=p->next;                    //完成插入
  p->next=q;
  Return 1;
}
```

【算法分析】

单链表的插入操作虽然不需要像顺序表的插入操作那样需要移动元素，但算法的时间复杂度仍为 $O(n)$。这是因为，在插入新结点之前的定位时的时间复杂度是 $O(n)$。

6. 有序链表的插入

将元素 e 插入到有序链表中，插入后的单链表保持有序。此时，需要将移动指针定位到第 1 个大于插入元素 e 的结点的前一个结点位置上，因此，需要用移动指针指向结点的后一个结点元素和 e 进行比较。

【算法思路】

1）移动指针 p 定位到 a_{i-1} 结点的位置。

2）为 e 申请结点，用 q 指针指向。

3）将 q 指向的结点插入到 p 之后。

【算法描述】

```
Insertsort(LinkList head,ListData x)
{
  LinkList p=head,q;
  while(p->next! =nil && p->next->data<=x)
    p=p->next;                                //为 x 结点定位
  q=(ListNode * )malloc(sizeof(ListNode));   //创建新结点
  q->data=x;
  q->next =p->next;                          //完成插入操作
  p->next =q;
}
```

【算法分析】

和前面的按序号插入算法类似，有序单链表的插入算法的时间复杂度也是 O(n)。

7. 单链表的按值删除

先看在单链表中删除一个元素的操作。在图 3-14 中，指针 p 指向元素 2 的结点，要从链表中删除 p 之后的结点元素 5，只需要将结点 2 的指针域跨过结点 5，指向结点 7 即可。

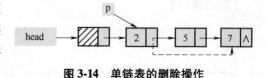

图 3-14　单链表的删除操作

其指令为

```
p->next=p->next->next;
```

但一般从链表删除结点后还要将该结点的空间释放，因此，删除链表中 p 之后的结点的操作可通过如下 3 步操作来实现，即

```
q=p->next->next;
p->next =q->next;
free(q)
```

单链表的删除算法可以是按序号删除，也可以按值删除，这里介绍按值删除算法，即删除指定元素。

【算法思路】

删除单链表指定元素 e 的过程如图 3-15 所示，图中对应的 4 个步骤说明如下。

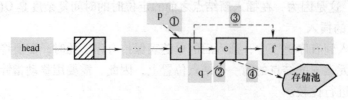

图 3-15　单链表的按值删除的过程

1）移动指针 p 定位到被删结点的前一个结点位置。

2）q 指针指向被删结点，以备释放。

3）修改结点 *p 的指针域，指向被删结点的后继结点。

4）释放被删结点。

【算法描述】

```
int Delete(LinkList head,ListData e)
{
  LinkList p=head;
  while(p->next!=nil && p->next->data!=e)    //定位
    p=p->next;
  if(p->next==nil)
    {
      printf("链表中没有要删除的元素");
      return 0;
    }
  q=p->next;                               //保存被删结点
  p->next=q->next;                         //修改指针
  free(q);                                 //释放被删结点
  Return 1
}
```

【算法分析】

删除算法的时间复杂度也是 $O(n)$。

8. 单链表的清空

将一个单链表的所有结点删除并释放所占存储空间。

【算法思路】

重复执行删除第一个结点的操作，直到链表为空。

【算法描述】

```
void makeEmpty(LinkList head)
{
    ListNode * q;
    while(head->next!=nil)
    {
      q=head->next;
      head->next=q->next;
      free(q);            //释放
    }
}
```

【算法分析】

本算法的时间复杂度也是 $O(n)$。

3.3.3 循环链表

循环链表是一种比较特殊的链式存储结构。它的特点是表中最后一个结点的指针域指向头结点，整个链表形成一个环。这样，从循环链表的任一结点出发都可以找到链表中的其他结点，使得表处理更加方便灵活。循环链表和单链表的差别仅在于链表中最后一个结点的指针域不为 nil，而是指向头结点，也就是说，算法中的循环条件不是 p! = nil 或 p->next! = nil 是否为空，而是它们是否等于头指针，即循环链表判断尾结点的条件是 p! = head 或 p->next! = head。

循环链表示意图如图 3-16 所示。图 3-16a 所示为空循环链表，其头结点的指针分量指向它自己；图 3-16b 所示为非空循环链表，最后一个结点 g 的指针域指向头结点。

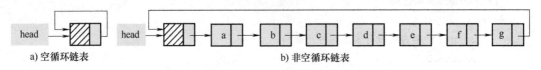

图 3-16　循环链表

3.3.4 双向链表

无论是单链表还是循环链表，结点中都只有后向指针，因此，从某个结点出发，只能顺指针向后寻查其他结点，若要寻查结点的直接前驱，则必须从表头指针出发。为克服单链表这种单向性的缺点，可使用双向链表。

在双向链表的结点中有两个指针域，一个指向直接后继，另一个指向直接前驱，结点结构如图 3-17 所示。在 C 语言中可描述如下：

prior	data	next

图 3-17　结点结构

```
typedef struct dnode
{
    ListData data;
    struct dnode * prior, * next;
} DblNode, * DblList;
```

双向链表也可以有循环，从而构成双向循环链表，如图 3-18 所示，其中图 3-18a 是只有一个头结点的空表，它的前向指针 prior 和后向指针 next 均指向它自己。图 3-18b 中最后一个结点 d 的后向指针指向头结点，头结点的前向指针指向尾结点 d。

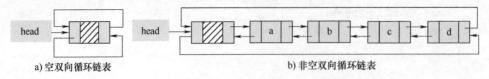

图 3-18　双向循环链表

在双向链表中的有些操作和单链表的操作是类似或相同的，但在涉及插入和删除操作时，则有很大不同，主要体现在两个方面：

（1）同时要修改两个方向上的指针

插入操作时，单链表一般要修改 2 个指针值，而双向链表要修改 4 个；删除时，单链表只需要修改 1 个指针值，而双向链表要修改 2 个。

（2）移动指针的定位要求不同

在单链表中，移动指针一定要定位在插入或删除位置之前，双向链表则没有这个要求，可以是之前、之后或当前位置。

1. 建立空的双向循环链表

【算法描述】

```
void CreateDblList(DblList head)
{
    head=(DblNode *)malloc(sizeof(DblNode));
    head->prior=head;            //表头结点的前向指针指向自己
    head->next=head;             //表头结点的后向指针指向自己
}
```

2. 双向有序链表的插入

在双向有序（从小到大排列）链表 head 中，插入新元素 e，插入后，链表仍然有序。如图 3-19 所示。

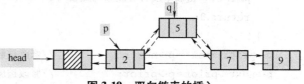

图 3-19　双向链表的插入

【算法思路】

同有序单链表的插入算法类似，移动指针 p 定位到被插位置的前一个结点位置，然后修改相关指针。

【算法描述】

```
InsertDblsort(DblList head,ListData e)
{
    p=head;
    while(p->next=nil && p->next->data<=e)     //为 e 结点定位
        p=p->next;
    q=(ListNode *)malloc(sizeof(ListNode));    //创建新结点
    q->data=e;
    q->prior=p;
    q->next=p->next;                           //修改相关的 4 个指针,完成插入
    p->next=q;
    p->next->prior=q;
}
```

【算法分析】

和单链表的插入算法一样，本算法的时间复杂度也是 O(n)。

3. 双向链表的删除

删除双向链表 head 中元素值等于 x 的结点。如图 3-20 所示，删除 p 指向的结点。

【算法思路】

在进行单链表的删除操作时，移动指针要定位在被删结点的前面，在双向链表中可以定

位在被删结点之前、之后或当前位置，本算法是定位在被删结点的当前位置。

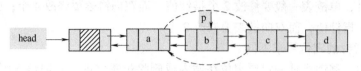

图 3-20　双向链表的删除

【算法描述】

```
int DeleteDbl(DblList head,ListData x)
{
  DblList p=head->next;
  while(p!=nil && p->data!=x)       //定位移动指针p
      p=p->next;
  if(p==nil)                        //没找到要删除的元素
    {
      printf("链表中没有要删除的元素");
      return 0;
    }
  p->prior->next=p->next;           //修改被删结点的前驱结点的后向指针
  p->next->prior=p->prior;          //修改被删结点的后继结点的前向指针
  free(p);
  Return 1
}
```

【算法分析】

和单链表的删除算法一样，本算法的时间复杂度也是 $O(n)$。

3.3.5　链表应用案例

【例 3-3】 两个有序链的归并。

设 ha 和 hb 是两个有序链表，它们分别按从小到大排序，现在要把它们合并成一个新的有序链表，要求利用原来的存储空间，不申请新的结点，只修改原来链表中的指针域，从而实现将两个有序链表合并为一个有序链表，其演示过程如图 3-21 所示。归并完成后，hb 链表的头结点是多余的，最后只需将其释放即可。

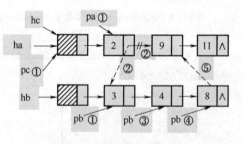

图 3-21　有序链表的归并

【算法思路】

用 pa、pb、pc 分别作为 ha、hb、hc 的移动指针，pa、pb 初始化时分别指向两个有序链表的第一个元素，代表当前要处理或比较的两个元素，pc 初始化指向 ha、它的含义是始终指向新合并的单链表的最后一个结点。通过不断比较 pa 和 pb 指向结点的数据，将其中较小的数据插入到 pc 之后，当其中一个链表全部输出后，只要将非空链表的剩余部分插入到 pc 之后即可。

1）指针 pa 和 pb 初始化，分别指向 ha 和 hb 的第一个结点；pc 指向 ha 的头结点。

2）当指针 pa 和 pb 均未到达相应表尾时，则循环比较 pa 和 pb 所指向的元素值，执行如下操作：

① 将其中较小的数插入到 pc 之后。

② pc 指针后移。

③ 将 pa 和 pb 中数值较小结点的指针后移。

3）将非空表的剩余段插入到 pc 所指结点之后。

4）释放 hb 的头结点。

【算法描述】

```
LinkList meger(LinkList ha,hb)
{
  LinkList *pa,*pb,*pc;
  pa=ha->next;pb=hb->next;pc=ha;      //初始化
  while(pa!=nil&&pb!=nil)             //循环比较
    if(pa->data<pb->data)            //pa 的数据较小时
      {
        pc->next=pa;                 //将 pa 插入到 pc 之后
        pc=pa;                       //pc 指针后移
        pa=pa->next;                 //pa 指针后移
      }
    else                             //pb 的数据较小时
      {
        pc->next=pb;                 //将 pb 插入到 pc 之后
        pc=pb;                       //pc 指针后移
        pb=pb->next;                 //pb 指针后移
      }
  if(pa! =nil)
    pc->next=pa;                     //将 pa 剩余的非空链表链接到 pc 之后
  else
    pc->next=pb;                     //将 pb 剩余的非空链表链接到 pc 之后
  free(hb);
  return  ha;
}
```

【算法分析】

假设 ha 和 hb 两个链表的长度分别为 m 和 n，则本算法的时间复杂度为 $O(m+n)$。

【例 3-4】 稀疏多项式求和（非稀疏的用顺序表来实现）。

对采用链式存储的两个多项式求和，这里用 AH 和 BH 代表两个多项式。

$$AH=1-10x^6+2x^8+7x^{14}$$

$$BH=-x^4+10x^6-3x^{10}+8x^{14}+4x^{18}$$

现要求 $CH=AH+BH=1-x^4+2x^8-3x^{10}+15x^{14}+4x^{18}$

在多项式的链表表示中每个结点的数据域有 2 个，分别是 coef（系数）和 exp（幂次）。还有一个指针域 next，如图 3-22 所示。

可用 C 语言描述如下：

```
typedef struct pnode
{
    int coef,exp;
    struct pnode  * next;
} PolyNode,* Polylist;
```

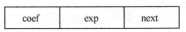

图 3-22　多项式结点结构

上述多项式可用图 3-23 表示。

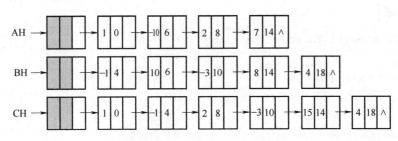

图 3-23　两个多项式求和实例

【算法思路】

从图 3-23 中可以看出，每个链表是按幂次 exp 升序排列的，在求和时，幂次不相同时输出幂次小的项，幂次相同时系数求和后再输出，因此本算法和例 3-3 有相似之处，都是两个有序链的归并问题，只是幂次相同时的处理不同。算法操作过程如下：

1）初始化：指针 pa 和 pb 分别指向 ah 和 bh 的第一个结点；pc 指向 ah 的头结点；释放 bh。

2）当指针 pa 和 pb 均未到达相应表尾时，则循环比较 pa 和 pb 所指向的幂次值，执行如下操作：

① 当幂次相同时，系数域求和⇒tcoef：

tcoef＝0 时：删除 pa 和 pb 指向的结点，pa 和 pb 同时向后移。

tcoef!＝0时：tcoef 写入 pa 结点的系数域，pa 和 pc 后移，删除 pb 指向的结点，同时 pb 后移。

② 当幂次不相同时，将幂次较小的结点插入到 pc 之后，同时相应的移动指针后移，pc 指针后移。

3）将非空表的剩余段插入到 pc 所指结点之后。

【算法描述】

```
Polylist PolynomialAdd(Polylist  ah,bh)
{
    Polylist pa,pb,pc,p;
    pa=ah->next;pb=bh->next;pc=ah;
    delete bh;
    while(pa!=nil && pb!=nil)
        if(pa→exp==pb→exp)                          //幂相同
        {
            tcoef=pa→coef+pb→coef;
```

```
            if(tcoef==0)                      //系数相加为 0
              {
                p=pa;pa=pa->next;free(p);     //删除 pa,同时指针后移
                p=pb;pb=pb->next;free(p);     //删除 pb,同时指针后移
              }
            else
              {
                pa→coef=tcoef;
                pc→next=pa;
                pc=pa;
                pa=pa→next;
                p=pb;pb=pb→next;free(p);
              }
          }
        else if(pa→exp<pb→exp)
          {
            pc→next=pa;
            pc=pa;
            pa=pa→next;
          }
        else if(pa→exp>pb→exp)
          {
            pc→next=pb;
            pc=pb;
            pb=pb→next;
          }
    if(pb==nil)
        pc→next=pa;
    else pc→next=pb;
}
```

【算法分析】

假设 ah 和 bh 两个链表的长度分别为 m 和 n,则本算法的时间复杂度为 O(m+n)。

3.4 栈

栈和队列是两种特殊的线性表,其特殊性主要体现在对它们的插入和删除操作只允许在表的两端进行,因此称它们是操作受限的线性表。

3.4.1 栈的概念

栈(stack)是限定仅在表的同一端进行插入或删除操作的线性表。

允许插入和删除的一端称为栈顶(top),则另一端称为栈底(bottom),不含元素的空表称为空栈。在堆栈中最先进栈的元素在栈底,最后进栈的在栈顶,出栈时总是从栈顶开

始，因此，栈又称为是后进先出（Last In First Out，LIFO）的线性表，可以用图 3-24 来描述。

栈是线性表，它的操作和线性表的操作类似，但其插入和删除操作分别称为进栈（push）和出栈（pop），进栈是将一个数据元素存入栈顶，出栈是将栈顶元素取出。

【例 3-5】　假设有 3 个元素 a、b、c，入栈顺序是 a、b、c，则可能的出栈顺序有几种？

a、b、c 共有 6 中排列组合：abc，acb，bac，bca，cab，cba，经过分析发现，除了排列 cab 以外，共有 5 种排列可以作为出栈顺序。

1）abc：a 进栈，a 出栈，b 进栈，b 出栈，c 进栈，c 出栈，则出栈顺序为 abc。
2）acb：a 进栈，a 出栈，b 进栈，c 进栈，c 出栈，b 出栈，则出栈顺序为 acb。
3）bac：a 进栈，b 进栈，b 出栈，a 出栈，c 进栈，c 出栈，则出栈顺序为 bac。
4）bca：a 进栈，b 进栈，b 出栈；c 进栈，c 出栈，a 出栈，则出栈顺序为 bca。
5）cab：要 c 最先出栈，abc 必须先进栈，a 出栈后，栈顶为 b，因此无法得到 cab。
6）cba：a 进栈，b 进栈，c 进栈，c 出栈，b 出栈，a 出栈，则出栈顺序为 cba。

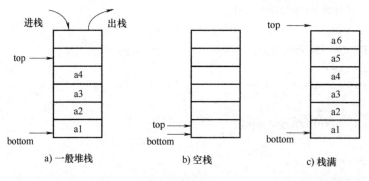

图 3-24　堆栈

和一般线性表一样，栈也有两种存储方式：顺序栈和链栈。

3.4.2　顺序栈的表示和实现

顺序栈：栈的顺序存储结构，利用一组地址连续的存储单元依次存放自栈底到栈顶的数据元素，指针 top 指向栈顶元素在顺序栈中的下一个位置，bottom 为栈底指针，指向栈底的位置，在自定义的顺序栈中，bottom 在使用时一般是 0 且固定不变，因此定义时可省略。顺序栈的类型表示如图 3-25 所示。

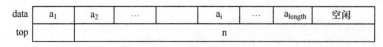

图 3-25　栈的顺序存储结构

可用 C 语言描述如下：

```
#define StackSize  100;
typedef int StackData;
typedef struct
{
```

```
        StackData data[StackSize];        //数据域
        int top;                          //栈顶指针
    } SeqStack;
```

下面介绍顺序栈的基本操作，要注意在进行进栈或出栈操作时，要先进行栈是否为满或为空的判断。

1. 顺序栈初始化

【算法思路】

采用静态分配的方式获得存储空间。

【算法描述】

```
void InitStack(SeqStack S)
{
    S.top=0;        //栈顶指针指向栈底
}
```

2. 顺序栈的进栈

在栈 S 的栈顶插入一个新的元素 x。

【算法思路】

1）判断栈是否为满，若满，则不允许进栈，进栈操作失败。

2）将新元素压入栈顶 top 的位置。

3）栈顶指针加 1。

【算法描述】

```
int Push(SeqStack S,StackData x)
{
    if  (S.top==StackSize)
        return 0;                //失败
    (S.data[S.top])=x;
    (S.top)++;
    Return 1
}
```

3. 顺序栈的出栈

出栈操作是返回栈顶元素，同时将栈顶元素删除。

【算法思路】

1）判断栈是否为空，若空，则不允许出栈，出栈操作失败。

2）栈顶指针减 1。

3）返回栈顶元素。

【算法描述】

```
StackData pop(SeqStack S)
{
    if(S.top==0)
        return error;
    (S.top)--;
```

```
        return(S.data[s.top]);
    }
```

4. 顺序栈取栈顶元素

和出栈操作类似，不同的是本操作只取元素，但不从栈中删除栈顶元素，即不改变栈的内容。

【算法思路】

1）判断栈是否为空，若空，则无元素可取，操作失败。

2）返回栈顶元素。

【算法描述】

```
StackData Gettop(SeqStack S)
{
    if(S.top==0)
        return error;
    return(S.data[s.top-1]);
}
```

上面介绍的几个顺序栈的操作算法的时间复杂度均为 O(1)。

3.4.3 链栈的表示和实现

链栈：栈的链式存储结构，利用链表来存储栈的数据元素。通常用单链表来表示，如图 3-26 所示。由于栈的插入和删除操作均在表的同一端进行，显然链表的头部作为栈顶最方便。因此，链栈没有必要增设头结点，栈顶指针 top 就是链栈的头指针，它直接指向栈顶元素。

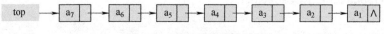

图 3-26 链栈的逻辑结构

链栈的结点结构和单链表一样，包括 data 和 next 两个域，链栈的 C 语言描述如下：

```
typedef int StackData;              //定义数据类型
typedef struct Snode                //链表结点
{
  StackData data;                   //结点数据域
  struct Snode  *next;              //结点链域
} StackNode;                        //链栈的结点类型
Typedef StackNode  *LinkStack;      //链栈的指针类型
LinkStack  top,s;                   //链表头指针
```

下面介绍链栈的基本操作。

1. 链栈初始化

【算法描述】

```
void InitStack(LinkStack top)
{
  top=nil;
}
```

2. 链栈的进栈

【算法思路】

1）为元素 e 申请新结点。

2）将新结点插入栈顶。

3）栈顶指针指向新结点。

【算法描述】

```
push(LinkStack   top,StackData e)
{
    q=(LinkStack)malloc(sizeof(StackNode));
    q->data=e;
    q->next=top;
    top=q;
}
```

【算法分析】

由于采用动态分配，原则上只要内存足够，就不需要判断栈满，这一点和顺序栈是不一样的。

3. 链栈的出栈

【算法思路】

1）判断栈是否为空，若空，则不允许出栈，出栈操作失败。

2）将链栈的栈顶元素存入临时变量 e。

3）将栈顶结点从链表中删除并释放占用的空间。

4）返回栈顶元素。

```
StackData pop(LinkStack top)
{
    if(top==nil)
        return null;
    e=top->data;
    q=top;
    top=top->next;
    free(q);
    return e;
}
```

4. 链栈取栈顶元素

和出栈操作类似，不同的是本操作只取元素，但不从栈中删除栈顶元素，即不改变栈的内容。

【算法思路】

1）判断栈是否为空，若空，则无元素可取，操作失败。

2）返回栈顶元素。

【算法描述】

```
StackData GetTop(LinkStack top)
{
    if(top==nil)
```

```
       return null;
   return top->data;
}
```

3.4.4　栈的应用

栈在计算机系统中的应用非常广泛，下面进行介绍。

1. 用于暂存数据

【例 3-6】　要实现 a 和 b 两个变量的交换，可用堆栈 S 来暂存数据实现，操作过程如下：

```
push(S,a);
push(S,b);
a=pop(S);
b=pop(S);
```

2. 子程序的调用

在主程序调用子程序前，会将返回指令的地址、参数、局部变量等信息存到堆栈中，直到子程序执行完后再将地址弹出，以回到原来的程序中。

【例 3-7】　子程序调用和返回

有 4 个函数，main( )、s1( )、s2( )、s3( )，主函数 main( ) 调用 s1( )，s1( ) 调用 s2( )，s2( ) 调用 s3( )，因此产生了 3 个断点，相应地有 3 个返回地址 A、B、C，其调用关系如图 3-27 所示。

程序执行时，每一次调用均将返回地址等信息入栈，相应地，每一次函数执行完，执行一次出栈操作，将返回地址等信息带回，根据返回地址继续执行，从而保证返回不会出错。本例中按照 A、B、C 的顺序入栈，子程序结束时按 C、B、A 的顺序出栈，从而返回到相应断点。

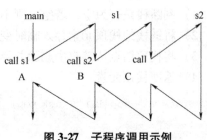

图 3-27　子程序调用示例

3. 递归调用

和子程序的调用类似，只是这里调用的函数是其本身。

所谓递归是指在一个函数、过程或者数据结构定义的内部又直接（或间接）出现定义本身的应用，则称它们是递归的，或者是递归定义的。在一些情况下使用递归的方法可以把一个大型复杂问题的描述和求解变得简洁和清晰。栈的一个重要应用是在程序设计语言中实现递归。

递归算法是程序设计中最常用的手段之一，递归算法常常比非递归算法更易设计，尤其是当问题本身或所涉及的数据结构是递归定义的时候，使用递归算法更加合适。

用递归法进行算法设计的问题，需要满足以下两个条件：

1）必须有一个明确的递归出口，或称递归的边界。

2）能将一个问题转变成一个规模较小的新问题，而新问题与原问题的解法相同或类似。

【例 3-8】　阶乘函数的递归算法。

阶乘计算可以用递归的形式定义如下：

$$n! = n \times (n-1) \times \cdots \times 2 \times 1 = n \times (n-1)!$$

用函数表示为：$\text{fact}(n) = \begin{cases} 1 & \text{当 } n=1 \\ n \times \text{fact}(n-1) & \text{当 } n>1 \end{cases}$　　　　　　　(3-1)

【算法描述】

```
long fact(long n)
{
  if(n==1)return 1;          //递归出口
  else   return n * fact(n-1);  //递归过程
}
```

【算法分析】

图 3-28 所示为主程序调用函数 fact(3) 的执行过程。主函数将参数 3 传递给 fact() 函数，在 fact() 函数体中，else 语句以参数 2、1、0 执行递归调用。最后一次递归调用的函数因参数 n 为 0 执行 if 语句，递归终止，逐步返回，返回时依次计算 1*1、2*1、3*2，最后将计算结果 6 返回给主程序。所有的参数传递和返回都通过系统栈来实现。

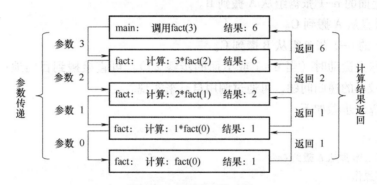

图 3-28　求解 3！的过程

本算法的时间复杂度为 O(n)。

本算法的编写是根据问题的递归定义来完成的。还有一类问题，它们的解法可用递归的方法解决，这类问题也可以用递归算法来实现，汉诺塔游戏就是其中的典型代表。

【例 3-9】　n 阶 Hanoi 塔问题。

有 3 个分别命名为 A、B 和 C 的塔座，在塔座 A 上插有 n 个直径大小各不相同，依小到大编号为 1~n 的圆盘（如图 3-29 所示）。现要求将塔座 A 上的 n 个圆盘移至塔座 C 上，并仍按同样顺序叠排，圆盘移动时必须遵循下列规则：

1）每次只能移动一个圆盘。

2）圆盘可以插在 A、B 和 C 中的任一塔座上。

3）任何时刻都只能将一个较小的圆盘压在较大的圆盘之上。

【算法思路】

先看最简单的情况，当 n=1 时，直接将 1 号盘从 A 移到 C 即可；否则，将 n 张盘看成由两部分组成：第一部分是下面最大的盘 n 号盘（只有 1 张盘），第二部分是上面编号较小的 n-1 张盘组成的盘组（由多张盘组成）。现在的问题变成了将这两部分盘片从 A 到 C 的移动，此时只需要三步：

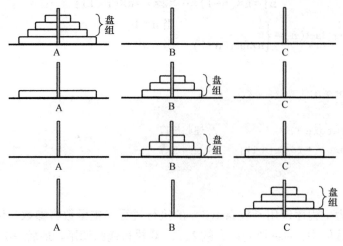

图 3-29　Hanoi 问题

1）将 A 上面的 n-1 张盘组从 A 搬到 B。

2）将 n 号盘从 A 搬到 C。

3）将 B 上的 n-1 张盘组从 B 搬到 C。

其中：一张盘搬动时（当 n=1 或上面的步骤 2)），可直接搬到目的地；盘组搬动时，则是一个规模较小的递归问题，可通过调用自己来实现。

可以写出算法步骤如下：

```
    如果 n=1
    直接将 n 号盘从 A 搬到 C
否则做如下操作
    将 A 上面的 n-1 张盘从 A 搬到 B；
    直接将 n 号盘从 A 搬到 C；
    将 B 上的 n-1 张盘从 B 搬到 C；
```

【算法描述】

```
void Hanoi(int n,char A,char B,char C)
{//将 n 张盘从 A 搬动到 C,将 B 作为过渡
  if(n==1)
    move(n,A,C);                //一张盘片
  else
    {Hanoi(n-1,A,C,B);         //多张盘片的盘片组
    move(n,A,C);               //一张盘片
    Hanoi(n-1,B,A,C);          //多张盘片的盘片组
    }
}
void move(int n,char a,char c)
{printf("将%d号盘从%c搬到%c\n",n,a,c);}
```

这里的移动函数使用了 printf 语句，可以将搬动顺序显示输出。

【算法分析】

递归算法的时间复杂度，同样可以通过对基本语句的执行频度来分析，本例中，基本语句可以通过移动语句 move 的执行次数来确定。盘片数为 n，移动次数是 2^n-1。

本算法的时间复杂度为 $O(2^n)$。

除了上述 3 大类应用外还有很多应用都可以用栈来解决问题，如括号匹配问题、数制转换问题、表达式求值问题、迷宫求解问题等。

3.5 队列

3.5.1 队列的概念

队列和栈一样都是操作受限的线性表，队列是只允许在表的一端进行插入，而在另一端删除元素的线性表。其中，允许插入的一端称为队尾（rear），允许删除的一端称为队头（front）。和生活中的队列一样，最先入队的最先出队，最后入队的最后出队，因此，又称为先进先出（FIFO）或后进后出（LILO）的线性表，它体现了先来先服务的原则。如图 3-30 所示。

图 3-30 队列示意图

往队列的队尾插入一个元素称为入队，从队列的头部删除一个元素称为出队。

队列的存储结构也有两种方式，顺序存储和链式存储。

3.5.2 循环队列的表示和实现

在队列的顺序存储结构中，用一组地址连续的存储单元依次存放从队头到队尾的元素，通过两个指针 front 和 rear 分别指向对头和队尾的位置。队列的顺序存储结构如图 3-31 所示。

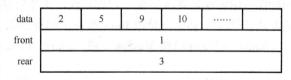

图 3-31 顺序队列的结构

可用 C 语言描述如下：

```
#define MaxSize  100        //队列的最大长度
typedef int QueueData        //可根据实际情况定义队列的数据类型
typedef struct
  {
    QueueData data[MaxSize];
    int  front,rear;
} SqQueue;
```

图 3-32 所示体现了队列的操作。

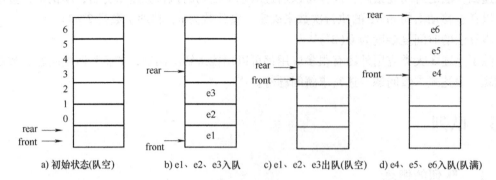

a) 初始状态(队空)　　b) e1、e2、e3入队　　c) e1、e2、e3出队(队空)　　d) e4、e5、e6入队(队满)

图 3-32　顺序队列

初始状态时，队列为空，此时 front＝rear＝0。

入队：将新元素插入 rear 所指的位置，rear 加 1。

出队：删去 front 所指的元素，front 加 1 并返回被删元素。

队列为空：front＝rear。

队满：rear＝MaxSize。

因此，在非空队列中，头指针 front 始终指向队列头元素，而尾指针 rear 始终指向队列尾元素的下一个位置，如图 3-32 所示。

假设当前队列分配的最大空间为 6，则当队列处于图 3-32d 所示的状态时不可再继续插入新的队尾元素，否则会出现溢出现象，即因数组越界而导致程序的非法操作错误。事实上，此时队列的实际可用空间并未占满，而是还有 3 个空的位置，所以这种现象称为"假溢出"。

解决这种"假溢出"问题的一个办法是将顺序队列首尾相连，使之变成一个环状空间，称之为循环队列。图 3-33 所示为一个有 6 个存储空间的循环队列。

在循环队列中，头、尾指针以及队列元素之间的关系不变，头、尾指针"依环状增1"的操作可用取模运算来实现。通过取模，头指针和尾指针就可以在顺序表空间内以头尾衔接的方式"循环"移动。修改 front 和 rear 的指令如下：

front＝（front+1）％ MaxSize　 或　 rear＝（rear+1）％ MaxSize

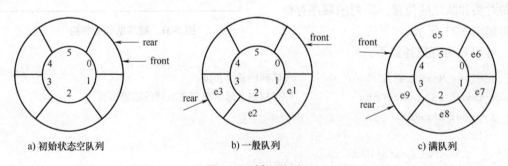

a) 初始状态空队列　　　　　b) 一般队列　　　　　c) 满队列

图 3-33　循环队列

在循环队列中，为了区分队空和队满的条件，通常有以下两种处理方法。

1）另设一个标志位以区别队列是"空"还是"满"。

2）少用一个元素空间，即队列空间大小为 MaxSize 时，有 MaxSize-1 个元素就认为是队满。这样判断队空的条件不变，即当头、尾指针的值相同时，则认为队空；而当尾指针在循环意义上加 1 后等于头指针，则认为队满。因此，在循环队列中队空和队满的条件为：

队空的条件：front=rear

队满的条件：（rear+1）% MaxSize=front

其中，少用的那个元素空间，既可以放在队头，也可以放在队尾，在图 3-33 和后面的算法中均将少用的元素空间放在队头，即用 front 指向。

这时，在循环队列中 front 指向的是空位置，它的下一个单元才是队列的第一个元素；rear 指向的队列的最后一个元素。这样，入队和出队操作都是先做相应的指针（rear 和 front）加 1，再写入或取出元素。

图 3-33a 所示为队列的初始状态，此时 front=rear=0，此时 e1、e2、e3 相继入队，队列状态如图 3-33b 所示，此时 rear 指向最后一个元素 e3，front 指向的是第一个元素的前一个位置。

此后，经过 e1、e2、e3 出队，e4、e5 入队，e4 出队，e6、e7、e8、e9 再入队，队列状态如图 3-33c 所示，此时队列为满。

下面给出循环队列常用的操作算法，它的类型定义和前面的顺序队列的定义相同。

1. 循环队列初始化

【算法思路】

采用静态分配的方式获得存储空间。

【算法描述】

```
void QueueInit(SqQueue Q)
{
    Q.front=Q.rear=0;        //队列指针指向队头
}
```

2. 求队列长度

【算法思路】

在前面的顺序队列中，尾指针和头指针的差便是队列的长度，但对于循环队列，差值可能为负数，所以要加上 MaxSize，然后对 MaxSize 求余。

【算法描述】

```
int QueueLength(SqQueue Q)
{
    return(rear-front+MaxSize) % MaxSize;
}
```

3. 循环队列的入队

插入一个新的队尾元素

【算法思路】

1）如果队列满，返回 0，表示入队失败。

2）队尾指针加 1。

3）将新元素插入队尾。

则在尾指针 rear 之后插入新元素。

【算法描述】

```
int EnQueue(SqQueue Q,QueueData x)
{
  if  ((Q.rear+1)% MaxSize==Q.front)
     return 0;
  Q.rear=(Q.rear+1)% MaxSize;
  Q.data[q.rear]=x;
  return(1);
}
```

4. 循环队列的出队

删除并返回队头元素。

【算法思路】

1）如果队列空，返回 error，表示出队失败。

2）队头指针加 1。

3）返回队头元素。

【算法描述】

```
QueueData DelQueue(Queue Q)
{
  if(Q.rear==Q.front)
     return error;
  Q.front=(Q.front+1)%MaxSize;
  return(Q.data[Q.front]);
}
```

5. 读取队头元素

返回队头元素。与出队操作的区别是不改变队列状态。

【算法思路】

1）如果队列空，返回 error，表示出队失败。

2）返回队头元素。

【算法描述】

```
QueueData GetHead(Queue Q)
{
  if(Q.rear==Q.front)
     return error;
  return(Q.data[(Q.front+1)% MaxSize]);
}
```

【算法分析】

循环队列的上述 5 个基本操作的时间复杂度均为 O(1)。

3.5.3 链队列的表示和实现

链队列是指采用链式存储结构实现的队列。链队列通常用单链表来表示，如图 3-34 所示。

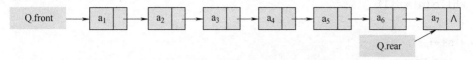

图 3-34 链队列的逻辑结构

一个链队列需要两个分别指示队头和队尾的指针（分别称为头指针和尾指针）才能唯一确定。这里和线性表的单链表一样，为了操作方便起见，给链队列添加一个头结点，并令头指针始终指向头结点。队列的链式存储结构表示如下：

```
typedef int QueueData          //可根据实际情况定义队列的数据类型
typedef struct QNode           //链表结点
{
  QueueData data;              //链表结点数据域
  struct QNode * next;         //链表结点链域
} QNode, * QueuePtr;           // * QueuePtr 为指向结点的指针类型
typedef struct                 //定义链队列头尾指针
{
  QueuePtr front;              //定义链队列头指针
  QueuePtr rear;               //定义链队列尾指针
}LinkQueue;
LinkQueue Q;                   //声明链队列 Q
```

下面给出链队列常用的操作算法。

1. 链队列初始化

【算法思路】

1）用头指针申请头结点。

2）将头结点的指针域置空。

【算法描述】

```
QueueInit(LinkQueue Q)
{
    Q. front = Q. rear = (QueuePtr)malloc(sizeof(QNode));   //队列指针指向队头
    Q. front->next = nil;
}
```

2. 求链队列长度

【算法思路】

同单链表的遍历算法类似，依次访问队列中的结点，每访问一个结点计数器加 1。

【算法描述】

```
int LinkQueuelength(LinkQueue Q)
{
```

```
int n=0;
QueuePtr p;
p=Q. front->next;
while(p!=nil)
{
  n++;
  p=p->next;
}
return n;
}
```

【算法分析】

在链队列的求长度算法中必须要遍历整个链表，因此该算法的时间复杂度为 $O(n)$。

3. 链队列的入队

插入一个新的队尾元素。

【算法思路】

1）为新元素申请结点。

2）新结点的数据域赋值。

3）将新元素插入队尾。

4）队尾指针后移。

则在尾指针 rear 之后插入新元素。

【算法描述】

```
EnQueue(LinkQueue Q,QueueData e)
{
  p=(QueuePtr)malloc(sizeof(Qnode));      //申请新结点
  p->data=e;                              //新结点的数据域赋值
  p->next=nil;
  Q. rear->next=p;                        //将新元素插入队尾
  Q. rear=p;                              //队尾指针后移
}
```

4. 链队列的出队

删除并返回队头元素。

【算法思路】

1）如果队列空，则返回 error，表示出队失败。

2）保存队头结点及其元素值。

3）修改队头指针，指向下一个结点。

4）队列为空时，队尾指针重新赋值。

5）释放保存的队头元素的空间。

6）返回保存的队头元素。

【算法描述】

```
QueueData DeQueue(LinkQueue Q)
{
  if  (Q.front==Q.rear)  return ERROR;  //队空
  p=Q.front->next;
  e=p->data;
  Q.front->next=p->next;
  if(Q.rear==p)Q.rear=Q.front;  //队列为空时队尾指针需重新赋值
  free(p);
  Return e;
}
```

5. 读取队头元素

返回队头元素。与出队操作的区别是不改变队列状态。

【算法思路】

参照出队操作。

【算法描述】

```
QueueData GetHead(LinkQueue Q)
{
  if  (Q.front==Q.rear)  return ERROR;  //队空
  e=Q.front->next->data;
  Return e;
}
```

3.5.4 队列的应用

队列除了应用在生活场景以外，在计算机系统中也得到了广泛应用，例如，在操作系统中处理多个进程，采用先来先服务的方式，可用队列来实现；设备管理中打印机的打印数据缓冲区同样用到了消息队列。下面看看队列的几个典型应用场景。

1. 异步处理

场景说明：用户注册后，需要发注册邮件和注册短信。三个业务结点采用串行方式工作（后两个业务是可以并行工作的），则其处理过程如图 3-35 所示，即将注册信息写入数据库成功后，发送注册邮件，再发送注册短信。以上三个任务全部完成后，返回给客户。

假设三个业务节点每个耗时 50ms，不考虑网络等其他开销，则串行方式的时间是 150ms。

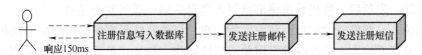

图 3-35 串行工作的注册信息处理

如上所述，在传统方式下，系统的性能（并发量，吞吐量，响应时间）会有瓶颈，在注册用户激增等极端情况下，会造成信息"堵塞"，或用户响应时间过长，造成"不适"。针对这个问题，可以引入消息队列，将不是必须要马上处理的业务逻辑进行异步处理。改造后的架构如图 3-36 所示。

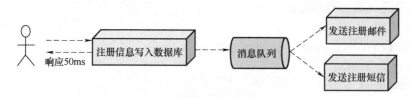

图 3-36　加入消息队列的注册信息处理

在引入消息队列后，当用户提交注册信息后，首先写入相关数据库，然后将注册邮件和注册短信的信息写入消息队列后，直接返回，而真正的发送注册邮件和发送注册短信两个任务则由后台专门进程分别负责完成，它们只需要从消息队列中依次取得相关信息然后完成发送任务，而不影响用户的响应时间。

这样，用户的响应时间相当于是注册信息写入数据库的时间和写入消息队列的时间，而写入消息队列的速度很快，基本可以忽略，因此用户的响应时间也就是 50ms，引入消息队列后系统的吞吐量提高到原来的 3 倍。

2. 应用解耦

场景说明：后台发货系统，发货后快递发货系统需要通知订单系统，该订单已发货。如果使用传统的做法，快递发货系统调用订单系统的接口，更新订单为已发货。如图 3-37 所示。

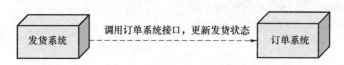

图 3-37　后台发货系统

传统模式的缺点：

1）假如订单系统无法访问，则订单更新为已发货失败，从而导致发货失败。

2）发货系统与订单系统耦合。

如何解决以上问题呢？加入应用消息队列后的方案如图 3-38 所示。

图 3-38　加入消息队列的后台发货系统

发货系统：发货后，发货系统将消息写入消息队列，返回发货成功。

订单系统：订阅发货的消息，获取发货信息，订单系统根据信息进行更新操作。

如上，发货系统在发货的时候不用关心后续操作，如果订单系统不能正常使用，也不影响正常发货，实现了订单系统与发货系统的应用解耦。

3.6　本章小结

线性表是整个数据结构课程的重要基础，本章主要内容如下：

1) 线性表的逻辑结构特性是指数据元素之间存在着线性关系，在计算机中表示这种关系的两类不同的存储结构是顺序存储结构（顺序表）和链式存储结构（链表）。

2) 对于顺序表，元素存储的相邻位置反映出其逻辑上的线性关系，可借助数组来表示。给定数组的下标，便可以存取相应的元素，可称之为随机存取结构。而对于链表，是依靠指针来反映其线性逻辑关系的，链表结点的存取都要从头指针开始，顺链而行，所以不属于随机存取结构，可称之为顺序存取结构。不同的特点使得顺序表和链表有不同的适用情况，表 3-2 分别从空间、时间和适用情况 3 方面对二者进行了比较。

表 3-2　顺序表和链表的比较

比较项目		存储结构	
		顺序表	链表
空间	存储空间	预先分配，会导致空间闲置或溢出现象	动态分配，不会出现存储空间闲置或溢出现象
	存储密度	不用为表示结点间的逻辑关系而增加额外的存储开销，存储密度等于 1	需要借助指针来体现元素间的逻辑关系，存储密度小于 1
时间	存取元素	随机存取，按位置访问元素的时间复杂度为 O(1)	顺序存取，按位置访问元素时间复杂度为 O(n)
	插入删除	平均移动约表中一半元素，时间复杂度为 O(n)	不需移动元素，确定插入、删除位置后，时间复杂度为 O(1)
适用情况		1) 表长变化不大，且能事先确定变化的范围 2) 很少进行插入或删除操作，经常按元素位置序号访问数据元素	1) 长度变化较大 2) 频繁进行插入或删除操作

3) 对于链表，除了常用的单链表外，在本章还讨论了两种不同形式的链表，即循环链表和双向链表，它们有不同的应用场合。

① 循环链表：它的特点是表中最后一个结点的指针域指向头结点，整个链表形成一个环。

② 双向链表：在双向链表的结点中有两个指针域，一个指向直接后继，另一个指向直接前驱。

4) 栈是限定仅在表尾进行插入或删除的线性表，又称为后进先出的线性表。栈有两种存储表示，顺序表示（顺序栈）和链式表示（链栈）。栈的主要操作是进栈和出栈，对于顺序栈的进栈和出栈操作要注意判断栈满或栈空。

5) 队列是一种先进先出的线性表。它只允许在表的一端进行插入，而在另一端删除元素。队列也有两种存储表示，顺序表示（循环队列）和链式表示（链队）。队列的主要操作是进队和出队，对于顺序的循环队列的进队和出队操作要注意判断队满或队空。

6) 栈和队列是在程序设计中被广泛使用的两种数据结构，其具体的应用场景是与其表示方法和运算规则相互联系的。表 3-3 分别从逻辑结构、存储结构和运算规则 3 方面对二者进行了比较。

表 3-3　栈和队列的比较

比较项目	栈和队列	
	栈	队列
逻辑结构	和线性表一样，数据元素之间存在一对一的关系	和线性表一样，数据元素之间存在一对一的关系
存储结构	顺序存储：存储空间预先分配，可能会导致空间闲置或栈满溢出现象；数据元素个数不能自由扩充	顺序存储（循环队列形式）：存储空间预先分配，可能会导致空间闲置或队满溢出现象；数据元素个数不能自由扩充
	链式存储：动态分配，不会出现闲置或栈满溢出现象；数据元素个数可以自由扩充	链式存储：动态分配，不会出现闲置或队满溢出现象；数据元素个数可以自由扩充
运算规则	插入和删除在表的一端（栈顶）完成，后进先出	插入运算在表的一端（队尾）进行，删除运算在表的另一端（队头），先进先出

 习题

3-1　选择题

（1）顺序表中第一个元素的存储地址是 100，每个元素的长度为 2，则第 5 个元素的地址是（　　）。

  A. 110　　　　　　B. 108　　　　　　C. 100　　　　　　D. 120

（2）一个有 127 个元素的顺序表中插入一个新元素，平均要移动的元素个数为（　　）。

  A. 8　　　　　　　B. 63.5　　　　　　C. 63　　　　　　　D. 7

（3）线性表若采用顺序存储结构，要求内存中可用存储单元的地址（　　）。

  A. 必须是连续的　　　　　　　　　　B. 部分地址必须是连续的

  C. 一定是不连续的　　　　　　　　　　D. 连续或不连续都可以

（4）线性表若采用链式存储结构，要求内存中可用存储单元的地址（　　）。

  A. 必须是连续的　　　　　　　　　　B. 部分地址必须是连续的

  C. 一定是不连续的　　　　　　　　　　D. 连续或不连续都可以

（5）链式存储的存储结构所占存储空间（　　）。

  A. 分为两部分，一部分存放结点值，另一部分存放表示结点间关系的指针

  B. 只有一部分，存放结点值

  C. 只有一部分，存储表示结点间关系的指针

  D. 分两部分，一部分存放结点值，另一部分存放结点所占单元数

（6）线性表 L 在（　　）情况下适用于使用链式结构实现。

  A. 需经常修改 L 中的结点值　　　　　B. 需不断对 L 进行删除、插入

  C. L 中含有大量的结点　　　　　　　　D. L 中结点结构复杂

（7）在一个长度为 n 的顺序表中的第 i 个元素（$1 \leq i \leq n+1$）之前插入一个新元素时需向后移动（　　）个元素。

  A. $n-i$　　　　　　B. $n-i+1$　　　　　C. $n-i-1$　　　　　D. i

（8）线性表 $L=(a_1, a_2, \cdots, a_n)$，下列陈述正确的是（　　）。

  A. 每个元素都有一个直接前驱和一个直接后继

B. 线性表中至少有一个元素

C. 表中诸元素的排列必须是由小到大或由大到小

D. 除第一个和最后一个元素外，其余每个元素都有一个且仅有一个直接前驱和直接后继

(9) 以下陈述错误的是（　　）。

A. 求表长、定位这两种运算在采用顺序存储结构时实现的效率不比采用链式存储结构时实现的效率低

B. 顺序存储的线性表可以随机存取

C. 由于顺序存储要求连续的存储区域，所以在存储管理上不够灵活

D. 线性表的链式存储结构优于顺序存储结构

(10) 在单链表中，要将 s 所指结点插入到 p 所指结点之后，其语句应为（　　）。

A. s->next=p+1;　　　　p->next=s;

B. p->next=s;　　　　　s->next=p->next;

C. s->next=p->next; p->next=s->next;

D. s->next=p->next; p->next=s;

(11) 在双向链表存储结构中，删除 p 所指结点时修改指针的操作为（　　）。

A. p->next->prior=p->prior; p->prior->next=p->next;

B. p->next=p->next->next; p->next->prior=p;

C. p->prior->next=p; p->prior=p->prior->prior;

D. p->prior=p->next->next; p->next=p->prior->prior;

(12) 在双向循环链表中，在 p 指针所指的结点后插入 q 所指向的新结点，其修改指针的操作是（　　）。

A. p->next=q; q->prior=p; p->next->prior=q; q->next=q;

B. p->next=q; p->next->prior=q; q->prior=p; q->next=p->next;

C. q->prior=p; q->next=p->next; p->next->prior=q; p->next=q;

D. q->prior=p; q->next=p->next; p->next=q; p->next->prior=q;

(13) 若让元素 1、2、3、4、5 依次进栈，则出栈次序不可能出现（　　）的情况。

A. 5，4，3，2，1　　　　　　　　B. 2，1，5，4，3

C. 4，3，1，2，5　　　　　　　　D. 2，3，5，4，1

(14) 数组 Q[n] 用来表示一个循环队列，f 为当前队列头元素的前一位置，r 为队尾元素的位置，假定队列中元素的个数小于 n，计算队列中元素个数的公式为（　　）。

A. r-f　　　　　B. (n+f-r)%n　　　　C. n+r-f　　　　D. (n+r-f)%n

(15) 栈在（　　）中有所应用。

A. 递归调用　　　　　　　　　　B. 函数调用

C. 表达式求值　　　　　　　　　D. 前三个选项都有

(16) 若一个栈以向量 V[1..n] 存储，初始栈顶指针 top 设为 n+1，则元素 x 进栈的正确操作为（　　）。

A. top++;　　V[top]=x;　　　　　B. V[top]=x;　　top++;

C. top--;　　V[top]=x;　　　　　D. V[top]=x;　　top-;

(17) 循环队列存储在数组 A[0..m] 中，则入队时的操作为（　　）。

A.　rear＝rear+1   B.　rear＝（rear+1）%（m−1）

C.　rear＝（rear+1）%m   D.　rear＝（rear+1）%（m+1）

（18）容量为 n 的循环队列，队尾指针是 rear，队头是 front，则队空的条件是（　　）。

A.　（rear+1）%n＝＝front   B.　rear＝＝front

C.　rear+1＝＝front   D.　（rear−1）%n＝front

3-2　简答题

（1）描述以下两个概念的区别：头指针、头结点。

（2）在单链表中设置头结点的作用是什么？

（3）简述以下算法的功能：

```
status A(linklist L) //L是无表头节点的单链表
{
  if(L&&L→next)
    {
      q=L;L=L→next;p=L;
      while(p→next)p=p→next;
      p-next=q;q>next=nil;
    }
  return OK;
}
```

3-3　算法设计题

（1）将一个顺序表递置，例如，将顺序表（1，3，5，4）转换为（4，5，3，1）。

（2）已知两个顺序表 A 和 B 分别表示两个集合，其元素递增排列。请设计一个算法，用于求出 A 与 B 的差集（即仅由在 A 中出现而不在 B 中出现的元素所构成的集合），并存放在 A 表中。

（3）已知长度为 n 的线性表 A 采用顺序存储结构，请写一个时间复杂度为 O(n)、空间复杂度为 O(1) 的算法，该算法可删除线性表中所有值为 item 的数据元素。

（4）已知顺序线性表 A 和 B 中各存放一个英语单词，字母均为小写。试编写一个判别哪一个单词在字典中排在前面的算法。

（5）假设称正读和反读都相同的字符序列为"回文"。例如，"abba"和"abcba"是回文，"abde"和 ababab" 则不是回文。试编写一个算法判别读入的一个以"@"为结束符的字符序列是否是"回文"。

（6）已知两个链表 A 和 B 分别表示两个集合，其元素递增排列。请设计一个算法，用于求出 A 与 B 的交集，并存放在 A 链表中。

（7）已知两个链表 A 和 B 分别表示两个集合，其元素递增排列。请设计算法求出两个集合 A 和 B 的差集（即仅由在 A 中出现而不在 B 中出现的元素所构成的集合），并以同样的形式存储，同时返回该集合的元素个数。

（8）设计一个算法，通过一趟遍历确定长度为 n 的单链表中值最大的结点。

（9）设计一个算法，将链表中所有结点的链接方向"原地"逆转，即要求仅利用原链表的存储空间，换句话说，要求算法的空间复杂度为 O(1)。

第4章

树与二叉树

树结构是一类重要且常见的非线性数据结构，是以分支关系定义的层次结构。树结构在客观世界中广泛存在，例如，最常见的人类社会的族谱和各种社会组织机构都可用树来表示。树在计算机领域中也得到了广泛应用，尤以二叉树最为常用。例如，在操作系统中，用树来表示文件目录的组织结构，在编译系统中，用树来表示源程序的语法结构，在数据库系统中，树结构也是信息的重要组织形式之一，在分析算法时，可以树来描述其执行过程。本章重点讨论树和二叉树的存储结构及其各种操作，最后介绍二叉树的应用。

4.1 树的定义与基本概念

4.1.1 树的定义

树（Tree）是有 n(n≥0) 个结点的有限集合。

1）如果 n=0，称为空树。

2）如果 n>0，则有且仅有一个特定的称之为根（Root）的结点，它只有直接后继，但没有直接前驱。

3）当 n>1，除根以外的其他结点划分为 m(m>0) 个互不相交的有限集 T1，T2，…，Tm，其中每个集合本身又是一棵树，并且称为根的子树（SubTree）。

例如，在图 4-1 中，图 4-1a 所示为空树；图 4-1b 所示为只有一个根结点的树；图 4-1c 所示为有 13 个结点的树。

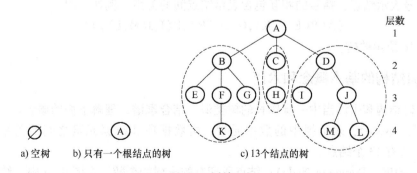

a) 空树   b) 只有一个根结点的树   c) 13 个结点的树

图 4-1 树的示例

图 4-1c 中 A 是根，其余结点分成 3 个互不相交的子集：$T_1 = \{B,E,F,G,K\}$，$T_2 = \{C,H\}$，

$T_3=\{D,I,J,L,M\}$。T_1、T 和 T_3 都是树根 A 的子树，且本身也是一棵树。例如，T_1 其根为 B，其余结点分为 3 个互不相交的子集：$T_{11}=\{E\}$，$T_{12}=\{F,K\}$，$T_{13}=\{G\}$，T_{11}、T_{12}、T_{13} 都是 B 的子树。在 T_3 中 D 是根，$\{I\}$ 和 $\{J\}$ 是 D 的两棵互不相交的子树的根。

由此可见，树的定义是一个递归定义，即在树的定义中又用到了树的定义，因此，在树的相关算法中可以用递归算法很方便地实现。

树的表示通常采用以下几种方法。

（1）直观表示法

使用圆圈或方框表示结点，连线表示结点之间的关系，如图 4-1 所示。

（2）文氏图表示法

使用圆圈表示结点，用圆圈的相互包含表示结点之间的关系，如图 4-2a 所示，它和图 4-1c 表示的是同一棵树。

（3）目录表示法

使用凹入的线条表示结点，以线条的长短表示结点间的关系，长线条包含短线条，如图 4-2b。

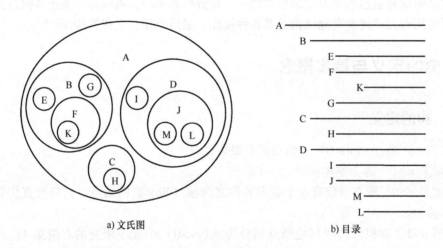

a) 文氏图   b) 目录

图 4-2　树的表示法

（4）嵌套括号表示法

使用括号表示结点，括号的相互包含表示结点间的关系，例如，用：

$$(A(B(E,F(K),G),C(H),D(I,J(M,L))))$$

来表示图 4-1c 所示的树。

4.1.2　树结构的基本概念和术语

这里的树结构和生活当中一棵倒长的树类似，结合家谱，理解下面的概念。

1）结点（Node）：表示树中的数据元素，由数据项和数据元素之间的关系组成。在图 4-1c 中，共有 13 个结点。

2）结点的度（Degree of Node）：结点所拥有的子树的个数。在图 4-1c 中，结点 A 的度为 3；B 的度为 2。

3）树的度（Degree of Tree）：树中各结点度的最大值。在图 4-1c 中，树的度为 3。

4）叶子结点（Leaf Node）：度为 0 的结点，也叫终端结点。结点 E、K、G、H、I、M、L 都是叶子结点。

5）分支结点（Branch Node）：度不为 0 的结点，也叫非终端结点或内部结点。在图 4-1c 中，结点 A、B、C、D、F、J 是分支结点。

6）孩子（Child）：结点子树的根。在图 4-1c 中，结点 B、C、D 是结点 A 的孩子，E、F、G 是 B 的孩子。

7）双亲（Parent）：结点的上层结点叫该结点的双亲。在图 4-1c 中，结点 B、C、D 的双亲是结点 A，I、J 的双亲结点是 D。

8）祖先（Ancestor）：从根到该结点所经分支上的所有结点。在图 4-1c 中，结点 K 的祖先是 A、B、F。

9）子孙（Descendant）：以某结点为根的子树中的任一结点称为该节点的子孙。在图 4-1c 中，除 A 之外的所有结点都是 A 的子孙，D 的子孙是 I、J、M、L。

10）兄弟（Brother）：具有同一双亲的孩子。在图 4-1c 中，结点 B、C、D 互为兄弟，I、J 互为兄弟。

11）结点的层次（Level of Node）：从根结点到树中某结点所经路径上的分支数称为该结点的层次。根结点的层次规定为 1，其余结点的层次等于其双亲结点的层次加 1。即 A 的层次为 1，B、C、D 的层次为 2，K、M、L 的层次为 4。

12）堂兄弟（Sibling）：同一层的双亲不同的结点。在图 4-1c 中，G 和 H 互为堂兄弟。

13）树的深度（Depth of Tree）：树中结点的最大层次数。在图 4-1c 中，树的深度为 4。

14）有序树（Ordered Tree）和无序树（Unordered Tree）：如果树中结点的各子树从左至右是有次序的（即不能互换），则称该树为有序树，否则称为无序树。在有序树中，最左边的子树的根称为第一个孩子，最右边的称为最后一个孩子。二叉树是有序树。

15）森林（Forest）：m(m≥0) 棵树的集合。自然界中的树和森林的概念差别很大，但在数据结构中树和森林的概念差别很小。从定义可知，一棵树有根结点和 m 个子树构成，若把树的根结点删除，则树变成了包含 m 棵树的森林。当然，根据定义，一棵树也可以称为森林。

4.2　二叉树及其性质

二叉树是一个非常重要的非线性数据结构，在计算机程序设计中经常用到。许多实际问题都可抽象成二叉树的结构，另外树与二叉树之间还可以通过简便的方式进行转换。

4.2.1　二叉树的定义

一棵二叉树是 n(n≥0) 个结点的一个有限集合，该集合或者为空（称为空二叉树），或者是由一个根结点加上两棵分别称为左子树和右子树的、互不相交的二叉树组成。

上述二叉树的定义是一个递归定义，由此可得二叉树的特点：

1）每个结点最多有两棵子树，所以二叉树中不存在度大于 2 的结点。

2）左子树和右子树是有顺序的，次序不能任意颠倒。

3）即使树中某结点只有一棵子树，也要区分它是左子树还是右子树。

所以，二叉树有五种基本形态，如图 4-3 所示，其中：

图 4-3a 为 n=0 时得到的空树。

图 4-3b 为 n=1 时得到仅有一个根结点的二叉树。

图 4-3c 为当根结点的右子树为空时，得到一个只有左子树的二叉树。

图 4-3d 为当根结点的左子树为空时，得到一个只有右子树的二叉树。

图 4-3e 为当根结点的左、右子树均非空时，得到的一个二叉树。

a) 空二叉树　b) 只有一个根结点的二叉树　c) 右子树为空的二叉树　d) 左子树为空的二叉树　e) 左右子树齐全的二叉树

图 4-3　二叉树的五种形

68

4.2.2　二叉树的性质

根据二叉树的定义和特性，很容易得到和证明二叉树具有如下性质。

性质 1： 在二叉树的第 i 层上最多有 2^{i-1} 个结点。

例如，第 5 层最多有 $2^{5-1}=2^4=16$ 个结点。

注意：要使第 i 层的结点数达到最大个数，那么前面的 i-1 层也都达到了最大结点个数。

性质 2： 深度为 k 的二叉树，最多有 2^k-1 个结点（k≥1）。

例如，深度为 5 的二叉树，二叉树的结点数最多有 $2^5-1=32-1=31$ 个结点。

注意：要使深度为 k 的二叉树结点个数达到最大值，那么每一层都要达到最大结点个数，这样的二叉树就是满二叉树。先看两个特殊形态的二叉树：满二叉树和完全二叉树。

满二叉树： 一棵深度为 k 且有 2^k-1 个结点的二叉树称为满二叉树。

结合性质 1、2，满二叉树中每一层都达到了结点个数的最大数。图 4-4a、图 4-4b、图 4-4c 分别是深度为 2、3、4 的满二叉树。

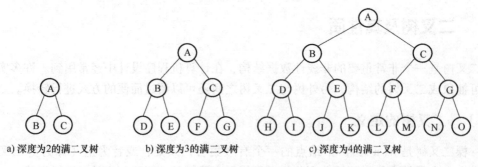

a) 深度为2的满二叉树　　　b) 深度为3的满二叉树　　　c) 深度为4的满二叉树

图 4-4　满二叉树

对满二叉树自根结点开始，自上而下，自左而右进行连续编号，由此引出完全二叉树的定义。

完全二叉树： 深度为 k，有 n 个结点的二叉树当且仅当其每一个结点都与深度为 k 的满二叉树中编号从 1 至 n 的结点一一对应时，称为完全二叉树。

换一种描述：设二叉树的高度为 h，则共有 h 层。除第 h 层外，其他各层（0~h-1）的结点数都达到最大个数，第 h 层从右向左连续缺若干结点，这就是完全二叉树。

图 4-5a、图 4-5b 分别是深度为 3、4 的完全二叉树。它们的叶子结点只能出现在层数最大的两层上。

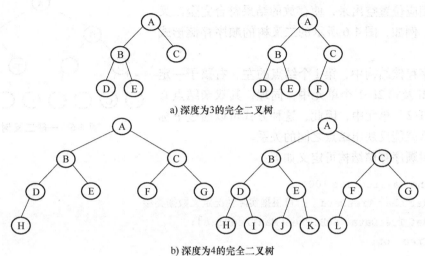

a) 深度为3的完全二叉树

b) 深度为4的完全二叉树

图 4-5　完全二叉树

根据满二叉树和完全二叉树的定义可以看出，满二叉树一定是一个完全二叉树，而完全二叉树不一定是满二叉树。

完全二叉树还具有如下两个性质。

性质 3：具有 $n(n \geq 0)$ 个结点的完全二叉树的深度为 $\lfloor \log_2(n) \rfloor + 1$。（$\lfloor \ \rfloor$ 代表向下取整）

性质 4：如果将一棵有 n 个结点的完全二叉树自顶向下，同一层自左向右连续给结点编号 1~n，则有以下关系：

1）若 i=1，则结点 i 是二叉树的根，无双亲。

2）若 i>1，则结点 i 的双亲结点编号为 $\lfloor i/2 \rfloor$。

3）若 $2i \leq n$，则结点 i 的左孩子结点编号为 2i。

4）若 $2i+1 \leq n$，则结点 i 的右孩子结点编号为 2i+1。

另外，二叉树中的结点只有叶子结点、单孩子结点（度为 1 的结点）、双孩子结点（度为 2 的结点）三种，其中叶子结点数和双孩子结点数有如下性质：

性质 5：对任何一棵二叉树 T，如果其叶结点数为 n_0，度为 2 的结点数为 n_2，则 $n_0 = n_2 + 1$。

4.3　二叉树的存储结构

和线性表一样，二叉树的存储结构也可以采用顺序存储和链式存储两种方式。

4.3.1　二叉树的顺序存储结构

顺序存储结构使用一组地址连续的存储单元来存储数据元素，为了能够在存储结构中反映出结点之间的逻辑关系，必须将二叉树中的结点依照一定的规律安排在这组单元中。因此，结合完全二叉树的性质来存储二叉树的元素。

按照顺序存储结构的定义，将一棵二叉树按完全二叉树的顺序，依次自上而下、自左至右存放到一个一维数组中。若该二叉树为非完全二叉树，则将相应位置空出来，使存放的结果符合完全二叉树的形状。例如，图 4-6 所示的二叉树的顺序存储形式见表 4-1。

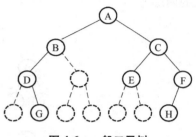

图 4-6　一般二叉树

在顺序存储结构中，第 i 个结点的左、右孩子一定保存在第 2i 及第 2i+1 个单元中，同理，其双亲结点必定存放在 $\lfloor i/2 \rfloor$ 单元中，因此，这种方式可以通过下标的位置计算就能反映出结点之间的关系。

二叉树顺序存储结构可定义如下：

```
#difine MaxTreeSize 100
typedef char TreeData    //可根据实际情况定义数据类型
typedef TreeData  SqBiTree[MaxTreeSize];
SqBiTree  bt;
```

图 4-6 所示的二叉树共有 8 个结点，结点元素是 A～H，为了用顺序存储方式存储该二叉树，给它补了 6 个结点（虚线条的结点），其顺序存储结构见表 4-1。"⊔"表示空结点。

表 4-1　二叉树的顺序存储结构

结点编号	1	2	3	4	5	6	7	8	9	10	11	12	13	14
结点值	A	B	C	D	⊔	E	F	⊔	G	⊔	⊔	⊔	⊔	H

顺序存储的优点是容易理解，缺点是对非完全二叉树而言，大量空结点会浪费存储空间。当二叉树的每个结点只有右链域时，空间浪费最严重。一般情况下，常用链式存储结构表示二叉树。

4.3.2　二叉树的链式存储结构

由二叉树的定义可知，二叉树的结点由一个数据元素和分别指向其左、右子树的两个分支构成，则表示二叉树的链式存储中的结点至少包含 3 个域：数据域和左、右指针域，如图 4-7a 所示。有时，为了便于找到结点的双亲，还可在结点结构中增加一个指向其双亲结点的指针域，如图 4-7b 所示。

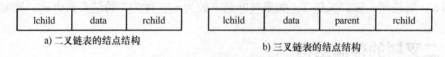

a) 二叉链表的结点结构　　　　　　　　b) 三叉链表的结点结构

图 4-7　二叉树的结点结构

利用这两种结点结构所得二叉树的存储结构分别称之为二叉链表和三叉链表，如图 4-8 所示。

二叉链表的结构定义如下：

```
typedef char TreeData;              //结点数据类型
typedef struct node                 //结点定义
{ TreeData data;                    //定义数据域
  struct node * lchild, * rchild;   //定义指针域
} BinTreeNode;
typedef BinTreeNode * BinTree;      //根指针
```

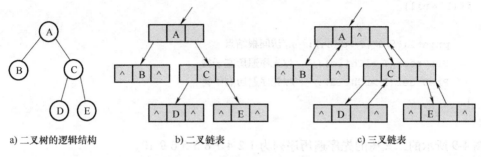

a) 二叉树的逻辑结构   b) 二叉链表   c) 三叉链表

图 4-8　二叉树的链式存储结构

链表的头指针指向二叉树的根结点。本章后面有关二叉树的相关算法和操作均采用上述定义形式。

容易证明得到在含有 n 个结点的二叉链表中有 n+1 个空链域。

4.4　二叉树的遍历

4.4.1　二叉树的遍历算法

遍历二叉树（traversing binary tree）就是按某种次序访问二叉树中的结点，使得每个结点均被访问一次，且仅被访问一次。这里访问的含义是广义的，可以是对结点做各种处理，如输出、修改和运算等。遍历二叉树是二叉树最基本的操作，也是二叉树其他各种操作的基础，遍历的实质是对二叉树进行线性化，即遍历的结果是将非线性结构的树中结点排成一个线性序列。

根据二叉树的递归定义可知，二叉树由 3 部分组成：根结点、左子树和右子树。只要能依次遍历这三部分，就能遍历整个二叉树。

设根结点记作 V，左子树记作 L，右子树记作 R，则可能的遍历次序有如下 6 种：VLR、VRL、LVR、RVL、LRV、RLV。若再限定先左后右，则只剩下 VLR、LVR、LRV 这 3 种情况，根据对根结点访问次序，分别称之为先（根）序遍历、中（根）序遍历和后（根）序遍历。下面分别介绍这 3 种遍历的递归算法。

1. 先序遍历算法

按照首先访问根结点，然后遍历左子树，最后遍历右子树的顺序遍历二叉树。其中，对左子树和右子树进行遍历时，仍然采用先序遍历的方法。

【算法思路】

若二叉树非空，则：

1）访问根结点（V）。

2）前序遍历左子树（L）。

3）前序遍历右子树（R）。

【算法描述】

```
PreOrder(BinTreeNode * T)
{
  if(T!=nil)
  {
      printf("%d",T->data);   //访问根结点
      PreOrder(T->lChild);      //先序遍历左子树
      PreOrder(T->rChild);      //先序遍历右子树
  }
}
```

图 4-9 所示的二叉树的先序遍历序列为 1 2 4 7 8 3 5 6 9 10。

2. 中序遍历算法

按照首先遍历左子树，然后访问根结点，最后遍历右子树的顺序遍历二叉树。其中，对左子树和右子树进行遍历时，仍然采用中序遍历的方法。

【算法思路】

若二叉树非空，则：

1）中序遍历左子树（L）。

2）访问根结点（V）。

3）中序遍历右子树（R）。

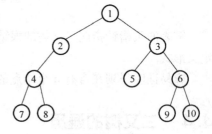

图 4-9 二叉树

【算法描述】

```
InOrder(BinTreeNode * T)
{
  if(T!=nil)
   {
      InOrder(T->lChild);      //中序遍历左子树
      printf("%d",T->data);    //访问根结点
      InOrder(T->rChild);      //中序遍历右子树
   }
}
```

图 4-9 所示的二叉树的中序遍历序列为 7 4 8 2 1 5 3 9 6 10。

3. 后序遍历算法

按照首先遍历左子树，然后遍历右子树，最后访问根结点的顺序遍历二叉树。其中，对左子树和右子树进行遍历时，仍然采用后序遍历的方法。

【算法思路】

若二叉树非空，则：

1）后序遍历左子树（L）。

2）后序遍历右子树（R）。

3）访问根结点（V）。

【算法描述】

```
PostOrder(BinTreeNode * T)
{
  if(T !=NULL)
    {
        PostOrder(T->lChild);      //后序遍历左子树
        PostOrder(T->rChild);      //后序遍历右子树
        printf("%d",T->data);      //访问根结点
    }
}
```

图 4-9 所示的二叉树的后序遍历序列为 7 8 4 2 5 9 10 6 3 1。

4.4.2　根据遍历序列确定二叉树

根据一个二叉树，可以得到 3 个确定的遍历序列，那么根据遍历序列能不能确定一个二叉树呢？

例如，给定先序序列 {1,2,3}，可得到 5 种不同的二叉树，如图 4-10 所示。

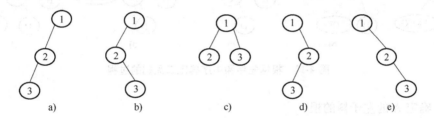

图 4-10　先序序列是 123 的二叉树

显然根据二叉树的一个遍历序列，是不能唯一确定一棵二叉树的。

经证明：根据某二叉树中序以及先序或后序中的一个序列，就能唯一确定这棵二叉树。

还是前面说的二叉树，先序都是 1、2、3，如果分别给定 5 个中序序列 321、231、213、132、123，就可得到如图 4-10 所示的 5 棵二叉树。

下面以先序和中序序列为例，分析如何确定一棵二叉树。

根据先序遍历按照"根左右"的访问顺序，所以，对于一个先序遍历得到的序列，第一个元素一定是根节点；而中序遍历是按照"左根右"的顺序访问，由此可知，对于一个中序遍历得到的序列，根节点左边的元素都属于根节点的左子树，而根节点右边的元素都属于根节点的右子树。所以，可以先通过先序遍历序列的第一个元素确定根节点然后通过中序遍历序列结合根节点获得当前根节点的左右子树，再将左右子树分别看成一棵独立的树，继续使用先序遍历判断根节点，中序遍历判断子树的方式，最终建立起整棵树。

其过程可描述如下：

1）先序或中序为空则返回，否则，通过先序序列创建根结点，再通过根节点在中序遍历的位置找出左右子树。

2）在根节点的左子树中，找出左子树的根结点（在先序中找），转步骤 1）。

3）在根节点的右子树中，找出右子树的根结点（在先序中找），转步骤 1）。

【例 4-1】 已知一棵二叉树的先序和中序序列分别是 A B H F D E C K G 和 H B D F A E K C G，试画出这颗二叉树。

（1）确定根结点

如图 4-11 所示，先序序列中的第一个元素就是这棵树的根结点，因此可以确定这棵二叉树的根为结点 A，于是在中序序列中 A 前面的 4 个元素 HBDF 就构成了 A 的左子树，同理，中序中 A 后面的 4 个元素（EKCG）构成了 A 的右子树。如图 4-12a 所示。

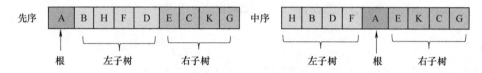

图 4-11　二叉树的先序和中序

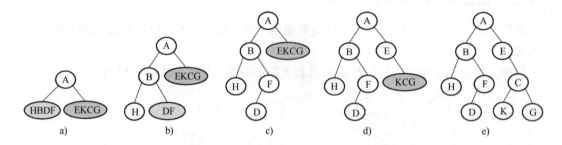

图 4-12　根据先序和中序确定二叉树的过程

（2）确定 A 的左子树的根

A 的左子树的 4 个元素在先序序列中的顺序是 BHFD，可确定 A 的左子树树根为 B，中序中 B 的前面只有 H，那么 B 的左子树就只能是 H 了，B 的右子树由 DF 组成，如图 4-12b。

（3）确定 B 的右子树

构成 B 的右子树的 2 个元素在先序中的顺序是 FD，所以 F 是树根，又因为中序中 D 在 F 的前面，所以 D 是 F 的左孩子。至此，A 的左子树全部确定完成，如图 4-12c 所示。

（4）确定 A 的右子树的根

EKCG 四个元素在先序中的顺序是 ECKG，所以 E 是 A 的右子树根的树根，中序中 E 的前面没有元素，所以 E 没有左子树，右子树是 KCG 这 3 个元素，如图 4-12d 所示。

（5）确定 E 的右子树

KCG 这 3 个元素在先序的顺序是 CKG，所以 C 是树根，中序中 C 的前面只有 K，所以 K 是左孩子，C 的后面只有 G，所以 G 是右孩子。至此这棵二叉树确定完成，如图 4-12e 所示。

如果给定的是中序和后序该如何确定？请读者朋友自己分析。

4.4.3　二叉树的相关算法

二叉树的很多操作算法的实现主要基于二叉树的定义和二叉树的遍历操作。本节下面的算法主要是基于二叉树的链式存储结构。

1. 创建二叉树的链式存储结构——二叉链表

按先序遍历的原则建立二叉树：先建树根，再建左子树，后建右子树。

设二叉树中结点的元素均为一个单字符，如图 4-13 中的二叉树有 7 个结点 A、B、C、D、E、F、G。假设按先序遍历的顺序建立二叉链表，如果当前结点为空，也必须告诉算法，要建一个空的二叉树，因此可以用输入特殊值代表该结点为空的方式来处理，约定以输入序列中不可能出现的值作为空结点的值以结束递归，例如，用"@"表示字符序列的空结点。此时的输入序列为

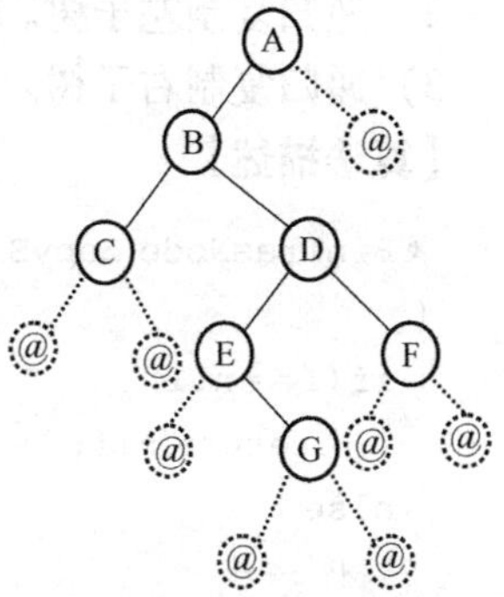

A B C @ @ D E @ G @ @ F @ @ @

【算法思路】

1）读入字符 ch。

图 4-13 先序建立二叉树

2）若 ch="@"，则表明该二叉树为空树，即返回 nil；否则执行以下操作：

① 申请一个结点空间 T。

② 将 ch 赋给 T->data。

③ 递归创建 T 的左子树。

④ 递归创建 T 的右子树。

【算法描述】

```
CrtBinTree(BinTree &T)
{
    TreeData ch;
    scanf("%c",&ch);                                    //读入根结点的值
    if(ch=='@')
        T=nil;                                          //建空树
    else
        {
          T=(BinTreeNode *)malloc(sizeof(BinTreeNode)); //申请根结点
          T->data=x;                                    //根结点数据域赋值
          CrtBinTree(T->lChild);                        //递归建立左子树
          CrtBinTree(T->rChild);                        //递归建立右子树
          }
}
```

【算法分析】

先序遍历建立二叉树一般用在二叉树结构固定的情况下。

2. 复制二叉树

复制二叉树就是将已有的一棵二叉树复制得到另外一棵与其完全相同的二叉树。根据二叉树的特点，若二叉树不为空，则首先复制根结点，然后分别复制二叉树根结点的左子树和右子树，据此，可利用二叉树的先序遍历算法的思路来完成二叉树的复制。

【算法思路】

如果是空树，则递归结束，否则执行以下操作：

1）申请一个新结点空间，复制根结点。

2）递归复制左子树。

3）递归复制右子树。

【算法描述】

```
* BinTreeNode CopyBinTree(BinTreeNode * T)
{
  if(T==nil)
     return nil;
  else
    {
    BinTreeNode * temp=(BinTreeNode *)malloc(sizeof(BinTreeNode));
    temp->data=T->data;                    //复制根结点
    temp->lchild=CopyBinTree(T->lchild);   //复制左子树
    temp->rchild=CopyBinTree(T->rchild);   //复制右子树
    return temp;
    }
}
```

思考题：能否用中序或后序遍历的思路来复制二叉树，请读者朋友自己分析。

3. 计算二叉树结点个数

【算法思路】

若二叉树如果为空，则：结点个数为0

否则：至少有一个根结点，再加上左子树和右子树的结点个数之和。

【算法描述】

```
int Count(BinTreeNode * T)
  {
    if(T==nil)
        return 0;
    else
        return 1+Count(T->lChild)+Count(T->rChild);
  }
```

【算法分析】

本算法基于二叉树由根结点、左子树和右子树三部分组成的定义来实现的。能否用三种遍历的思路来实现？

4. 求二叉树中叶子结点的个数

判断叶子的条件是根的左右孩子为空。

【算法思路】

若二叉树为空，则：叶子数为0

否则，若根是叶子，则：叶子树是1，

否则：叶子数是左子树和右子树的叶子数之和。

【算法描述】

```
int LeafCount(Bitree T)
{
  if(T==nil)
    return 0;                                              //空树没有叶子
  else if(T->lchild==nil&&T->rchild==nil)
    return 1;                                              //根为叶子结点
  else
    return LeafCount(T->lchild)+LeafCount(T->rchild);    //左右子树叶子和
}
```

5. 求二叉树的高度

【算法思路】

若二叉树为空，则：高度为 0

否则：至少有一层，再加上左子树和右子树中高度的最大值。

【算法描述】

```
int Height(BinTreeNode * T)
{
  if(T==nil)
     return 0;
  else
    {
    int m=Height(T->lChild);
    int n=Height(T->rChild));
    return(m>n)? m+1:n+1;
    }
}
```

6. 删除并释放二叉树

采用先删除左右子树，最后再删除根结点的顺序来完成删除操作。这样，就和后序遍历的思路一样了。

【算法思路】

若二叉树不为空，则：应该先删除二叉树的左右子树，最后再删除根节点。

【算法描述】

```
Void  destroy(BinTreeNode * t)
{
  if(t!=nil)
    {
    destroy(t->lChild);
    destroy(t->rChild);
    free(t);
    }
}
```

7. 交换二叉树各结点的左、右子树

【算法思路】

若二叉树不为空，则执行如下操作：

1）交换根结点的左右孩子。

2）递归交换左子树上所有结点的左右孩子。

3）递归交换左子树上所有结点的左右孩子。

【算法描述】

```
void   SwapBinTree(BinTreeNode * T)
{
  BinTreeNode   * temp;
  if(T!=nil)
    {
      temp=T->leftChild;
      T->leftChild=T->rightChild;
      T->rightChild=temp;          //交换根结点的左右孩子
      SwapBinTree(T->leftChild);   //递归交换左子树上所有结点的左右孩子
      SwapBinTree(T->rightChild);  //递归交换右子树上所有结点的左右孩子
    }
}
```

思考题：能否用中序或后序的方法来实现本算法功能。

8. 二叉树中的查找

在二叉树 T 中查找元素值等于 x 的结点。利用遍历算法的操作过程在二叉树中依次判断当前结点是否是要找的元素 x。

【算法思路】

1）若二叉树为空，则查找失败，返回空。

2）若根结点是要找的元素，则返回根结点

否则，在左子树中查找，若找到，则返回

否则，在右子树中查找。

【算法描述】

```
BinTreeNode * Find(BinTreeNode * T,int x)
{
  if(T==nil)
      return nil;
  if(T->data==x)
      return T;                          //找到
  else if   ((p=Find(T->lchild,x))!=nil)
      return p;                          //在左子树中找
  else return Find(T->rchild,x);         //在右子树中找
}
```

利用该算法，请读者朋友思考实现如下算法：在二叉树中查找元素值等于 x 的结点的双亲结点。

4.5　树和森林

本节讨论树的存储结构及其和二叉树之间的转换，以及树和森林的遍历操作。

4.5.1　树的存储结构

树的存储结构和其他结构一样，既可以采用顺序存储方式，也可以采用链式存储方式，其中，链式存储方式存储树又有两种形式，下面分别介绍。

1. 双亲表示法——顺序表示法

这种表示法是以一组连续的存储单元存储树的结点，每个结点除了数据域 data 外，还附设一个 parent 域用以指示其双亲结点在表中的位置，其结点结构如图 4-14 所示。

例如，图 4-15 所示的一棵树，其双亲表示法如图 4-16 所示。其中，结点 A 是根结点，所以它没有双亲，其双亲域用-1 表示。

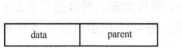

data	parent

图 4-14　双亲法的结点结构

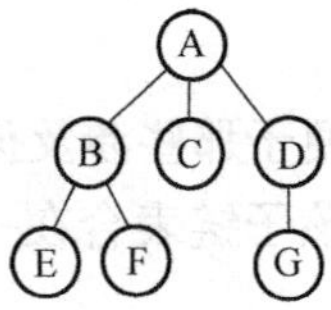

图 4-15　树

下标	0	1	2	3	4	5	6
data	A	B	C	D	E	F	G
parent	-1	0	0	0	1	1	3

图 4-16　树的双亲表示法示例

树的双亲表示法的存储结构可定义如下：

```
#define MaxSize   100      //最大结点个数
typedef char TreeData;     //结点数据
typedef struct            //树结点定义
{
    TreeData data;
    int parent;
} TreeNode;
TreeNode Tree[MaxSize];    //树
```

这种存储结构利用了每个结点（除根以外）只有唯一的双亲的性质。在这种存储结构下，求结点的双亲十分方便，也很容易求树的根，但求结点的孩子时需要遍历整个结构。

2. 孩子表示法（1）

由于树中每个结点可能有多棵子树，则可用多重链表，即每个结点有多个指针域，其中每个指针指向一棵子树的根结点，此时链表中的结点如图 4-17 所示。其中 d 为该树的度。图 4-18 所示为图 4-15 所示树的孩子表示法。

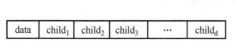

data	child₁	child₂	child₃	⋯	child_d

图 4-17　树的孩子表示法的结点结构

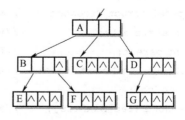

图 4-18　树的孩子表示法示例

树的孩子表示法的结点结构定义如下：

```
typedef char TreeData;                          //结点数据类型
typedef struct node                             //结点定义
{ TreeData data;                                //定义数据域
    struct node * child1, * child2,…,childd;    //定义指针域
} TreeNode;
TreeNode Tree[MaxSize];                          //树
typedef TreeNode * Tree;                         //根指针
```

树的这种链式存储结构中，空链域为 $n(d-1)+1$ 个。

3. 孩子表示法（2）

除了上面的孩子表示法以外，还有一种常用的孩子表示法，是把每个结点的孩子结点排列起来，看成是一个线性表，且以单链表做存储结构，则 n 个结点有 n 个孩子链表（叶子的孩子链表为空表）。而 n 个头指针又组成一个线性表，为了便于查找，可采用顺序存储结构。

与双亲表示法相反，这种孩子表示法便于那些涉及孩子的操作实现。可以把双亲表示法和孩子表示法结合起来，即将双亲表示和孩子链表合在一起。图 4-19 所示为图 4-15 中的树的带双亲的孩子链表表示法。

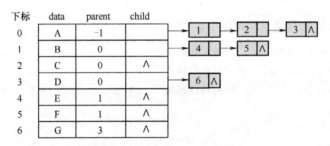

图 4-19　带双亲的孩子链表

树的带双亲的孩子链表的结构定义如下：

```
#define MaxSize    100      //最大结点个数
typedef char TreeData;      //结点数据类型
typedef struct LinkNode     //链表结点定义
{ int Add;                  //定义链表位置域
    struct linknode * next; //定义链表指针域
} LinkNode;
typedef struct TreeNode     //树结点定义
{ TreeData data;            //树结点数据域
    int parent;             //树结点双亲域
    struct LinkNode * child;//定义指向链表的指针域
} TreeNode;
TreeNode Tree[MaxSize];     //树
```

4. 孩子兄弟表示法

孩子兄弟表示法又称二叉树表示法，或二叉链表表示法，即以二叉链表做树的存储结构，因此，它也是树和二叉树转换的依据。链表中结点的两个链域 FirstChild 域和 NextSibling 域分别指向该结点的第一个孩子结点和下一个兄弟结点，其结点结构如图 4-20 所示。

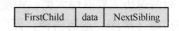

FirstChild	data	NextSibling

图 4-20　孩子兄弟表示法的结点结构

树的孩子兄弟表示法的结构定义如下：

```
typedef char TreeData;
typedef struct node
{
    TreeData data;
    struct node * FirstChild, * NextSibling;
} TreeNode;
typedef TreeNode * Tree;
```

图 4-21 所示为图 4-15 中的树的孩子兄弟链表。利用这种存储结构便于实现各种树的操作。这种存储结构的优点是它和二叉树的二叉链表表示完全一样，便于将一般的树结构转换为二叉树进行处理，利用二叉树的算法来实现对树的操作。因此孩子兄弟表示法是应用较为普遍的一种树的存储表示方法。

在有 n 个结点的树的孩子兄弟表示法中，空链域有 n+1 个。

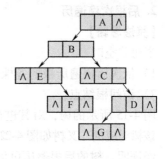

图 4-21　孩子兄弟链表

4.5.2　树和森林转换成二叉树

利用孩子兄弟表示法，可以将一棵树转换成二叉树。图 4-22 所示为图 4-15 所示的树对应的二叉树。注意到任何一棵树转换成二叉树后，其根结点的右子树必定为空，利用这个特点，如果把一个森林中的每棵树的根结点之间看成互为兄弟，就可以把这个森林转换成一棵二叉树了。

图 4-23 所示为一个由 T_1、T_2、T_3 三棵树组成的森林，将其转换成二叉树时，首先将三棵树分别转换成根结点为 A、F、H 的三棵二叉树，再将这三个根结点看成互为兄弟，因此，将 F 链到 A 的右子树上，H 链到到 F 的右子树上，完成了从森林到二叉树的转换，如图 4-24 所示。

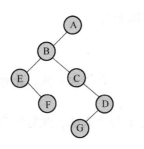

图 4-22　树对应的二叉树

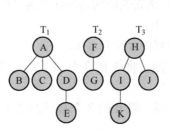

图 4-23　三棵树的森林

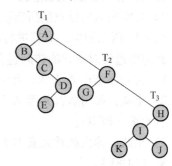

图 4-24　森林对应的二叉树

81

4.5.3 树和森林的遍历

树的遍历主要有两大类：深度优先遍历和广度优先遍历，前者又分为先根（次序）遍历和后跟（次序）遍历两种，而广度优先是指按层遍历，下面分别介绍。

1. 先根次序遍历

【算法思路】

当树非空时

1）访问根结点。

2）依次先根遍历根的各棵子树。

图 4-15 所示的树，对其进行先根次序遍历的访问序列为 ABEFCDG。

该树对应的二叉树如图 4-22 所示，对其按二叉树的先序遍历访问序列同样是 ABEFCDG。

经证明，树的先根遍历可以借助对应二叉树的前序遍历算法实现。

当对森林进行先根次序遍历时，只要依次先根遍历森林的每一棵树即可，如果用二叉树来实现树的先根次序遍历，只要将这个森林对应的二叉树进行先序遍历访问即可。

2. 后根次序遍历

【算法思路】

当树非空时

1）依次后根遍历根的各棵子树。

2）访问根结点。

图 4-15 所示的树，对其进行后根次序遍历的访问序列为 EFBCGDA。

该树对应的二叉树如图 4-22 所示，对其按二叉树的中序遍历访问序列同样是 EFBCGDA。

经证明，树的后根遍历可以借助对应二叉树的中序遍历算法实现。

当对森林进行后根次序遍历时，只要依次后根遍历森林的每一棵树即可，如果用二叉树来实现树的后根次序遍历，只要将这个森林对应的二叉树进行中序遍历访问即可。

3. 广度优先遍历

广度优先遍历又称按层遍历，即对每一层节点依次访问，访问完一层进入下一层。可借助队列操作来实现。

【算法思路】

将根结点入队（如果是森林，则将森林的所有树的根结点依次入队）。

若队列非空，则重复执行如下两步操作：

1）访问队头元素并出队。

2）将刚出队的结点的所有孩子结点入队。

图 4-15 所示的树，对其进行广度优先遍历的访问序列为 ABCDEFG。

其遍历过程对队列的访问过程如下：

1）首先将结点 A 入队，此时队列中有元素（A）。

2）出队，弹出队首元素 A 并访问，将 A 的 3 个孩子结点 B、C、D 依次入队，此时队列中有元素（BCD）。

3）出队，弹出队首元素 B 并访问，将 B 的 2 个孩子结点 E、F 依次入队，此时队列中有元素（CDEF）。

4）出队，弹出队首元素 C 并访问，结点 C 无孩子，不入队，此时队列中有元素（DEF）。

5）出队，弹出队首元素 D 并访问，将 D 的 1 个孩子结点 G 入队，此时队列中有元素（EFG）。

6）出队，弹出队首元素 E 并访问，结点 E 无孩子，不入队，此时队列中有元素（FG）。

7）出队，弹出队首元素 F 并访问，结点 F 无孩子，不入队，此时队列中有元素（G）。

8）出队，弹出队首元素 G 并访问，结点 G 无孩子，不入队，此时队列为空，结束。

4.6　赫夫曼树及其的应用

利用树结构的一些特殊的特点可以解决很多工程问题，因此被广泛应用于分类、检索、数据库及人工智能等多个方面。例如，赫夫曼树常用于通信及数据传送中构造传输效率最高的二进制编码（赫夫曼编码）以及用于编程中构造平均执行时间最短的增加判定树的过程，是二叉树的一个具体应用。

4.6.1　赫夫曼树的基本概念

先介绍和赫夫曼树相关的一些基本概念。

1）路径：从树中一个结点到另一个结点之间的分支构成这两个结点之间的路径。

2）路径长度：路径上的分支数目称作路径长度。

3）树的路径长度：从树根到每一结点的路径长度之和。

4）树的外部路径长度：从树根到各叶结点的路径长度之和。

5）树的内部路径长度：从树根到各非叶结点路径长度之和。

6）权：在数据结构中是指和边或结点相关的一个量值，如代价、天数等。带有权值的树或图称为带权树或带权图。

7）结点的带权路径长度：从该结点到树根之间的路径长度与结点上权的乘积。

8）树的带权路径长度：树中所有叶子结点的带权路径长度之和，通常记作：$WPL = \sum_{i=0}^{n} w_i * l_i$。

9）赫夫曼树：假设有 n 个权值 $\{w_1, w_2, \cdots, w_n\}$，可以构造一棵含 n 个叶子结点的二叉树，每个叶子结点的权为 w_i，则其中带权路径长度 WPL 最小的二叉树称作最优二叉树或赫夫曼树。

如图 4-25 所示的 3 棵二叉树中，四个叶子结点的权值均是 2、4、5、7，但它们的二叉树结构不同，带权路径长度分别是 36、46 和 35，图 4-25c 所示的二叉树的带权路径长度WPL 值最小，经验证，图 4-25c 所示的二叉树恰为赫夫曼树是最小，因为其 WPL 在所有带权为 7542 的 4 个叶子结点的二叉树中最小。

通过观察图 4-25 中的二叉树，可以直观地发现，在赫夫曼树中，权值越大的结点离根越近。

4.6.2　赫夫曼树的构造过程

1）由给定的 n 个权值 $\{w_1, w_2, \cdots, w_n\}$ 构造具有 n 棵二叉树的森林 $F = \{T_1, T_2, \cdots, T_n\}$，其中每棵二叉树 T_i 只有一个带权值 w_i 的根结点，其左、右子树均为空。

2）重复以下步骤，直到 F 中仅剩下一棵树为止。

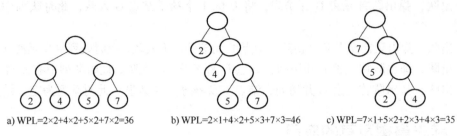

a) WPL=2×2+4×2+5×2+7×2=36   b) WPL=2×1+4×2+5×3+7×3=46   c) WPL=7×1+5×2+2×3+4×3=35

图 4-25　带权路径长度不同的二叉树

① 在 F 中选取两棵根结点的权值最小的二叉树，作为左、右子树构造一棵新二叉树。置新二叉树的根结点的权值为其左、右子树上根结点的权值之和。

② 在 F 中删去这两棵二叉树。

③ 把新的二叉树加入 F。

例如，一组权值为 {7,5,2,4} 的结点，构造赫夫曼树的过程如图 4-26 所示。

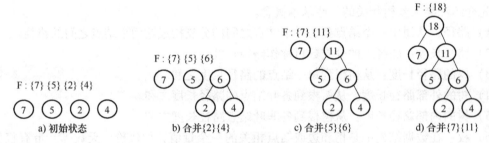

a) 初始状态　　　b) 合并{2}{4}　　　c) 合并{5}{6}　　　d) 合并{7}{11}

图 4-26　赫夫曼树的构造过程

4.6.3　赫夫曼编码

赫夫曼编码是赫夫曼树在数据编码中的应用，即数据的最小冗余编码。作为一种最常用无损压缩编码方法，在数据压缩和通信系统中都有非常重要的应用。

在通信中可以采用 0、1 的不同排列来表示不同的字符，称为二进制编码。若每个字符出现的频率相同，则可以采用等长的二进制编码，例如，ASCII 码就是等长编码，其每个编码占 7 位二进制数。若频率不同，则可以采用不等长的二进编码，频率较大的字符采用位数较少的编码，频率较小的字符采用位数较多的编码，这样可以使字符的整体编码长度最小，这就是最小冗余编码问题，可以利用赫夫曼树来设计二进制编码。

下面给出有关编码的两个概念。

1）前缀编码：如果在一个编码方案中，任一个编码都不是其他任何编码的前缀（最左子串），则称编码是前缀编码。

2）赫夫曼编码：对一棵具有 n 个叶子的赫夫曼树，若对树中的每个左分支赋予 0，右分支赋予 1，则从根到每个叶子的路径上，各分支的赋值分别构成一个二进制串，该二进制串就称为赫夫曼编码。

【例 4-2】　如需传送只有 4 种字符 A、B、C、D 组成的长度为 18 的字符串 ADBACAD-BABDABABACD，其中 4 个字符出现的频率分别为 7、5、2、4，现要对其进行编码，看下面的几种编码。

（1）等长编码

按照习惯的等长编码，4 个字符只需两位二进制编码，分别编码为 00、01、10、11，这样，上述字符串的二进制总长度为 36 位。

等长编码是一种前缀编码，但不一定是最小冗余编码。

（2）最短的非前缀编码

在传送信息时，希望总长度尽可能短，可对每个字符进行不等长度的编码，出现频率高的字符编码尽量短。例如，A、B、C、D 的编码分别为 0、1、00、01 时，传送上述电文长度只有 24 位二进制，但可能会出现多种译码结果。例如，接收到二进制码"0000"时，可能对应的是字符串"AAAA"，也可能对应字符串"CC"，因此这种编码是不能用的。

（3）赫夫曼编码

可利用二叉树来设计二进制的前缀编码，将每个字符出现的频率作为权，设计一棵赫夫曼树，左分支为 0，右分支为 1，就得到每个叶子结点的编码。本例中，4 个字符出现的频率对应图 4-26 中的 4 个权值，可得到如图 4-27 所示的赫夫曼树。由此可得 4 个字符的编码分别为 0、10、110、111。这个编码是前缀编码，同时也是最小冗余编码，按照这种编码传输上述电文的长度为 35 位。

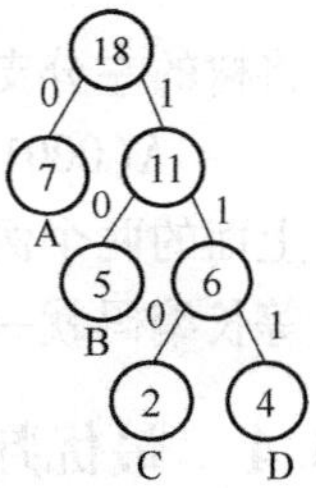

【例 4-3】 已知某系统在通信联络中只可能出现 8 种字符 A、B、C、D、E、F、G、H，其概率分别为 0.05、0.29、0.07、0.08、0.14、0.23、0.03、0.11，试为这 8 个字母设计赫夫曼编码。

图 4-27 赫夫曼树

根据其出现的概率可设 8 个字符的权值为 w = (5,29,7,8,14,23,3,11)，将各字母的权值排列成结点，构造赫夫曼树，其对应的赫夫曼树的构造过程如图 4-28 所示。

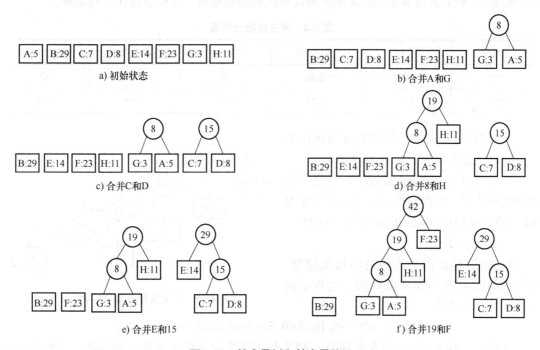

图 4-28 赫夫曼树和赫夫曼编码

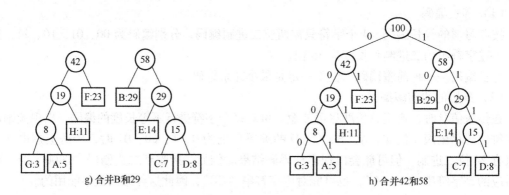

g) 合并B和29　　　　　　　　　h) 合并42和58

图 4-28　赫夫曼树和赫夫曼编码（续）

将树的左分支标记为 0，右分支标记为 1，便得到 8 个字符的赫夫曼编码如下：

A（0001），B（10），C（1110），D（1111），E（110），F（01），G（0000），H（001）

上面的两个例子中，最后的赫夫曼编码都不是等长编码，请读者朋友考虑下面这个问题：等长编码就一定不是赫夫曼编码吗？

4.6.4　最优判定树

在日常生活与工作中经常会遇到判定问题，即根据反馈信息，在给定的 n 个对象中选择一个满足要求的对象。

【例 4-4】 设有一个考试成绩查询系统，根据考试成绩，按分数段做了分类统计，见表 4-2。现以考分的出现频率作为权值，分支结点是判定过程，叶子结点是判定结果，则带权路径长度 WPL 值代表了不同情况下的比较次数的期望值，分析下面几个判定树。

表 4-2　考生成绩分布表

分数段	[0, 60)	[60, 70)	[70, 80)	[80, 90)	[90, 100]
等级	不及格	及格	中	良	优
频率	0.1	0.20	0.35	0.25	0.1

1）常规编程习惯，构造查询的程序流程，同时也是判定树，如图 4-29 所示。

在不考虑查询效率的情况下，经常采用这种程序流程，此判定树的带权路径长度为

WPL=0.10×1+0.20×2+0.35×3+0.25×4+

0.1×4＝2.95

2）按照前面的赫夫曼树的构造过程，可构造如图 4-30 所示的流程图。此判定树的带权路径长度为

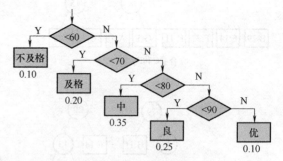

图 4-29　考试成绩查询判定树（1）

WPL=0.10×3+0.10×3+0.20×2+0.25×2+0.35×2＝2.2

实际上，在考试成绩查询的场合，WPL 代表了学生查询该课程成绩的查询比较次数的期望值。按照赫夫曼树算法构造出来的判定树的 WPL 最小，这就是最优判定树。但观察

图 4-30 所示的判定树，有些判定条件需要做两次比较，例如，判断在［70,90）内和在［60,70）内这两个判断，均需做两次比较，因此本判定树的实际比较次数为

$$0.10×5+0.10×5+0.20×4+0.25×3+0.35×3=3.6$$

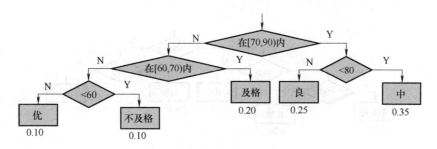

图 4-30　考试成绩查询判定树（2）

　　显然这种判定树不是最优。为此，T. C. Hu 和 A. c. Tucker 提出了一个改进算法，称 Hu-Tucker 算法。即

　　对各个叶子结点进行编号：1（不及格）、2（及格）、3（中）、4（良）、5（优），按照 Hu-Tucker 算法，算法思路如下。

【算法思路】

　　1）按照分数段的顺序排列各个结点，由给定的 n 个权值 $\{w_1,w_2,\cdots,w_n\}$ 构造具有 n 棵二叉树的森林 $F=\{T_1,T_2,\cdots,T_n\}$，其中每棵二叉树 T_i 只有一个带权值 w_i 的根结点，其左、右子树均为空。

　　2）重复以下步骤，直到 F 中仅剩下一棵树为止。

　　① 从头遍历找相邻结点权值之和最小的那一对结点分别作为左右子女生成新结点，新结点权值等于左右子女权值之和。

　　② 用新结点顶替原来两个结点的位置。

　　按照 Hu-Tucker 算法构造成绩查询最优判定树的过程如图 4-31 所示。

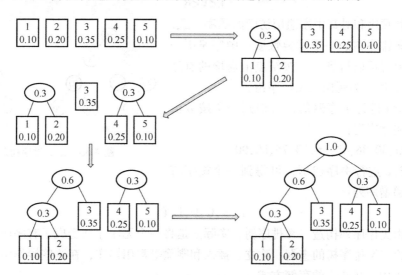

图 4-31　Hu-Tucker 算法构造最优判定树的过程

将图 4-31 所示最终结果改为如图 4-32 所示的判定树。

这个判定树的带权路径长度为：

$$WPL = 0.10×3 + 0.20×3 + 0.35×2 + 0.25×2 + 0.10×2 = 2.3$$

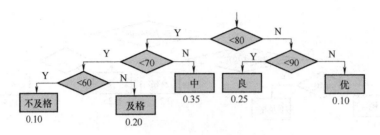

图 4-32   Hu-Tucker 算法构造最优判定树

这棵判定树是实际可行的带权路径长度最短的最优判定树。

4.7   二叉排序树及其查找

4.7.1   二叉排序树的概念

二叉排序树又称二叉查找树，在查找和排序中都非常有用。

定义   二叉排序树或者是一棵空树，或者是具有下列性质的二叉树：

1）若左子树不空，则左子树上所有结点的值均小于它的根结点的值。

2）若右子树不空，则右子树上所有结点的值均大于它的根结点的值。

3）左、右子树也分别为二叉排序树。

设 V 表示其根结点，L 表示其左子树，R 表示其右子树，根据二叉排序树的递归定义，有如下排列关系：

$$L<V<R$$

这个排列顺序和对其中序遍历访问的顺序一致，由此得出二叉排序树的一个**重要性质**：中序遍历一棵二叉排序树时可以得到一个按结点值递增的有序序列。图 4-33 所示为两棵二叉排序树。

对图 4-33a 进行中序遍历，可得到一个按数值大小排序的递增序列：

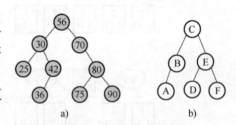

图 4-33   二叉排序树示例

        25,30,36,42,56,70,75,80,90

对图 4-33b 进行中序遍历，可得到一个按字符大小排序的递增序列：

$$A,B,C,D,E,F$$

因此，由无序序列构造二叉排序树，实际上是将一个无序序列变成了有序序列。

下面讨论二叉排序树的查询、建立、插入和删除等常用操作，在这些操作中，二叉树的存储结构均采用二叉链表的存储方式。

4.7.2 二叉排序树的查询

在一个二叉排序树中查找指定的元素。

【算法思路】

若二叉排序树为空，则查找不成功；

否则：

1）若给定值等于根结点的关键字，则查找成功。

2）若给定值小于根结点的关键字，则继续在左子树上进行查找。

3）若给定值大于根结点的关键字，则继续在右子树上进行查找。

【算法描述】

```
BiTree SearchBST(BiTree T,KeyType key)
{
  if(T==nil)
     return nil;                    //查找不成功
  else  if(T->data==key)
     return T;                      //查找成功
  else  if(key<T->data)
     return SearchBST(T->lchild,key); //在左子树中查找
  else
     return SearchBST(T->rchild,key); //在右子树中查找
}
```

查找成功时，指针指向该结点，指针从根节点到该结点所经过的结点就是本次查找所要比较的结点，其所在的层数即为比较次数。

例如，在图4-33a中，查找元素42，首先用42和根结点56比较，因为42小于56，则在左子树上继续查找，和30比较，因为42大于30，则在30的右子树上继续查找，和42比较，因为和给定值相等，表示查找成功，返回当前子树的根结点。本次查找共经过了56、30、42三个结点，比较了3次。

查找失败时，指针为空，例如，查找28时，经过了56、30、25三个结点，再到25的右子树查找时为空，比较次数也是3次。

【算法分析】

从上述的两个查找例子（key=42和key=28）可见，在二叉排序树上查找其关键字等于给定值的结点的过程，恰是走了一条从根结点到该结点的路径的过程，和给定值比较的关键字个数等于结点所在层次数。因此，与给定值比较的关键字个数不超过树的深度。然而，数据元素相同，但相应的二叉排序树可能有多种形式，它们的深度可能也不一样。图4-34a、b所示的两棵二叉排序树中结点的值都相同，但创建的二叉排序树的结构却不同。a树的深度为3，而b树的深度为6，对它们的查找效率是不一样的。从平均查找长度（平均比较次数）来看，假设5个元素的查找概率相等，均为1/6，则a树的平均查找长度为

$$ASL_{(a)} = (1 \times 1 + 2 \times 2 + 3 \times 3)/6 = 14/6$$

而b树的平均查找长度为

$$ASL_{(b)} = (1 + 2 + 3 + 4 + 5 + 6)/6 = 21/6$$

对有 n 个元素的二叉排序树进行查找时，最多的比较次数和二叉树的深度相同，最理想的情况是当叶子结点只出现在最后 2 层的情况，和 n 个结点的完全二叉树的深度相同，为 $\lfloor \log_2 n \rfloor + 1$；而最差的情况是二叉树的每个结点的度都不大于 1，即二叉树蜕变为单支树的情况。

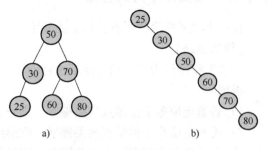

可以证明，综合所有可能的情况，就平均而言，二叉排序树的平均查找长度仍然和 $\log_2 n$ 是同一数量级，即其算法的时间复杂度为 $O(\log_2 n)$。

图 4-34　二叉排序树示例

4.7.3　二叉排序树的插入和创建

1. 二叉排序树的插入

二叉排序树的插入操作是以查找为基础的。要将一个关键字值为 e 的结点插入到二叉排序树中，需要从根结点向下查找，当树中不存在关键字等于 e 的结点时才进行插入。新插入的结点一定是一个新添加的叶子结点，并且是查找不成功时查找路径上访问的最后一个结点的左孩子或右孩子结点。

【算法思路】

若当前的二叉排序树为空，则将插入的元素作为根结点。

否则，比较插入的元素值和根结点的值。

1）若插入的元素值小于根结点的值，则将元素插入到左子树中。

2）若插入的元素值不小于根结点的值，则将元素插入到右子树中。

【算法描述】

```
InsertBST(BinTree &T,int e)
{
  BinTree  p;
  if(T==nil)                    //空树的时候将本元素作为根结点
    {
     T=(BinTreeNode*)malloc(sizeof(BinTreeNode));//申请新结点
     T->data=e;                 //新元素写入
     T->lchild=T->rchild=nil;   //新结点的左右链域置空
    }
  else  if(e<T->data)           //若插入的元素值小于根结点的值
     InsertBST(T->lchild,e);    //则将元素插入到左子树中
  else  if(e>T->data)           //若插入的元素值大于根结点的值
     InsertBST(T->rchild,e);    //则将元素插入到右子树中
  return T;                     //返回根结点
}
```

例如，在图 4-34a 所示的二叉排序树上插入元素 65，其插入过程如下：

1）插入元素 65 和根结点 50 比较，由于 65>50，因此将 65 插入到 50 的右子树上。

2）插入元素 65 和结点 70 比较，由于 65<70，因此将 65 插入到 70 的左子树上。

3）插入元素 65 和结点 60 比较，由于 65>60，因此将 65
插入到 60 的右子树上，此时，其右子树为空，则将 65 作为
其右子树的根结点。结果如图 4-35 所示。

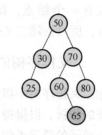

由于在二叉排序树中插入的新结点都是叶子结点，因此，
在对二叉排序树进行插入运算时，不需移动其他结点，而只
需改动插入位置上的叶子结点指针即可。

【算法分析】

二叉排序树的插入的基本过程是查询，因此其实际复杂

图 4-35　二叉排序树的插入

度同查询一样，是 $O(\log_2 n)$。

2. 二叉排序树的创建

二叉排序树的创建过程是从空的二叉排序树开始，每输入一个元素，将其插入到当前二
叉排序树的合适位置的过程。

【算法思路】

1）将二叉排序树 T 初始化为空树。

2）读入一个关键字为 key 的结点。

3）如果读入的关键字 key 不是输入结束标志，则循环执行以下操作。

① 将此结点插入二叉排序树 T 中。

② 读入一个关键字为 key 的结点。

【算法描述】

```
void CreatBST(BSTree &T)
{
  T=nil;                    //将二叉排序树 T 初始化为空树
  scanf("%d",&e)
  while(e!=EndFlag)    //EndFlag 为自定义常量,作为输入结束标志
    {
      InsertBST(T,e);  //将此结点插入二叉排序树 T 中
      scanf("%d",&e)
    }
}
```

例如，设关键字的输入是 56、30、42、70、25、80，按上述算法生成的二叉排序树的
过程如图 4-36 所示。

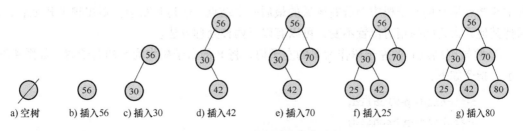

图 4-36　二叉排序树的创建过程

91

【算法分析】

假设有 n 个结点，则需要 n 次插入操作，而插入一个结点的算法时间复杂度为 $O(\log_2 n)$，所以创建二叉排序树算法的时间复杂度为 $O(n\log_2 n)$。

4.7.4　二叉排序树的删除

删除二叉排序树中指定元素的结点，删除结点后，要根据其位置不同修改其双亲结点及相关结点的指针，以保持二叉排序树的特性。为讨论方便，假设被删结点是其双亲结点的左孩子，右孩子的情况类似。

【算法思路】

首先从二叉排序树的根结点开始查找关键字为 key 的待删结点，查找过程中记住当前结点的双亲结点，如果树中不存在待删结点，则不做任何操作；否则，假设被删结点由 p 指针指向，其双亲结点由 f 指针指向，P_L 和 P_R 分别表示其被删结点的左子树和右子树，如图 4-37 所示。下面分 3 种情况进行讨论。

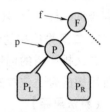

图 4-37　删除 ∗f 的左子树的根

1）若 ∗p 结点为叶子结点，即 P_L 和 P_R 均为空树。由于删去叶子结点不破坏整棵树的结构，则只需修改其双亲结点的指针，使其为空即可。

$$f\text{->}lchild = nil;$$

2）若 ∗p 结点只有左子树 P_L 或者只有右子树 P_R，如图 4-38a、图 4-38b 所示，此时只要令 P_L 或 P_R 直接成为其双亲结点 ∗f 的左子树即可。

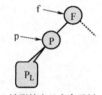

a) 被删结点只有左子树删除P之前的状态

b) 被删结点只有右子树删除P之前的状态

c) 被删结点只有左子树时删除P之后的状态

d) 被删结点只有右子树时删除P之后的状态

图 4-38　被删结点只有左子树或只有右子树时的状态

　　　　f->lchild = p->lchild;　　　//被删结点只有左子树时

或　　f->lchild = p->rchild;　　　//被删结点只有右子树时

删除后如图 4-38c、图 4-38d 所示。

3）若 ∗p 结点的左子树和右子树均不空，如图 4-39a 所示，是删除 P 结点之前的状态，其中 S 结点是 P 的左子树中顺着右链域的最后一个结点，Q 是其双亲，则在删去 P 之后，为保持其他元素之间的相对位置不变，可以有以下两种处理方法。

① 将被删结点 P 的左子树作为 F 的左子树，将 P 的右子树作为 S 的右子树，如图 4-39b 所示。指令如下：

```
f->lchild=p->lchild;
s->rchild=p->rchild;
```

② 用 S 代替 P，然后再从二叉排序树中删去 S，同时将 S 的左子树 SL 作为 S 的双亲 Q

的右子树即可。如图 4-39c 所示。

这两种方法中，前一种可能增加树的深度，后一种方法则不会，因此常采用这种方案。下面的算法描述即采用这种方案。

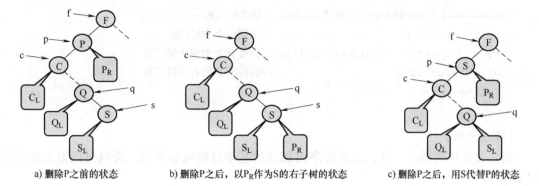

a) 删除 P 之前的状态　　　　b) 删除 P 之后，以 P_R 作为 S 的右子树的状态　　　　c) 删除 P 之后，用 S 代替 P 的状态

图 4-39　被删结点左、右子树均不空时的状态变化

【算法描述】

```
DeleteBST(BSTree &T,int e)
{//从二叉排序树 T 中删除关键字等于 e 的结点
  p=T;f=nil;                        //初始化
  while(p!=nil)                     //从根开始查找关键字等于 key 的结点
  {
    if(p->data.key==key)break;      //找到关键字等于 e 的结点 P,结束循环
    f=p;                            //F 为 P 的双亲结点
    if(p->data.key>key)p=p->lchild; //在 P 的左子树中继续查找
    else p=p->rchild;               //在 P 的右子树中继续查找
  }
  if(p==nil)return;                 //找不到被删结点则返回
  /*--------------分 3 种情况实现 p 所指子树的处理---------------*/
  if((p->lchild)&&(p->rchild))      //被删结点 *P 左右子树均不空
  {
    q=p;s=p->lchild;
    while(s->rchild)
    {//在 P 的左子树中继续查找其前驱结点,即最右下结点
      q=s;s=s->rchild;             //向右到尽头
    }                              //S 指向被删结点的"前驱"
    p->data=s->data;
    if(q!=p)q->rchild=s->lchild;   //重接 Q 的右子树
    else q->lchild=s->lchild;      //重接 Q 的左子树
    delete s;
    return;
  }
```

```
    else if(p->rchild==nil)            //被删结点 P 无右子树,只需重接其左子树
      { q=p;p=p->lchild;}
    else if(p->lchild==nil)            //被删结点 P 无左子树,只需重接其右子树
      { q=p;p=p->rchild;}
/* ----------将 P 所指的子树挂接到其双亲结点 F 相应的位置--------------- */
    if(f==nil)T=p;                     //被删结点为根结点
    else if(q==f->lchild)f->lchild=p; //挂接到 F 的左子树位置
    else f->rchild=p;                  //挂接到 F 的右子树位置
    delete q;
  }
```

【算法分析】

同二叉排序树插入一样，二叉排序树删除的基本过程也是查找，所以时间复杂度仍是 $O(\log_2 n)$。

图 4-40 所示给出了二叉排序树删除的 3 种情况，其中图 4-40a 是二叉排序树的初始状态，图 4-40b 是删除只有左子树的结点 40 后的状态，图 4-40c 是删除只有右子树的结点 70 后的状态，图 4-40d 是删除左、右子树都有的根结点 50 后的状态。

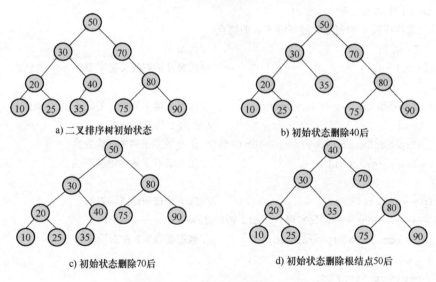

a) 二叉排序树初始状态　　　　　　b) 初始状态删除40后

c) 初始状态删除70后　　　　　　d) 初始状态删除根结点50后

图 4-40　二叉排序树的删除操作

4.8　本章小结

树和二叉树是一类具有层次关系的非线性数据结构，本章主要内容如下。

1）二叉树是一种最常用的树形结构，二叉树具有一些特殊的性质，而满二叉树和完全二叉树又是两种特殊形态的二叉树。

2）二叉树有两种存储表示：

① 顺序存储：把二叉树的所有结点按照层次顺序存储到连续的存储单元中，利用完全二叉树的性质反映结点间的关系。

② 链式存储：又称二叉链表，每个结点包括两个指针，分别指向其左孩子和右孩子。

3）树的存储结构有三种：双亲表示法、孩子表示法和孩子兄弟表示法，任意一棵树或森林都能通过孩子兄弟表示法转换为二叉树进行存储，然后利用二叉树的操作解决一般树的有关问题。

4）二叉树的遍历是将二叉树的非线性结构线性化的过程，它是二叉树其他运算的基础，有三种遍历：先序遍历、中序遍历、后序遍历。

5）赫夫曼树是带权路径长度最小的二叉树，在通信编码技术中有广泛的应用，只要构造了赫夫曼树，就能得到相应的赫夫曼编码。

6）对二叉排序树进行中序遍历，可得到一个有序序列，对二叉排序树的查找操作的时间复杂度为 $O(\log_2 n)$，和后面章节介绍得折半查找相同。

学习完本章后，要求掌握二叉树的性质和存储结构，熟练掌握二叉树的前、中、后序遍历算法。熟练掌握赫夫曼树和赫夫曼编码的构造方法。能够利用树的孩子兄弟表示法将一般的树结构转换为二叉树进行存储。掌握森林与二叉树之间的相互转换方法。掌握二叉排序树的建立和查询操作。

 习题

4-1 选择题

（1）把一棵树转换为二叉树后，这棵二叉树的形态是（　　）。

　　A. 唯一的　　　　　　　　　　　　B. 有多种，但根结点都没有左孩子

　　C. 有多种　　　　　　　　　　　　D. 有多种，但根结点都没有右孩子

（2）由 3 个结点可以构造出多少种不同形态的二叉树？（　　）。

　　A. 2　　　　　　B. 3　　　　　　C. 4　　　　　　D. 5

（3）一棵完全二叉树上有 1001 个结点，其中叶子结点的个数是（　　）。

　　A. 250　　　　　B. 254　　　　　C. 500　　　　　D. 501

（4）一个具有 1025 个结点的二叉树的高为（　　）。

　　A. 10　　　　　　　　　　　　　　B. 11

　　C. 11 至 1025 之间　　　　　　　　D. 10 至 1024 之间

（5）深度为 h 的满叉树的第 k 层有（　　）个结点（$1 \leq k \leq h$）。

　　A. 2^{k-1}　　　　　B. 2^k-1　　　　　C. 2^{h-1}　　　　　D. 2^h-1

（6）一棵非空的二叉树的先序遍历序列与后序遍历序列正好相反，则该二叉树一定满足（　　）。

　　A. 所有的结点均无左孩子　　　　　B. 所有的结点均无右孩子

　　C. 只有一个叶子结点　　　　　　　D. 是任意一棵二叉树

（7）分别以下列序列构造二叉排序树，与用其他三个序列所构造的结果不同的是（　　）。

　　A.（100，80，90，60，120，110，130）

　　B.（100，120，110，130，80，60，90）

　　C.（100，60，80，90，120，110，130）

　　D.（100，80，60，90，120，130，110）

4-2 简答题

（1）分别画出具有 3 个结点的树和二叉树的不同形态。

（2）分别写出图 4-41a、b 的二叉树的先序、中序和后序序列。

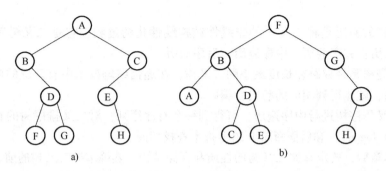

图 4-41 二叉树

（3）问一个有 300 和 501 个结点完全二叉树有多少个叶子结点？多少个单孩子结点？多少个双孩子结点？

（4）高度为 h 的完全二叉树至少有多少个结点？至多有多少个结点？

（5）设一棵二叉树的先序序列为 ABDFCEGH，中序序列为 BFDAGEHC。

① 画出这棵二叉树。

② 给出这棵二叉树的后续序列。

③ 将这棵二叉树转换成对应的树（或森林）。

（6）依次输入如下序列：60，32，28，40，35，72，86，77，90，38，66，27，构造一棵二叉排序树。

（7）假设用于通信的电文仅由 8 个字母组成，字母在电文中出现的频率分别为 0.06、0.20、0.02、0.06、0.33、0.03、0.21、0.09。

① 试为这 8 个字母设计赫夫曼编码。

② 试设计另一种由二进制表示的等长编码方案。

③ 对于上述实例，比较两种方案的优缺点。

4-3 算法设计题

以二叉链表作为二叉树的存储结构，编写以下算法。

（1）统计二叉树的叶结点个数。

（2）计算二叉树的高度。

（3）能否用中序或后序的方法来实现交换二叉树每个结点的左孩子和右孩子的功能，如果能，请写出算法，不能请给出理由。

第 5 章

图

图是一种非线性结构，它比线性表和树形结构更复杂、更普遍。在线性结构中，每个数据元素只有一个直接前驱和一个直接后继；在树形结构中，各个结点间具有明显的分支、层次关系，每一层上的节点只能和其上一层中的至多一个结点（即双亲结点）相关，并且可以和下一层的多个结点（即孩子结点）相关。而在图形结构中，任意两个结点之间都可能相关。可以说线性表、树与二叉树是图的特例，也可以说线性表、树与二叉树是最简单的图。图结构可以描述各种复杂的数据对象并被广泛应用于许多学科。

本章将从图的概念开始，分别介绍图的存储结构、图的深度优先和广度优先搜索算法，最后给出几个图的应用示例。

5.1 图的基本概念

5.1.1 图的定义

图（Graph）是由顶点集合及顶点间的关系集合组成的一种数据结构，可用如下形式表示：

$$Graph = (V, E)$$

其中，$V = \{x \mid x \in$ 某个数据对象$\}$ 是顶点的有穷集合；$E = \{(x,y) \mid x,y \in V\}$ 是顶点之间关系的有穷集合。

E 是 V 中顶点偶对的集合，若偶对是无序的，则称为边，若是有序的，则称为弧，所以，E 也是边或弧的集合，此时的图分别称为无向图（边）或有向图（弧）。

在无向图中，顶点对是无序的，(x,y) 和 (y,x) 代表同一条边，均表示 x 和 y 之间的一条边，边是没有方向的。

在有向图中，顶点对是有序的，<x,y>和<y,x>分别代表从 x 指向 y 和从 y 指向 x 的两条不同的弧。<x,y>这个弧中，x 为弧尾，y 为弧头，弧是有方向的。

图 5-1 所示为无向图和有向图的示例，图 5-1a 中有：

集合 $V(G1) = \{A,B,C,D\}$；

集合 $E(G1) = \{(A,B),(A,C),(A,D),(C,D)\}$。

图 5-1b 中有：

集合 $V(G2) = \{A,B,C,D\}$；

集合 $E(G2) = \{<A,B>,<A,C>,<C,B>,<C,D>\}$。

a) 无向图G1

b) 有向图G2

图 5-1 图的示例

5.1.2 图的相关概念

1. 子图

设有两个图 G=(V,E) 和 G′=(V′,E′)。若 V′⊆V 且 E′⊆E，则称图 G′是图 G 的子图。图 5-2a 是 G1 的子图，图 5-2b 是 G2 的子图。

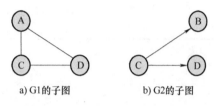

a) G1的子图   b) G2的子图

图 5-2　图 5-1 的子图示例

2. 无向完全图

若有 n 个顶点的无向图，有 n(n-1)/2 条边，则此图为无向完全图。此时，图中任意两结点之间均有一条边存在，如图 5-3a 所示。

3. 有向完全图

若有 n 个顶点的有向图，有 n(n-1) 条弧，则此图为有向完全图。此时，任何两顶点间均有一对方向相反的弧存在，如图 5-3b 所示。

a) 无向完全图   b) 有向完全图

图 5-3　完全图示例

4. 邻接顶点

若 (u,v) 是 E(G) 中的一条边，则称 u 与 v 互为邻接顶点，即一条边或弧的两个顶点互为邻接顶点。

5. 顶点的度 TD(v)、入度 ID(v)、出度 OD(v)

一个顶点 v 的度是与它相关联的边的条数。在有向图中，顶点的度等于该顶点的入度与出度之和。

入度 ID(v)：以 v 为终点（弧头）的弧的条数。

出度 OD(v)：以 v 为始点（弧尾）的弧的条数。

图 5-1b 中，结点 C 的入度是 1，出度是 2，度是 3。

6. 边的权、网络

某些图的顶点或边具有与它相关的数，称之为权，如交通网中的公里数、工程造价图中的造价。边或顶点带权的图称为带权图，也称网络。

7. 路径、路径长度、简单路径

路径：在图 G=(V,E) 中，若从顶点 v_i 出发，沿一些边经过一些顶点 v_{p1}，v_{p2}，…，v_{pm}，到达顶点 v_j。则称顶点序列（v_i v_{p1} v_{p2}…v_{pm} v_j）为从顶点 v_i 到顶点 v_j 的路径。它经过的边（v_i,v_{p1}）、（v_{p1},v_{p2}）、…、（v_{pm},v_j）应是属于 E 的边。

路径长度：非带权图的路径长度是指此路径上边的条数。带权图的路径长度是指路径上各边的权之和。

简单路径：若路径上各顶点 v_1，v_2，…，v_m 均不互相重复，则称这样的路径为简单路径。

8. 回路、简单回路

若路径上第一个顶点 v_1 与最后一个顶点 v_m 重合，则称这样的路径为回路或环。

起点和终点相同并且路径长度不小于 2 的简单路径被称为简单回路或者简单环。

9. 连通的、连通图、连通分量

在无向图 G 中，若顶点 v_i 和 $v_j(i\neq j)$ 有路径相通，则称 v_i 和 v_j 是连通的。

如果 V(G) 中的任意两个顶点都连通，则称 G 是连通图，否则为非连通图。例如，图 5-4a 是非连通图，图 5-4b、图 5-4c 分别是一个连通图。

无向图 G 中的极大连通子图称为 G 的连通分量，图 5-4b、图 5-4c 分别是图 5-4a 的连通分量。

对任何连通图而言，连通分量就是其自身，非连通图可有多个连通分量。

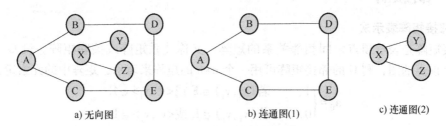

a) 无向图   b) 连通图(1)   c) 连通图(2)

图 5-4　无向图及其连通分量

10. 强连通、强连通图、强连通分

在有向图 G 中，若从 v_i 到 $v_j(i\neq j)$、从 v_j 到 v_i 都存在路径，则称 v_i 和 v_j 是强连通的。

若有向图 V(G) 中的任意两个顶点都是强连通的，则称该图为强连通图。

有向图中的极大连通子图称为有向图的强连通分量。

11. 生成树、生成森林

一个连通图的生成树是一个极小连通子图，它含有图中全部顶点，但只有足以构成一棵树的 n-1 条边。

如果一个有向图恰有一个顶点的入度为 0，其余顶点的入度均为 1，则是一棵有向树。一个有向图的生成森林由若干棵有向树组成，含有图中全部顶点，但只有足以构成若干不相交的有向树的弧。

5.1.3　图的运算

图的基本操作如下：

1）增加顶点运算：在图 G 中增加一个顶点 v。

2）删除顶点运算：在图 G 中删除顶点 v 以及所有和顶点 v 相关联的边或弧。

3）增加一条边运算：在图 G 中增加一条从顶点 v_i 到顶点 v_j 的边 e。

4）删除一条边运算：在图 G 中删除一条从顶点 v_i 到顶点 v_j 的边 e。

5）图遍历运算：按某种规则遍历图 G。

5.2　图的存储结构

由于图的结构比较复杂，图中任意两个顶点之间都可能存在联系，因此无法以数据元素在存储空间中的物理位置来表示元素之间的关系。但无论采用什么方法建立图的存储结构，都要完整、准确地反映图中顶点的信息以及描述顶点之间的关系，即边或者弧的信息。也就是说，图的存储结构至少要保存两类信息：

1）顶点数据。

2）顶点间的关系（边或弧）。

在实际应用中，顶点的数据一般采用顺序表存储，又称顶点表；而边或弧应根据具体的图和需要进行的操作，设计适当的存储结构，常用的有邻接矩阵、邻接表、邻接多重表和十字链表等方式。

下面介绍几种常用的图的存储结构。

5.2.1 邻接矩阵

1. 邻接矩阵表示法

邻接矩阵是表示顶点之间相邻关系的矩阵，又称关系矩阵或关联矩阵。设 $G=(V,E)$ 是有 n 个顶点的图，则 G 的邻接矩阵可用一个 $n×n$ 的矩阵来表示，矩阵中的元素定义为

$$a_{ij}=\begin{cases}1, & 若(v_i,v_j)\in E 或<v_i,v_j>\in E\\0, & 若(v_i,v_j)\notin E 或<v_i,v_j>\notin E\end{cases}$$

若图 G 是一网络，则邻接矩阵中的元素可定义为

$$a_{ij}=\begin{cases}w_{ij}, & 若(v_i,v_j)\in E 或<v_i,v_j>\in E\\0, & 若(v_i,v_j)\notin E 或<v_i,v_j>\notin E\end{cases}$$

式中，w_{ij} 为边 (v_i,v_j) 或弧 $<v_i,v_j>$ 上的权值。

图 5-5a~c 的邻接矩阵分别如图 5-6a~c 所示。

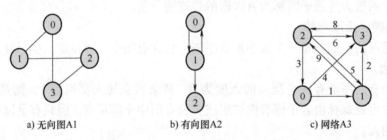

a) 无向图A1   b) 有向图A2   c) 网络A3

图 5-5　无向图、有向图、网络示例

$$A1=\begin{bmatrix}0&1&0&1\\1&0&1&0\\0&1&0&1\\1&0&1&0\end{bmatrix}\qquad A2=\begin{bmatrix}0&1&0\\1&0&1\\0&0&0\end{bmatrix}\qquad A3=\begin{bmatrix}0&1&0&4\\0&0&9&2\\3&5&0&6\\0&0&8&0\end{bmatrix}$$

a)A1的邻接矩阵   b)A2的邻接矩阵   c)A3的邻接矩阵

图 5-6　邻接矩阵示例

由图 5-6 可归纳出：在无向图的邻接矩阵中，邻接矩阵主对角线上的元素均为 0，且矩阵关于主对角线对称，行或列中的非零元素的个数等于对应顶点的度数；在有向图的邻接矩阵中，每行非零元素的个数对应于该顶点的出度，每列非零元素的个数对应于该顶点的入度。图的邻接矩阵可用如下数据类型来定义：

```
#define  MaxVerNum  100          //最大结点数
typedef  int  VertType;          //结点类型
typedef  int  EdgeType;          //边的类型
```

```
typedef  struct
{ int  n;                                       //顶点数
  VertType  vexs[MaxVerNum];                     //顶点结构
  int e;                                        //边的个数
  EdgeType  edges[MaxVerNum][MaxVerNum]; //边结构
}Mgraph;
```

2. 邻接矩阵的建立算法

利用上述类型说明可以得出一个有向图的邻接矩阵的建立算法。

【算法思路】

1）输入总顶点数和总边数。

2）依次输入点的信息存入顶点表中。

3）初始化邻接矩阵，使矩阵每个位置（若是网络，也可代表权值）初始化为0。

4）构造邻接矩阵。依次输入每条边依附的顶点和其权值，确定两个顶点在图中的位置之后，对相应边赋予1。

【算法描述】

```
void CreatGraph(MGraph * G)              //建立有向图 G 的邻接矩阵存储
{
  int i,j,k,w;char  ch;
  scanf("%d,%d",&(G->n),&(G->e));        //输入顶点数和边数
  for(i=0;i<G->n;i++)
      scanf("%d",&(G->vexs[i]));          //输入顶点信息,建立顶点表
  for(i=0;i<G->n;i++)
      for(j=0;j<G->n;j++)
          G->edges[i][j]=0;               //初始化邻接矩阵
  for(k=0;k<G->e;k++)
    {
      scanf("%d,%d",&i,&j);                //输入 e 条边,建立邻接矩阵
      G->edges[i][j]=1;                   //若加入 G->edges[j][i]=1,则为无向图
    }
}
```

【算法分析】

该算法的时间复杂度是 $O(n^2)$。

若要建立无向图，只需在上述算法中的最后一个循环中增加如下一个语句即可：

```
        G->edges[j][i]=1;
```

若要建立一个网络的邻接矩阵，则要在输入边的信息时输入一个权值 w，同时将

```
        G->edges[i][j]=1;
```

改为

```
        G->edges[i][j]=w;
```

3. 邻接矩阵表示法的优缺点

（1）优点

1）便于判断两个顶点之间是否有边，即根据 $A[i][j]=0$ 或 1 来判断。

2）便于计算各个顶点的度。对于无向图，邻接矩阵第 i 行的非零元的个数就是顶点 i 的度；对于有向图，第 i 行非零元的个数就是顶点 i 的出度，第 i 列非零元的个数就是顶点 i 的入度。

（2）缺点

1）不便于增加和删除顶点。

2）不便于统计边的数目，需要扫描邻接矩阵所有元素才能统计完毕，时间复杂度为 $O(n^2)$。

3）空间复杂度高。如果是有向图，n 个顶点需要 n^2 个单元存储边。如果是无向图，因其邻接矩阵是对称的，所以对规模较大的邻接矩阵可以采用压缩存储的方法，仅存储下三角（或上三角）的元素，这样仅需要 $n(n-1)/2$ 个单元即可。但无论以何种方式存储，邻接矩阵表示法的空间复杂度均为 $O(n^2)$，这对于稀疏图而言尤其浪费空间。

下面介绍的邻接表将邻接矩阵的 n 行改成 n 个单链表，适合表示稀疏图。

5.2.2　邻接表

1. 邻接表表示法

邻接表这种存储结构也称为"顺序—链接"存储结构。由顺序存储的顶点表及 n 个链式存储的边链表两部分组成，如图 5-7a 所示的邻接表可用图 5-7b 表示。

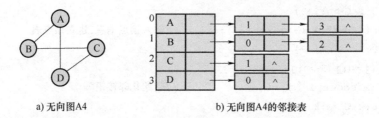

a) 无向图A4　　　　　　　b) 无向图A4的邻接表

图 5-7　无向图及其邻接表示例

1）顶点表：存放顶点本身的数据信息，表中每个表目对应于图的一个顶点，包括两个域：数据域 VerTex 和指针域 Firstedge，如图 5-8a 所示。

① VerTex：存放顶点信息。

② Firstedge：指向边链表的第一个结点。

2）边链表：存放边的信息，每个顶点都有一个链表，用于存放该顶点的邻接顶点，边链表中每个结点包括三个域：编号域 Adjvex、信息域 Info 和指针域 Next，如图 5-8b 所示。

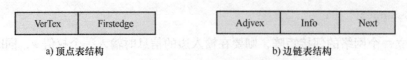

a) 顶点表结构　　　　　　　　　b) 边链表结构

图 5-8　邻接表的结点结构

① Adjvex：存放与顶点 v_i 相邻接的顶点 v_j 在顶点表中的位置，它也是顶点 v_j 的编号。

② Info：存放边结点所代表的边的权值等相关信息，如果不是网络图，一般可省略。

③ Next：指向边链表的下一个边结点。

图的邻接表存储结构可定义如下：

```
typedef struct node                        //边结点
{
  int adjvex;                              //邻接点域
  int info;                                //权值(可选)
  struct node *next;                       //边链表指针
}EdgeNode;
#define MaxVertexNum 100                    //最大顶点数
typedef struct tnode                       //顶点表结点
{
  int vertex;                              //顶点域
  struct node *firstedge;                  //边链表指针
}VertexNode;                               //表结点
Typedef VertexNode adjlist[MaxVertexNum];  //顶点表
typedef struct
{
  AdjList adjlist;                         //邻接表
  int n,e;                                 //顶点数和边数
}ALGraph;                                  //邻接表
```

2. 有向图的邻接表建立过程

利用上述类型说明可以得出一个有向图的邻接表的建立算法。

【算法思路】

1）输入总顶点数和总边数。

2）依次输入点的信息存入顶点表中，使每个表头结点的指针域初始化为 nil。

3）创建邻接表。依次输入每条边依附的两个顶点，确定这两个顶点的序号 i 和 j 之后，将此边结点分别插入 v_i 和 v_j 对应的两个边链表的头部。

【算法描述】

建立有向图的邻接表算法：

```
void CreateALGraph(ALGraph *G)             //建立有向图的邻接表存储
{
  int i,j,k;EdgeNode *p;
  scanf("%d,%d",&(G->n),&(G->e));          //读入顶点数和边数
  for(i=0;i<G->n;i++)                      //建立有 n 个顶点的顶点表
    {
      scanf("%c",&(G->adjlist[i].vertex)); //读入顶点信息
      G->adjlist[i].firstedge=nil;         //顶点的边表头指针设为空
    }
  for(k=0;k<G->e;k++)/建立边表
    {
      scanf("%d,%d",&i,&j);                //读入边<v_i,v_j>的顶点对应序号
```

```
p=(EdgeNode*)malloc(sizeof(EdgeNode));    //生成新边表结点p
p->adjvex=j;                              //邻接点序号为j
p->next=G->adjlist[i].firstedge;          //将边结点插入到顶点v_i的链表头部
G->adjlist[i].firstedge=p;
    }
}
```

【算法分析】

假设图中有 n 条边、e 个结点，每条边均需要进行插入操作，所以总的时间复杂度为 $O(n)$；初始化顶点数组的时间复杂度为 $O(e)$。因此，该算法的时间复杂度为 $O(n+e)$。建立无向图的邻接表与此类似，只是每读入一个顶点对序号时，除了将结点 j 插入到结点 i 的边链表中，还要将结点 i 插入到结点 j 的边链表中。

3. 邻接表表示法的优缺点

（1）优点

1）便于增加和删除顶点。

2）便于统计边的数目，按顶点表顺序扫描所有边表可得到边的数目，时间复杂度为 $O(n+e)$。

3）空间效率高。对于一个具有 n 个顶点 e 条边的图 G，若 G 是无向图，则在其邻接表表示中有 n 个顶点表结点和 2e 个边表结点；若 G 是有向图，则在它的邻接表表示或逆邻接表表示中均有 n 个顶点表结点和 e 个边表结点。因此，邻接表的空间复杂度为 $O(n+e)$，适合表示稀疏图。对于稠密图，考虑到邻接表中要附加链域，因此常采取邻接矩阵表示法。

（2）缺点

1）不便于判断顶点之间是否有边，要判定 v_i 和 v_j 之间是否有边，就需扫描第 i 个边表，最坏的情况下要耗费 $O(n)$ 时间。

2）不便于计算有向图各个顶点的度。对于无向图，在邻接表表示中顶点 v_i 的度是第 i 个边表中的结点个数。在有向图的邻接表中，第 i 个边表上的结点个数是顶点 v_i 的出度，但求 v_i 的入度较困难，需遍历各顶点的边表。若有向图采用逆邻接表表示，则与邻接表表示相反，求顶点的入度容易，而求顶点的出度较难。

若在有向图中，第 i 个邻接链表中每个结点都对应于以 v_i 为起始顶点射出的一条弧，因此该有向图的邻接链表称为出边表。若在有向图中，第 i 个邻接链表中的每个结点对应于以 v_i 为终端顶点的一条弧，则该有向图的邻接链表称为入边表。

对应于有向图图 5-9a 的邻接表和逆邻接表如图 5-9b、图 5-9c 所示。逆邻接表的建立可参考邻接表的建立算法，请读者尝试完成。

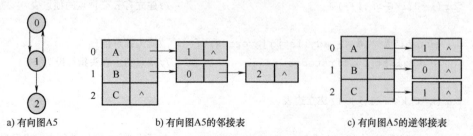

a) 有向图A5　　　　b) 有向图A5的邻接表　　　　c) 有向图A5的逆邻接表

图 5-9　有向图的邻接表和逆邻接表

下面介绍的十字链表便于求得顶点的入度和出度。

5.2.3 十字链表

有向图的另一种链式存储结构为十字链表。将其看成是有向图的邻接表和逆邻接表相结合的一种链表。在十字链表中，首先将有向图中的每个顶点设一个结点，存放在顶点表中。每一条弧也设一个结点，而对应的这些结点的结构如图 5-10 所示。

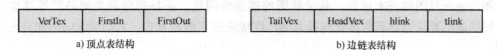

a) 顶点表结构　　　　　　　　　　b) 边链表结构

图 5-10 十字链表的结点结构

由上述结点可知，设顶点结点由三个域组成：其中数据域 VerTex 存储和顶点相关的信息，如顶点的名称等；链域 FirstIn 指向以该顶点为弧头的第一个弧结点；链域 FirstOut 则指向以该顶点为弧尾的第一个弧结点。在弧结点中设有四个域，其中尾域 TailVex 和头域 HeadVex 分别表示弧尾和弧头这两个顶点在图中的位置，链域 hlink 指向弧头相同的下一条弧，而链域 tlink 指向弧尾相同的下一条弧。

图 5-11a 所示的有向图的十字链表表示为图 5-11b。

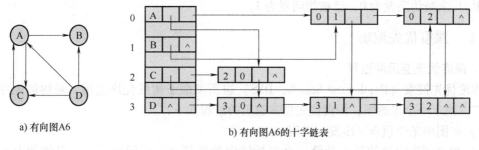

a) 有向图A6　　　　　　　　b) 有向图A6的十字链表

图 5-11 有向图的十字链表示例

从某顶点开始，它的 FirstIn 指向该顶点从头域到尾域的单链表，例如，顶点 A 的 FirstIn 指向<2,0>，经<2,0>的弧结点的 hlink 又指向了<3,0>。而它的 FirstOut 指向该顶点从尾域到头域的单链表，例如，顶点 A 的 FirstOut 指向<0,1>，经<0,1>的弧结点的 tlink 指向<0,2>。

5.2.4 图的存储结构特点

在此介绍的四种存储结构各有所长，具体特点归纳如下：

1）由于邻接链表中的结点的链接次序取决于建立邻接表的算法和边的输入次序，因此，一个图的邻接矩阵表示是唯一的，而其邻接表表示是不唯一的。

2）在邻接表中，判定（v_i,v_j）或<v_i,v_j>是否是图中的一条边，则需要扫描 v_i 对应的邻接链表，最长需要执行的时间为 O(n)。而邻接矩阵只需判断第 i 行第 j 列的元素是否为零即可。

3）使用邻接矩阵求图中边的数目时，所消耗的时间为 O(n^2)；而在邻接表中只需对每个边表中的结点个数计数便可确定。当 e≪n^2 时，使用邻接表计算边的数目，可以节省计算时间。

4）十字链表是有向图的一种有效的存储结构，求某个结点的入度和出度均很方便。

在实际应用中主要考虑算法本身的特点和空间的存储密度。邻接矩阵、邻接表是图中最常用的存储结构。

5.3　图的遍历

图的遍历是图的基本运算，是求解图的连通性问题、拓扑排序和关键路径等算法的基础。图的遍历算法通常有深度优先搜索和广度优先搜索两种方式，它们对无向图和有向图都适用。

和树的遍历类似，图的遍历也是从图中某一顶点出发，按照某种方法对图中所有顶点进行访问且仅访问一次。在图结构中，没有一个限定的开始点，图中任意一个顶点都可作为第一个被访问的结点。若图是连通图，则从图中任意一个顶点出发，沿着某条路径对图中顶点进行访问，且每个顶点只被访问一次，这一过程就称为图的遍历。对于非连通图，从一个顶点出发，只能够访问它所在的连通分量上的所有顶点，因此还需考虑如何在选取了下一个出发点后访问图中其余的连通分量。其次，在图结构中，如果有回路存在，那么一个顶点被访问过后，有可能沿回路又回到该顶点。为了避免对同一顶点的多次访问，为每次访问的顶点设一标志，可用辅助数组 visited[n]（其中 n 表示顶点数）来标识某顶点是否已被访问，visited[i] 未被访问置为 0，已被访问置为 1。

5.3.1　深度优先遍历

1. 深度优先遍历的过程

深度优先搜索（Depth First Search，DFS）遍历类似于树的先序遍历，是树的先序遍历的推广。对于一个连通图，深度优先搜索遍历的过程如下：

1）从图中某个顶点 v 出发，访问 v。

2）找出刚访问过的顶点的第一个未被访问的邻接点，访问该顶点。以该顶点为新顶点，重复此步骤，直至刚访问过的顶点没有未被访问的邻接点为止。

3）返回前一个访问过的且仍有未被访问的邻接点的顶点，找出该顶点的下一个未被访问的邻接点，访问该顶点。

4）重复步骤 2）、3），直至图中所有顶点都被访问过，搜索结束。

以图 5-12a 所示的无向连通图 A7 为例，深度优先搜索遍历的具体过程如下：

1）从顶点 A 出发，访问 A。

2）在访问了顶点 A 之后，选择 A 的第一个未被访问的邻接点 B，访问 B。

3）以 B 为新顶点，选择 B 的下一个未被访问的邻接点 C，访问 C。

4）以 C 为新顶点，选择 C 的下一个未被访问的邻接点 F，访问 F。

5）以 F 为新顶点，选择 F 的下一个未被访问的邻接点 D，访问 D。

6）以 D 为新顶点，选择 D 的下一个未被访问的邻接点，此时 D 的 2 个邻接点 A 和 F 均已被访问过，此步结束。

7）从 D 回到 F，选择 F 的下一个未被访问的邻接点 H，访问 H。

8）以 H 为新顶点，选择 H 的下一个未被访问的邻接点 I，访问 I。

9）H 已没有未被访问的邻接点，继续返回到 H，同样的理由，依次返回到顶点 F、

C、B。

10）以 B 为新顶点，选择 B 的下一个未被访问的邻接点 E，访问 E。

11）以 E 为新顶点，选择 E 的下一个未被访问的邻接点 G，访问 G。

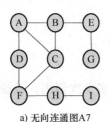
a) 无向连通图A7

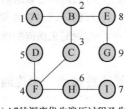
b) A7的深度优先遍历过程及生成树

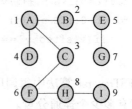
c) A7的广度优先遍历过程及生成树

图 5-12 无向图及其连通分量

由此，得到的顶点访问序列为 A-B-C-F-D-H-I-E-G。

图 5-12b 所示为无向连通图 A7 的深度优先遍历的访问过程，同时，它也是图 A7 的深度优先生成树。

显然，深度优先搜索遍历连通图是一个递归的过程。为了在遍历过程中便于区分顶点是否已被访问，需附设访问标志数组 visited[n]，其初值为 "0"，表示未被访问，一旦某个顶点被访问，则其相应的分量置为 "1"。

2. 深度优先遍历的算法实现

下面，先看一个以邻接矩阵为存储结构的连通图的深度优先搜索遍历算法的实现。

【算法思路】

1）从图中某个顶点 v 出发，访问 v，并置 visited[v] 的值为 1。

2）依次检查 v 的所有邻接点 w，如果 visited[w] 的值为 0，再从 w 出发进行递归遍历，直到图中所有顶点都被访问过。

【算法描述】

```
int visited[n];                    //设 n 为顶点数,visited 为标记数组
graph g;                           //设图为 g
DFS(int i)                         //从 vᵢ 出发深度优先搜索图 g
{
  int j;
  printf("node:%c\n",g.vexs[i]);   //访问出发点 vᵢ
  visited[i]=1;                    //标记 vᵢ 已被访问
  for(j=0;j<n;j++)                 //依次搜索 vⱼ 的邻接点
     if((g.edges[i][j]==1)&&(visited[j]==0))
        DFS(j);
}
```

若是非连通图，上述遍历过程执行之后，图中一定还有顶点未被访问，需要从图中另选一个未被访问的顶点作为起始点，重复上述深度优先搜索过程，直到图中所有顶点均被访问过为止。这样，要实现对非连通图的遍历，需要循环调用上述 DFS 算法。

非连通图的深度优先搜索遍历算法描述如下：

【算法描述】

```
void DFSTraverse(Graph G)
{
    for(i=0;i<G.n;++i)visited[i]=0;    //访问标志数组初始化
    for(i=0;i<G.n;++i)                 //循环调用 DFS 算法
        if(visited[v]==0)DFS(G,v);     //对尚未访问的顶点调用 DFS
}
```

DFSTraverse 算法中每调用一次 DFS 算法将遍历一个连通分量，有多少次调用，就说明图中就有多少个连通分量。

若图的存储结构采用邻接表的方式，其算法实现由读者自己分析完成。

【算法分析】

分析上述算法，在遍历图时，对图中每个顶点至多调用一次 DFS 函数，因为一旦某个顶点被标志成已被访问，就不再从它出发进行搜索。因此，遍历图的过程实质上是对每个顶点查找其邻接点的过程，其耗费的时间取决于所采用的存储结构。用邻接矩阵表示图时，查找每个顶点的邻接点的时间复杂度为 $O(n^2)$，其中 n 为图中顶点数。当以邻接表做图的存储结构时，查找邻接点的时间复杂度为 $O(e)$，其中 e 为图中边数。由此可知，当以邻接表做存储结构时，深度优先搜索遍历图的时间复杂度为 $O(n+e)$。

5.3.2 广度优先遍历

1. 广度优先遍历的过程

广度优先搜索（Breadth First Search，BFS）遍历类似于树的按层次遍历的访问过程。遍历的过程如下：

1）从图中某个顶点 v 出发，访问 v。

2）依次访问 v 的各个未曾访问过的邻接点。

3）分别从这些邻接点出发依次访问它们的邻接点，并使"先被访问的顶点的邻接点"先于"后被访问的顶点的邻接点"被访问。重复步骤 3），直至图中所有已被访问的顶点的邻接点都被访问到。

以图 5-12a 所示的无向连通图 A7 为例，广度优先搜索遍历的具体过程如下：

1）从顶点 A 出发，访问 A。

2）依次访问 A 的各个未曾访问过的邻接点 B、C 和 D。

3）以 B 为新起点，依次访问 B 的未被访问的邻接点，目前只有 E（C 已访问过）。

4）以 C 为新起点，访问 C 的未被访问的邻接点 F。

5）以 D 为新起点，因为 D 的邻接点均已被访问过，所以进入下一步。

6）以 E 为新起点，访问 E 的未被访问的邻接点 G。

7）以 F 为新起点，访问 F 的未被访问的邻接点，目前只有 H（C 和 D 均已访问过）。

8）以 G 为新起点，因为 G 的邻接点均被访问过，所以进入下一步。

9）以 H 为新起点，访问 H 的未被访问的邻接点 I。

由此，得到的顶点访问序列为 A-B-C-D-E-F-G-H-I。

图 5-12c 所示为无向连通图 A7 的广度优先遍历的访问过程，同时，它也是图 A7 的以起始点 A 为根的广度优先生成树。

2. 广度优先遍历的算法实现

可以看出，广度优先搜索遍历的特点是尽可能先对横向进行搜索，先访问的顶点其邻接点亦先被访问。为此，算法实现时需引进队列保存已被访问过的顶点。

和深度优先搜索类似，广度优先搜索在遍历的过程中也需要一个访问标志数组。

下面，先看一个以邻接矩阵为存储结构的连通图的广度优先搜索遍历算法的实现。

【算法思路】

1）初始化队列为空。

2）从图中某个顶点 v 出发，将 v 进队，然后置 visited[v] 的值为 1。

3）只要队列不空，则重复下述操作：

① 队头顶点 u 出队，并访问队头顶点。

② 依次检查 u 的所有邻接点 w，如果 visited[w] 的值为 0，则将顶点 w 入队，并置 visited[w] 的值为 1。

【算法描述】

```
BFS(int k)
{ //从 vk 出发广度优先搜索遍历图 g
  int i,j;
  QueueInit(Q);                              //设队列 Q 为空
  EnQueue(Q,k);                              //结点 vk 入队
  visited[k]=1;                              //标记结点 vk 已被入队访问
  while(! EmptyQueue(Q))                     //队非空时执行下列操作
    {
    i=DelQueue(Q);                           //队头结点出队
    printf("%c\n",g.vexs[i]);                //访问队头结点
    for(j=0;j<n;j++)                         //对邻接矩阵按列搜索 */
      if((g.edges[i][j]==1)&&(visited[j]==0))
      {    //有边且未被入队访问则进行下面的处理
          EnQueue(Q,j);                      //结点 vj 入队
          visited[j]=1;                      //标记结点 vj 已被入队访问
      }
    }
}
```

和深度优先遍历算法类似，对于非连通图，上述遍历过程执行之后，图中一定还有顶点未被访问，需要从图中另选一个未被访问的顶点作为起始点，重复上述广度优先搜索过程，直到图中所有顶点均被访问过为止。

非连通图的广度优先搜索遍历算法描述如下：

【算法描述】

```
void BFSTraverse(Graph G)
{
  for(i=0;i<G.n;++i)visited[i]=0;      //访问标志数组初始化
  for(i=0;i<G.n;++i)                   //循环调用 BFS 算法
      if(visited[v]==0)BFS(G,v);       //对尚未访问的顶点调用 BFS
}
```

【算法分析】

分析上述算法，每个顶点至多进一次队列。遍历图的过程实质上是通过边找邻接点的过程，因此广度优先搜索遍历图的时间复杂度和深度优先搜索遍历相同，即当用邻接矩阵存储时，时间复杂度为 $O(n^2)$；用邻接表存储时，时间复杂度为 $O(n+e)$。两种遍历方法的不同之处仅仅在于对顶点访问的顺序不同。

5.4 图的应用

现实生活中的许多问题都可以用图来解决。例如：

1）如何为复杂活动中各子任务的完成寻找一个较优的顺序？
2）如何以最小成本构建一个通信网络？
3）如何计算一个复杂工程的最短工期？
4）如何计算地图中两地之间的最短路径？

本节将结合这些常用的实际问题，介绍图的几个常用算法，包括拓扑排序、最小生成树、关键路径、最短路径等算法。

5.4.1 拓扑排序

由某个集合上的偏序定义得到全序（拓扑有序）的操作便是拓扑排序。要进行拓扑排序，需要用到 AOV 网。

1. AOV 网

所有的工程或者某种流程可以分为若干个小的工程或阶段，这些小的工程或阶段就称为活动。若以图中的顶点来表示活动，有向边（弧）表示活动之间的优先关系，则这样活动在顶点上的有向图称为 AOV 网（Activity On Vertex Network）。在 AOV 网中，若从顶点 i 到顶点 j 之间存在一条有向路径，则称顶点 i 是顶点 j 的前驱，或者称顶点 j 是顶点 i 的后继。若<i,j>是图中的弧，则称顶点 i 是顶点 j 的直接前驱，顶点 j 是顶点 i 的直接后继。

AOV 网中的弧表示了活动之间存在的制约关系。例如，计算机专业的学生必须完成一系列规定的基础课和专业课才能毕业。学生按照怎样的顺序来学习这些课程呢？这个问题可以被看成是一个大的工程，其活动就是学习每一门课程。这些课程的名称与相应代号见表 5-1。

表 5-1 专业课程及其关系

课程代号	课程名称	先修课程
C1	高等数学	
C2	程序设计基础	
C3	离散数学	C1，C2
C4	数据结构	C3，C2
C5	高级语言程序设计	C2
C6	编译方法	C5，C4

（续）

课程代号	课程名称	先修课程
C7	操作系统	C4, C9
C8	普通物理	C1
C9	计算机原理	C8

可以把这些课程之间先修和后续的关系表示为一个 AOV 网，如图 5-13 所示。图中包含了表 5-1 中的所有课程之间的先后关系，即若课程 i 是课程 j 的先决条件，则图中有弧<i, j>。例如，表中课程 C3 的先修课程是 C1 和 C2，则图中有<C1、C3>和<C2、C3>两个有向边。

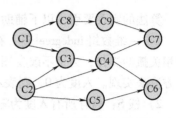

图 5-13　表示课程关系的 AOV 网

在 AOV 网中，不应该出现有向环即回路，因为存在回路意味着某项活动应以自己为先决条件。对于工程而言，若设计出这样的流程图，说明某些活动之间相互等待，使得工程无法进行。而对程序的数据流图来说，则表明存在一个死循环。因此，对给定的 AOV 网应首先判定网中是否存在回路。检测的办法是对有向图的顶点进行拓扑排序，若网中所有顶点都在它的拓扑有序序列中，则该 AOV 网中必定不存在回路。

所谓拓扑排序就是将一个非线性结构的 AOV 网线性化的过程，就是将 AOV 网中所有顶点排成一个线性序列，该序列满足 AOV 网中所有有向边代表的活动之间的先后顺序，即若在 AOV 网中由顶点 v_i 到顶点 v_j 有一条路径，则在该线性序列中顶点 v_i 必定在顶点 v_j 之前。一个 AOV 网的拓扑序列可以有很多个。

例如，图 5-13 所示的有向图有如下两个拓扑有序序列：

C1, C2, C3, C4, C5, C6, C8, C9, C7

和

C2, C5, C1, C8, C9, C3, C4, C7, C6

学生必须按照拓扑排序的顺序来安排学习计划，这样才能保证学习任一门课程时其先修课程已经学过。那么如何进行拓扑排序呢？

2. 拓扑排序的过程

对 AOV 网进行拓扑排序的方法和步骤如下：

1）从 AOV 网中选择一个入度为 0 的顶点（该顶点没有前驱）并且输出它。

2）从网中删去该顶点，并且删去从该顶点发出的全部有向边。

3）重复上述两步，直到剩余的网中不再存在入度为 0 的顶点为止。

这样操作的结果有两种，一种是网中全部顶点都被输出，说明该网中不存在回路；另一种就是网中顶点未被全部输出，而剩余的顶点入度均不为 0，这说明网中存在有向回路。

在图 5-14a 所示的 AOV 网中，C2 和 C4 入度均为 0，则可任选一个输出，假设先输出 C4，在删除 C4 及弧<C4, C0>、<C4, C1>、<C4, C5>之后，如图 5-14b 所示，此时有 C0 和 C2 两个顶点入度为 0，假设选择输出 C0，同时删除弧<C0, C1>、<C0, C3>，如图 5-14c 所示，此时 C2 和 C3 入度为 0，输出 C3，如图 5-14d 所示，此后，依次输出 C2 和 C1，最后输出 C5，至此所有顶点全部输出，得到的拓扑序列为 C4, C0, C3, C2, C1, C5。

3. 拓扑排序的实现

针对上述拓扑排序的过程，可采用邻接表做有向图的存储结构。

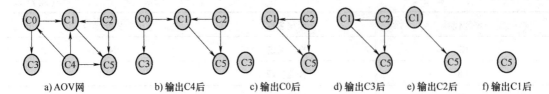

a) AOV网　　　　b) 输出C4后　　　　c) 输出C0后　　　　d) 输出C3后　　　　e) 输出C2后　　　　f) 输出C1后

图 5-14　AOV 网及其拓扑序列的产生过程

算法的实现要引入以下辅助的数据结构。

1）一维数组 indegree[i]：存放各顶点入度。由于在拓扑排序的过程中要进行删除顶点和相关弧的操作，为了不改变图的存储结构，可用 indegree[i] 数组使得相关顶点入度减 1 的方法来实现。入度为 0，则表示没有前驱。

2）栈 S：暂存所有入度为零的顶点，这样可以避免重复扫描数组 indegree[i] 检测入度为 0 的顶点，提高算法的效率。

3）一维数组 topo[i]：记录拓扑序列的顶点序号。

【算法思路】

1）求出各顶点的入度存入数组 indegree[i] 中，并将入度为 0 的顶点入栈。

2）只要栈不空，则重复以下操作：

① 将栈顶顶点 v_i 出栈并保存在拓扑序列数组 topo[i] 中。

② 对顶点 v_i 的每个邻接点 v_k 的入度减 1，如果 v_k 的入度变为 0，则将 v_k 入栈。

3）如果输出顶点个数少于 AOV 网的顶点个数，则网中存在有向环，无法进行拓扑排序，否则拓扑排序成功。

【算法描述】

```
Status TopoSort(ALGraph G)
{ //若 G 无回路,则输出 G 的一个拓扑序列,并返回 OK,否则返回 ERROR
  int indegree[G.n],i,k,m;
  EdgeNode p;
  SeqStack S;
  for(i=0;i<G.n;++i)
      indegree[i]=0;                    //入度表初始化
  for(i=0;i<G.n;++i)                    //求出各顶点的入度存入数组 indegree[i]中
  {
      p=G.adjlist[i].firstedge;         //p 指向顶点 i 的第一个邻接点
      while(p!=nil)
      {
          k=p->Adjvex;                  //得到邻接点的编号信息
          indegree[k]++;                //入度加 1
          p=p->Next;                    //指针后移
      }
  }
  InitStack(S);                         //栈 S 初始化为空
  for(i=0;i<G.n;++i)
```

```
        if(! indegree[i])Push(S,i);            //入度为 0 者进栈
    m=0;                                        //对输出顶点计数,初始为 0
    while(! StackEmpty(S))                      //栈 S 非空
    {
        Pop(S,i);                              //将栈顶顶点 vᵢ 出栈
        topo[m]=i;                             //将归保存在拓扑序列数组 topo[m]中
        m++;                                   //对输出顶点计数
        p=G.adjlist[i].firstedge;              //P 指向引的第一个邻接点
        while(p!=nil)
        {
          k=p->adjvex;                         //vₖ 为 vᵢ 的邻接点
          indegree[k]--;                       //vᵢ 的每个邻接点的入度减 1
          if(indegree[k]==0)Push(S,k);         //若入度减为 0,则入栈
          p=p->Next;                           //p 指向顶点引下一个邻接结点
        }                                      //while
    }                                          //while
    if(m<G.n)
    {
        printf("该有向图有回路,无拓扑序列");
        return ERROR;                          //该有向图有回路
    }
    else
    {
        for(i=0;i<G.n;i++)
            printf("5d",topo[i]);              //输出拓扑序列
        return OK;
    }
```

【算法分析】

分析上述算法,对有 n 个顶点和 e 条边的有向图而言,求各顶点入度的时间复杂度为
O(e);建立零入度顶点栈的时间复杂度为 O(n);在拓扑排序过程中,若有向图无环,则每
个顶点进一次栈,出一次栈,入度减 1 的操作在循环中总共执行 e 次,所以总的时间复杂度
为 O(n+e)。

5.4.2　最小生成树

一个连通图的生成树是一个极小连通子图,它包含图中所有顶点,但只有足以构成一棵
树的 n-1 条边。

最小生成树问题就是在一个无向连通图的所有生成树中,如何找到一棵边的权值总和最
小的生成树的问题。

例如,若要在 n 个城市间建立通信联络网,则连通 n 个城市需要 n-1 条线路,但在 n 个
城市间最多可架设 n(n-1)/2 条线路,选择哪 n-1 条线路,使得费用最少。

可以用连通网来表示 n 个城市,以及 n 个城市间可能设置的通信线路,其中网的顶点表
示城市,边表示两城市之间的线路,赋予边的权值表示相应的代价。对于 n 个顶点的连通网

113

可以建立许多不同的生成树，每一棵生成树都可以是一个通信网。在保证所有城市间能相互通信的情况下，最合理的通信网应该是代价之和最小的生成树。

图 5-15a 所示为有 8 个结点的无向连通图 A8，图 5-15b 是 A8 的最小生成树。

构造最小生成树有多种算法，其中普里姆（Prim）算法和克鲁斯卡尔（Kruskal）算法是两个常用的求解最小生成树的算法。

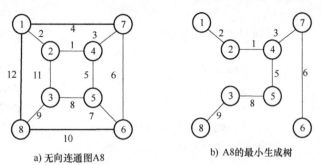

a) 无向连通图 A8　　　　b) A8 的最小生成树

图 5-15　最小生成树示例

1. 普里姆算法

（1）普里姆算法构造最小生成树的过程

假设 $N=(V,E)$ 是连通图，TE 是 N 上最小生成树中边的集合。

1）令 $U=\{u_0\}(u_0 \in V),TE=\{\ \}$。

2）重复执行：在所有 $u \in U$，$v \in V-U$ 的边 $(u,v) \in E$ 中找一条代价最小的边 (u_0,v_0) 并入 TE，同时 v_0 并入 U，直到 $U=V$ 为止。

此时 TE 中必有 $n-1$ 条边，则 $T=(V,TE)$ 为 N 的最小生成树。

图 5-16 所示为用普里姆算法构造连通网 A8 的最小生成树的过程。每次选择最小边时，可能存在多条同样权值的边可选，此时任选其一即可。

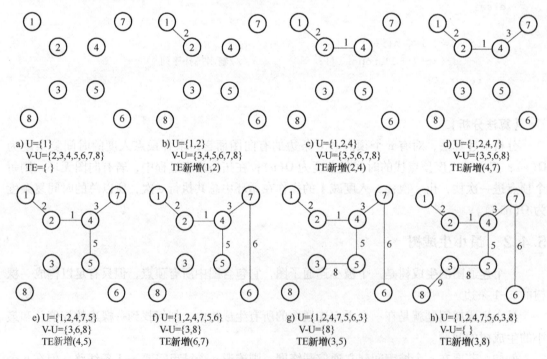

a) U={1}
V-U={2,3,4,5,6,7,8}
TE={ }

b) U={1,2}
V-U={3,4,5,6,7,8}
TE新增(1,2)

c) U={1,2,4}
V-U={3,5,6,7,8}
TE新增(2,4)

d) U={1,2,4,7}
V-U={3,5,6,8}
TE新增(4,7)

e) U={1,2,4,7,5}
V-U={3,6,8}
TE新增(4,5)

f) U={1,2,4,7,5,6}
V-U={3,8}
TE新增(6,7)

g) U={1,2,4,7,5,6,3}
V-U={8}
TE新增(3,5)

h) U={1,2,4,7,5,6,3,8}
V-U={ }
TE新增(3,8)

图 5-16　无向图 A8 的最小生成树构造过程（普里姆算法）

（2）普里姆算法的实现

假设一个无向网 G 以邻接矩阵形式存储，从顶点 u 出发构造 G 的最小生成树 T，要求输出 T 的各条边。为实现这个算法需附设一个辅助数组 closedge[ ]，以记录从 U 到 V-U 具有最小权值的边。对每个顶点 $v_i \in$ V-U，在辅助数组中存在一个相应分量 closedge[i-1]，它包括两个域：lowcost 和 adjvex，其中 lowcost 存储最小边上的权值，adjvex 存储最小边在 U 中的那个顶点。显然，

```
closedge[i-1].lowcost=Min(cost(u,vi) |u∈U},
```

其中 cost(u,v) 表示赋于边（u,v）的权。closedge[ ] 数组定义如下：

```
struct
{
  VerTexType adjvex;        //最小边在 u 中的那个顶点
  ArcType lowcost;          //最小边上的权值
}closedge[MVNum];
```

【算法思路】

1）首先将初始顶点 u 加入 U 中，对其余的每一顶点 v_j，将 closedgef[j] 均初始化为到 u 的边信息。

2）循环 n-1 次，做如下处理：

① 从各组边 closedge 中选出最小边 closedge[k]，输出此边。

② 将 k 加入 U 中。

③ 更新剩余的每组最小边信息 closedge[j]，对于 V-U 中的边，新增加了一条从 k 到 j 的边，如果新边的权值比 closedge[j].lowcost 小，则将 closedge[j].lowcost 更新为新边的权值。

【算法描述】

```
void MiniSpanTree_Prim(MGraph G,VertType u)
{//无向网 G 以邻接矩阵形式存储,从顶点 u 出发构造 G 的最小生成树 T,输出 T 的各条边
  k=LocateVex(G,u);              //k 为顶点 u 的下标
  for(j=0;j<G.n;++j)            //对 V-U 的每一个顶点 vj,初始化 closedge[j]
     if(j!=k)closedge[j]={u,G.edges[k][j]};//{adjvex,lowcost}
  closedge[k].lowcost=0;         //初始,U={u}
  for(i=1;i<G.n;++i)
  {  //选择其余 n-1 个顶点,生成 n-1 条边(n=G.vexnum)
     k=Min(closedge); //求 T 的下一个结点:第 k 个顶点,closedge[k]中存有当前最小边
     uO=closedge[k].adjvex;      //u0 为最小边的一个顶点,u0∈U
     vO=G.vexs[k];               //v0 为最小边的另一个顶点,v0∈V-U
     printf("%d  %d",uO,vO);     //输出当前的最小边(u0,v0)
     closedge[k].lowcost=0;      //第 k 个顶点并入 U 集
     for(j=0;j<G.n;++j)
        if(G.edges[k][j]<closedge[j].lowcost)  //新顶点并入 U 后重新选择最小边
             closedge[j]=(G.vexs[k],G.edges[k][j]);
  }
}
```

【算法分析】

假设网中共有 n 个顶点，则第一个进行初始化的循环语句的频度为 n，第二个循环语句的频度为 n−1。其中第二个有两个内循环：其一是在 closedge[v]. lowcost 中求最小值，其频度为 n−1；其二是重新选择具有最小权值的边，其频度为 n。由此，普里姆算法的时间复杂度为 $O(n^2)$，与网中的边数无关，因此适用于求稠密网的最小生成树。

2. 克鲁斯卡尔算法

（1）克鲁斯卡尔算法构造最小生成树的过程

假设连通网 N=(V,E)，将 N 中的边按权值从小到大的顺序排列。

1）初始状态为只有 n 个顶点而无边的非连通图 T=(V,{ })，图中每个顶点自成一个连通分量。

2）在 E 中选择权值最小的边，若该边依附的顶点落在 T 中不同的连通分量上（即不形成回路），则将此边加入到 T 中，否则舍去此边而选择下一条权值最小的边。

3）重复 2），直至 T 中所有顶点都在同一连通分量上为止。

图 5-17 所示为用克鲁斯卡尔算法构造连通网 A8 的最小生成树的过程。

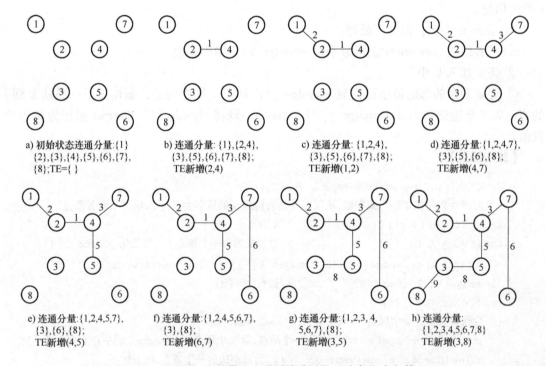

图 5-17　无向图 A8 的最小生成树构造过程（克鲁斯卡尔算法）

可以看出，克鲁斯卡尔算法逐步增加生成树的边，与普里姆算法相比，可称为"加边法"。与普里姆算法一样，每次选择最小边时，可能有多条同样权值的边可选，可以任选其一。

（2）克鲁斯卡尔算法的实现

克鲁斯卡尔算法的实现要引入以下两个辅助的数据结构。

1）结构体数组 Edge[ ]：存储边的信息，包括边的两个顶点信息和权值，其定义如下：

```
struct
{
  VerTexType Head;   //边的始点
  VerTexType Tail;   //边的终点
  ArcType lowcost;   //边上的权值
}Edge[arcnum];
```

2）Vexset[i]：标识各个顶点所属的连通分量。对每个顶点 vi∈V，在辅助数组中存在一相应元素 Vexset[i] 表示该顶点所在的连通分量。初始时 Vexset[i]＝i，表示各顶点自成一个连通分量。辅助数组 Vexset[ ] 的定义如下：

```
int Vexset[MVNum];
```

【算法思路】

1）将数组 Edge 中的元素按权值从小到大排序。

2）依次查看数组 Edge[ ] 中的边，循环执行以下操作：

① 依次从排好序的数组 Edge[ ] 中选出一条边（U_1,U_2）。

② 在 Vexset 中分别查找 v1 和 v2 所在的连通分量 vs1 和 vs2，进行判断：

如果 vs1 和 vs2 不等，表明所选的两个顶点分属不同的连通分量，输出此边，并合并 vs1 和 vs2 两个连通分量。

如果 vs1 和 vs2 相等，表明所选的两个顶点属于同一个连通分量，舍去此边而选择下一条权值最小的边。

【算法描述】

```
void MiniSpanTree_Kruskal(AMGraph G)
{//无向网 G 以邻接矩阵形式存储,构造 G 的最小生成树 T,输出 T 的各条边
  Sort(Edge);                              //将数组 Edge[ ]中的元素按权值从小到大排序
  for(i=0;i<G.vexnum;++i)                  //辅助数组,表示各顶点自成一个连通分量
      Vexset[i]=i;
  for(i=0;i<G.arcnum;++i)                  //依次查看数组 Edge[ ]中的边
  {
      v1=LocateVex(G,Edge[i].Head);        //v1 为边的始点 Head 的下标
      v2=LocateVex(G,Edge[i].Tail);        //v2 为边的终点 Tail 的下标
      vs1=Vexset[v1];                      //获取边 Edge[i]的始点所在的连通分量 vs1
      vs2=Vexset[v2];                      //获取边 Edge[i]的终点所在的连通分量 vs2
      if(vs1!=vs2)                         //边的两个顶点分属不同的连通分量
      {
          printf("%d  %d",Edge[i].Head,Edge[i].Tail); //输出此边
          for(j=0;j<G.vexnum;++j) //合并 vs1 和 vs2 两个分量,即两个集合统一编号
          if(Vexset[j]==vs2)
              Vexset[j]=vs1;              //集合编号为 vs2 的都改为 vs1
      }
  }
}
```

117

【算法分析】

对于包含 e 条边的网，克鲁斯卡尔算法的时间复杂度为 $O(e\log_2 e)$，与网中的边数有关，与普里姆算法相比，克鲁斯卡尔算法更适合于求稀疏网的最小生成树。

5.4.3 关键路径

1. AOE 网

在带权有向无环图中，用有向边表示一个工程中的活动（Activity），用边上权值表示活动持续时间（Duration），用顶点表示事件（Event），则这样的有向图叫做用边表示活动的网络，简称 AOE(Activity On Edges) 网络。

通常，AOE 网可用来估算工程的完成时间。如果用 AOE 网来表示一项工程，那么仅仅考虑各个子工程之间的优先关系还不够，更多的是关心整个工程完成的最短时间是多少；哪些活动的延期将会影响整个工程的进度，而加速这些活动是否会提高整个工程的效率。因此，通常在 AOE 网中列出完成预定工程计划所需要进行的活动，每个活动计划完成的时间，要发生哪些事件以及这些事件与活动之间的关系，从而解决以下两个问题：

1）估算完成整项工程的最短工期。

2）确定哪些活动是影响工程进度的关键。

例如，图 5-18 所示为一个只有 4 项活动、4 个事件的 AOE 网。其中每个事件表示在它之前的活动已经完成，在它之后的活动可以开始。事件 1 表示整个工程的开始，事件 4 表示整个工程结束，活动<1,2>上的权值 8 表示该活动持续时间最少需要 8 个时间单位（假设 8 天）。有些活动是可以同时发生的，如活动<1,2>和活动<1,3>可以同时开始，<2,4>和<3,4>也可以并行执行。

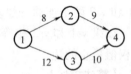

图 5-18　AOE 网络示例

源点：在一个无环的 AOE 网中，只有一个入度为零的点，称作源点，如图 5-18 中的节点 1。

汇点：在一个无环的 AOE 网中，只有一个出度为零的点，称作汇点，如图 5-18 中的节点 4。

带权路径长度：在 AOE 网中，一条路径上各弧的权值之和为该路径的带权路径长度。路径 1-2-4 的带权路径长度为 17，路径 1-3-4 的带权路径长度为 22。

关键路径：从源点到汇点的带权路径长度最长的路径，称为关键路径。其路径长度就是要估算的整项工程完成的最短时间。图 5-18 中路径 1-3-4 是关键路径，其带权路径长度 22 是最短工期。

关键活动：关键路径上的活动叫做关键活动。图 5-18 中活动<1,3>和<3,4>是关键活动，这些活动是影响工程进度的关键，它们的提前或拖延将使整个工程提前或拖延。

不论是估算工期，还是研究如何加快工程进度，主要问题就在于要找到 AOE 网的关键路径。

如何确定关键路径，首先定义 4 个描述量。

1）事件 v_i 的最早发生时间 $ve(i)$：从源点到 v_i 的最长带权路径长度。一般将源点的最早发生时间定为 0，然后按拓扑顺序依次向汇点递推。

2）事件 v_i 的最迟发生时间 $v_l(i)$：在不拖延整个工期的条件下，v_i 可能的最晚发生时间。求出 $ve(i)$ 后，可根据逆拓扑顺序从汇点开始向源点递推，求出 $v_l(i)$。

3）活动 $a_i = <v_j, v_k>$ 的最早开始时间 $e(i)$：活动的起点的最早发生时间。只有事件 v_j

发生了，活动 ai 才能开始。所以，活动 ai 的最早开始时间等于事件 vj 的最早发生时间 ve(j)，即

$$e(i) = ve(j)$$

4）活动 ai=<vj, vk>的最迟开始时间 l(i)：在不拖延整个工期的条件下，活动起点的可能的最晚发生时间。活动的开始时间需保证不延误事件 vk 的最迟发生时间。所以活动 ai 的最晚开始时间 l(i) 等于事件 vk 的最迟发生时间 vl(k) 减去活动 ai 的持续时间 $w_{j,k}$，即：

$$l(i) = vl(k) - w_{j,k}$$

显然，对于关键活动而言，e(i)=l(i)。对于非关键活动，l(i)-e(i) 的值是该工程的期限余量，在此范围内的适度延误不会影响整个工程的工期。

一个活动 ai 的最迟开始时间 l(i) 和其最早开始时间 e(i) 的差值 l(i)-e(i) 是该活动完成的时间余量。它是在不影响整个工程工期的情况下，活动 ai 可以拖延的时间。当一活动的时间余量为零时，说明该活动必须如期完成，否则就会拖延整个工程的进度。所以称 l(i)=e(i) 时的活动 ai 是关键活动。

2. 关键路径求解的过程

1）拓扑序列求出每个事件的最早发生时间 ve(i)。

2）按逆拓扑序列求出每个事件的最迟发生时间 $v_l(i)$。

3）求出每个活动 ai 的最早开始时间 e(i)。

4）求出每个活动 ai 的最晚开始时间 l(i)。

5）找出 e(i)=l(i) 的活动 ai，即为关键活动。由关键活动形成的由源点到汇点的每一条路径就是关键路径，关键路径有可能不止一条。

【例 5-1】 对图 5-19 所示的 AOE 网，计算关键路径。

计算过程如下。

1）计算各顶点事件 vi 的最早发生时间 ve(i)。

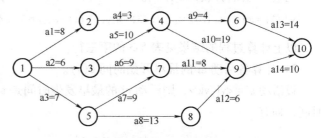

图 5-19 AOE 网示例

ve(1)=0	//源点的最早发生时间定为 0
ve(2)=max(ve(1)+w_{a1})=8	//只有 a1 这条边指向顶点 2
ve(3)=max(ve(1)+w_{a2})=6	//只有 a1 这条边指向顶点 3

此时可以求 4 或 5 两个结点的最早发生时间

ve(4)=max(ve(2)+w_{a4},ve(3)+w_{a5})=16	//有 a4 和 a5 指向顶点 4
ve(5)=max(ve(1)+w_{a3})=7	//只有 a1 这条边指向顶点 5
ve(6)=max(ve(4)+w_{a9})=20	//只有 a9 这条边指向顶点 6
ve(7)=max(ve(3)+w_{a6},ve(5)+w_{a7})=16	//有 a6 和 a7 指向顶点 7
ve(8)=max(ve(5)+w_{a8})=20	//只有 a8 这条边指向顶点 8
ve(9)=max(ve(4)+w_{a10},ve(7)+w_{a11},ve(8)+w_{a12})=35	//有 a10、a11 和 a12 指向顶点 9
ve(10)=max(ve(6)+w_{a13},ve(9)+w_{a14})=45	//有 a13 和 a14 指向汇点 10

以上计算过程其结果见表 5-2 的第二行。汇点的最早发生时间为 45，它也是整个工程的最短工期。现在，在保证整个工程在最短的时间 45 天内完成的情况下，可以倒推出每个事件的最迟发生时间。

表 5-2　图 5-19 的顶点（事件）的最早发生时间 ve(i) 和最迟发生时间 vl(i)

事件	1	2	3	4	5	6	7	8	9	10
ve	0	8	6	16	7	20	16	20	35	45
vl	0	13	6	16	16	31	27	29	35	45

2）计算各顶点事件 vi 的最迟发生时间 vl(i)。

```
vl(10)=45                                        //汇点的最早发生时间为 ve(10)=45
vl(9)=min(vl(10)-w_{a14})=35                      //事件 9 只影响活动 a14
vl(8)=min(vl(9)-w_{a12})=29                       //事件 8 只影响活动 a12
vl(7)=min(vl(9)-w_{a11})=27                       //事件 7 只影响活动 a11
vl(6)=min(vl(10)-w_{a13})=31                      //事件 6 只影响活动 a13
vl(5)=min(vl(7)-w_{a7},vl(8)-w_{a8})=16           //事件 5 影响活动 a7、a8
vl(4)=min(vl(6)-w_{a9},vl(9)-w_{a10})=16          //事件 4 影响活动 a9、a10
vl(3)=min(vl(4)-w_{a5},vl(7)-w_{a6})=6            //事件 3 影响活动 a5、a6
vl(2)=min(vl(4)-w_{a4})=13                        //事件 2 只影响活动 a4
vl(1)=min(vl(2)-w_{a1},vl(3)-w_{a2},vl(5)-w_{a3})=0  //事件 1 影响活动 a1、a2、a3,其值必为 0
```

以上计算过程的结果见表 5-3 的第三行。

3）计算各活动 ai 的最早开始时间 e(i)。

设活动 ai=<vj,vk>，则活动 ai 的最早发生时间是 ai 的起始顶点（事件 vj）的最早发生时间，即有

```
                        e(ai)=ve(vj)
e(a1)=ve(1)=0
e(a2)=ve(1)=0
e(a3)=ve(1)=0           //活动 a1、a2、a3 的起始顶点均是事件 1
e(a4)=ve(2)=8           //活动 a4 的起始顶点是事件 2
e(a5)=ve(3)=6
e(a6)=ve(3)=6           //活动 a5、a6 的起始顶点是事件 3
e(a7)=ve(5)=7
e(a8)=ve(5)=7
e(a9)=ve(4)=16
e(a10)=ve(4)=16
e(a11)=ve(7)=16
e(a12)=ve(8)=20
e(a11)=ve(6)=20
e(a11)=ve(9)=35
```

图 5-19 中共有 14 个活动，其计算结果见表 5-3 的第二行。

表 5-3　图 5-19 的弧（活动）的最早发生时间 e(i) 和最迟发生时间 l(i)

活动	a1	a2	a3	a4	a5	a6	a7	a8	a9	a10	a11	a12	a13	a14
e	0	0	0	8	6	6	7	7	16	16	16	20	20	35
l	5	0	9	13	6	18	18	16	27	16	27	29	31	35
l-e	5	0	9	5	0	12	11	9	11	0	11	9	11	0

4）计算各活动 ai 的最迟开始时间 l(i)。

活动 ai 的最迟发生时间是 ai 的终止顶点（事件 vk）的最迟发生时间减去 ai 的权值，即有

$$l(a_i) = vl(v_k) - w_{a_i}$$

$l(a1) = vl(2) - w_{a1} = 5$　　　//活动 a1 的终止顶点是事件 2

$l(a2) = vl(3) - w_{a2} = 0$

$l(a3) = vl(5) - w_{a3} = 9$

$l(a4) = vl(4) - w_{a4} = 13$

$l(a5) = vl(4) - w_{a5} = 6$　　　//活动 a4、a5 的终止顶点是事件 4

$l(a6) = vl(7) - w_{a6} = 18$

$l(a7) = vl(7) - w_{a7} = 18$　　　//活动 a6、a7 的终止顶点是事件 7

$l(a8) = vl(8) - w_{a8} = 16$

$l(a9) = vl(6) - w_{a9} = 27$

$l(a10) = vl(9) - w_{a10} = 16$

$l(a11) = vl(9) - w_{a11} = 27$

$l(a12) = vl(9) - w_{a12} = 29$　　　//活动 a10、a11、a12 的终止顶点是事件 9

$l(a13) = vl(10) - w_{a13} = 31$

$l(a14) = vl(10) - w_{a14} = 35$

其计算结果见表 5-3 的第三行。

5）确定关键活动和路径路径。

由上表可以确定 a2、a5、a10、a14 是关键活动，即关键路径是顶点序列 1-3-4-9-10。

3. 关键路径算法的实现

由于每个事件的最早发生时间 ve(i) 和最迟发生时间 vl(i) 要在拓扑序列的基础上进行计算，所以关键路径算法的实现要基于拓扑排序算法，这里仍采用邻接表做有向图的存储结构，算法的实现要引入以下辅助的数据结构。

1）一维数组 ve[i]：事件 vi 的最早发生时间。

2）一维数组 vl[i]：事件 vi 的最迟发生时间。

3）一维数组 topo[i]：记录拓扑序列的顶点序号。

【算法思路】

1）调用拓扑排序算法，使拓扑序列保存在 topo[ ] 数组中。

2）将每个事件的最早发生时间 ve[i] 初始化为 0。

3）根据 topo[ ] 数组中的值，按从前向后的拓扑次序，依次求每个事件的最早发生时间，循环几次，执行以下操作：

① 取得拓扑序列中的顶点序号 k，k=topo[i]。

② 用指针 p 依次指向 k 的每个邻接顶点，取得每个邻接顶点的序号 j=p->adjvex，依次更新顶点 j 的最早发生时间 ve[j]。

```
if(ve[j]<ve[k]+p->weight)  ve[j]=ve[k]+p->weight;
```

4）将每个事件的最迟发生时间 vl[i] 初始化为汇点的最早发生时间，vl[i]=ve[n-1]。

5）根据 topo[ ] 数组中的值，按从后向前的逆拓扑次序，依次求每个事件的最迟发生时间，循环 n 次，执行以下操作：

① 取得拓扑序列中的顶点序号 k，k=topo[i]。

② 用指针 p 依次指向 k 的每个邻接顶点，取得每个邻接顶点的序号 j=p->adjvex，依次根据 k 的邻接点，更新 k 的最迟发生时间 vl[k]。

```
if(vl[k]>vl[j]-p->weight)vl[k]=vl[j]-p->weight;
```

6）判断某一活动是否为关键活动，循环 n 次，执行以下操作：

对于每个顶点 i，用指针 p 依次指向 i 的每个邻接顶点，取得每个邻接顶点的序号 j=p->adjvex，分别计算活动<vi,vj>的最早开始时间 e 和最迟开始时间 l，

```
e=ve[i];l=vl[j]-p->weight;
```

如果 e 和 l 相等，则活动<vi,vj>为关键活动，输出弧<vi,vj>。

【算法描述】

```
Status CriticalPath(ALGraph G)
{ //G 为邻接表存储的有向网,输出 G 的各项关键活动
  if(!TopologicalOrder(G,topo))        //调用拓扑排序算法,使拓扑序列保存在 topo[ ]数
                                         组中,
      return ERROR;                    //若调用失败,则存在有向环,返回 ERROR
  n=G.vexnum;                          //n 为顶点个数
  for(i=0;i<n;i++)
      ve[i]=0;                         //给每个事件的最早发生时间置初值 0
  /*按拓扑次序求每个事件的最早发生时间*/
  for(i=0;i<n;i++)
    {
      k=topo[i];                       //取得拓扑序列中的顶点序号 k
      p=G.vertices[k].firstarc;        //p 指向 k 的第一个邻接顶点
      while(p!=NULL)                   //依次更新 k 的所有邻接顶点的最早发生时间
        {
          j=p->adjvex;                 //j 为邻接顶点的序号
          if(ve[j]<ve[k]+p->weight)    //更新顶点 j 的最早发生时间 ve[j]
              ve[j]=ve[k]+p->weight;
          p=p->nextarc;               //p 指向 k 的下一个邻接顶点
        }
    }
  for(i=0;i<n;i++)                    //给每个事件的最迟发生时间置初值 ve[n-1]
      vl[i]=ve[n-1];
```

```
    /*按逆拓扑次序求每个事件的最迟发生时间*/
    for(i=n-l;i>=0;i-)
    {
        k=topo[i];                    //取得拓扑序列中的顶点序号k
        p=G.vertices[k].firstarc;     //p指向k的第一个邻接顶点
        while(p!=NULL)                 //根据k的邻接点,更新k的最退发生时间
        {
            j=p->adjvex;              //j为邻接顶点的序号
            if(vl[k]>vl[j]-p->weight) //更新顶点k的最迟发生时间vl[k]
                vl[k]=vl[j]-p->weight;
            p=p->nextarc;             //p指向k的下一个邻接顶点
        }
    }
    /*判断每一活动是否为关键活动*/
    for(i=0;i<n;i++)                   //每次循环针对vi为活动开始点的所有活动
    {
        p=G.vertices[i].firstarc;     //p指向i的第一个邻接顶点
        while(p!=NULL)
        {
            j=p->adjvex;              //j为i的邻接顶点的序号
            e=ve[i];                  //计算活动<vi,vj>的最早开始时间
            l=vl[j]-p->weight;        //计算活动<vi,vj>的最迟开始时间
            if(e==l)                  //若为关键活动,则输出<vi,vj>
                printf("<%d,%d>"G.vertices[i].data,G.vertices[j].data)
            p=p->nextarc;             //p指向i的下一个邻接顶点
        }
    }
}
```

【算法分析】

求关键路径算法的时间复杂度为 $O(n+e)$。

关键路径上的活动是工程项目实施过程当中的关键子工程,它们直接影响项目的整体进度,若要缩短工期,就要提高关键路径上活动的速度,但是,AOE 网中可能有几条关键路径,那么,单是提高一条关键路径上关键活动的速度,还不能使得整个工程缩短工期,而必须同时提高几条关键路径上的活动速度。

5.4.4 最短路径

最短路径问题是图的一个典型的应用。例如,某一地区的一个公路网,给定了该网内的 n 个城市以及这些城市之间的相通公路的距离,能否找到城市 A 至城市 B 之间一条距离最近的通路呢?

如果将城市用点表示,城市间的公路用边表示,公路的长度作为边的权值,那么,这个问题就可归结为在图中求点 A 到点 B 的所有路径中边的权值之和最短的那一条路径。这条路径就是两点之间的最短路径,并称路径上的第一个顶点为源点。Dijkstra 算法是解决有向

图中最短路径问题常用的解决方法，在给定带权有向图 G=(V,E) 和源点 v_0，求从 v_0 到 G 中其余各顶点的最短路径。

Dijkstra 算法的核心是通过已知最短路径寻找未知最短路径。首先求出长度最短的一条最短路径，然后参照它求出长度次短的一条最短路径，以此类推，直到从顶点到其他各顶点的最短路径全部求出为止。

1. Dijkstra 算法的求解过程

对于网 N=(V,E)，将 N 中的顶点分成两组：

第一组 S：已求出的最短路径的终点集合（初始时只包含源点 v_0）。

第二组 V-S：尚未求出的最短路径的顶点集合（初始时为 V-{v_0}）

算法将按各顶点与 v_0 间最短路径长度递增的次序，逐个将集合 V-S 中的顶点加入到集合 S 中去。在这个过程中，总保持从 v_0 到集合 S 中各顶点的路径长度始终不大于到集合 V-S 中各顶点的路径长度。

例如，在图 5-20 所示的带权有向图 G9 中，从 v_0 到其余各顶点之间的最短路径见表 5-4。

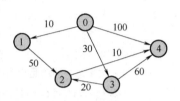

图 5-20　带权有向图 G9

表 5-4　有向图 G9 中从 v_0 到其余各顶点的最短路径

轮次	S	V-S	v_1	v_2	v_3	v_4	最短路径
1	{0}	{1,2,3,4}	$(v_0,v_1):10$	$(-):\infty$	$(v_0,v_3):30$	$(v_0,v_4):100$	$(v_0,v_1):10$
2	{0,1}	{2,3,4}		$(v_0,v_1,v_2):60$	$(v_0,v_3):30$	$(v_0,v_4):100$	$(v_0,v_3):30$
3	{0,1,3}	{2,4}		$(v_0,v_3,v_2):50$		$(v_0,v_3,v_4):90$	$(v_0,v_3,v_2):50$
4	{0,1,3,2}	{4}				$(v_0,v_3,v_2,v_4):60$	$(v_0,v_3,v_2,v_4):60$

第一轮，首先求出从 v_0 到其余各顶点的直接路径，其中 v_0 到 v_2 没有直接路径，其路径长度为无穷大，选出路径长度最小的 10，即 v_1 顶点，此时已确定从 v_0 到 v_1 的最短路径是 (v_0,v_1)，路径长度为 10。

第二轮，现在通过第一轮刚求出的顶点 1 中转到其他顶点的路径长度和前一轮的路径长度进行比较，更新为最短的。先看结点 2，前一轮路径长度为无穷大，现在通过 1 号顶点中转，有新路径 (v_0,v_1,v_2)，长度是 60，其他顶点保持上一轮路径，此时选出路径长度最小的 30，即 v_3 顶点，最短路径是 (v_0,v_3)。

第三轮，经过顶点 v_3 到 v_2，有新的最短路径 (v_0,v_3,v_2)，长度 50，经过顶点 v_3 到 v_4，有新的最短路径 (v_0,v_3,v_4)，长度 90，选择路径长度最小的 50 即 v_2 顶点，最短路径是 (v_0,v_3,v_2)。

第四轮，经过 v_2 到 v_4 有新的最短路径 (v_0,v_3,v_2,v_4)，长度为 60。求解过程结束。

2. Dijkstra 算法的实现

假设带权有向网 G 用邻接矩阵来表示，G.arcs[i][j] 表示弧 $<v_i,v_j>$ 上的权值。若 $<v_i,v_j>$ 不存在，则置 Garcs[i][j] 为 ∞，源点为 v_0。同时引入以下辅助数组。

1）一维数组 S[i]：记录从源点 v_0 到终点 v_i 是否已被确定最短路径长度，1 表示确定，0 表示尚未确定。

2）一维数组 Path[i]：记录从源点 v_0 到终点 v_i 的当前最短路径上 v_i 的直接前驱顶点序号。其初值：如果从 v_0 到 v_i 有弧，则 Path[i] 为 v_0；否则为-1。

3）一维数组 D[i]：记录从源点 v_0 到终点 v_i 的当前最短路径长度。其初值：如果从 v_0 到 v_i 有弧，则 D[i] 为弧上的权值；否则为∞。

显然，长度最短的一条最短路径必为 (v_0, v_k)，满足以下条件：

$$D[k]=Min\{D[i]\ |vi \in V\text{-}S\}$$

求得顶点 v_k 的最短路径后，将其加入到第一组顶点集 S 中。

每当加入一个新的顶点到顶点集 S，对第二组剩余的各个顶点而言，多了一个"中转"顶点，从而多了一个"中转"路径，所以要对第二组剩余的各个顶点的最短路径长度进行更新。

原来 v_0 到 v_i 的最短路径长度为 D[i]，加进 v_k 之后，以 v_k 作为中间顶点的"中转"路径长度：D[k]+G.arcs[k][i]，若 D[k]+G.arcs[k][i]<D[i]，则用 D[k]+G.arcs[k][i] 取代 D[i]。

更新后，再选择数组 D 中值最小的顶点加入到第一组顶点集 S 中，如此进行下去，直到图中所有顶点都加入到第一组顶点集 S 中为止。

【算法思路】

1）初始化：

① 将源点 v_0 加到 S 中，即 S[v_0]=1。

② 将 v_0 到各个终点的最短路径长度初始化为权值，即 D[i]=G.arcs[v_0][v_i]，($v_i \in V$-S)。

③ 如果 v_0 和顶点 v_i 之间有弧，则将 v_i 的前驱置为 v_0，即 Path[i]=v_0，否则 Path[i]=-1。

2）循环 n-1 次，执行以下操作：

① 选择下一条最短路径的终点以，使得

$$D[k]=Min\{\ D[i]\ |v_i \in V\text{-}S\}$$

② 将 v_k 加到 S 中，即 S[v_k]=1；

③ 根据条件更新从 v_0 出发到集合 V-S 上任一顶点的最短路径的长度，若条件 D[k]+G.arcs[k][i]<D[i] 成立，则更新 D[i]=D[k]+G.arcs[k][i]，同时更改 v_i 的前驱为 v_k；Path[i]=k。

【算法描述】

```
void ShortestPath_DIJ(AMGraph G,int v0)
{//用 Dijkstra 算法求有向网 G 从 v0 顶点到其余顶点的最短路径
  n=G.vexnum;                      //n 为 G 中顶点的个数
  for(v=0;v<n;++v)                 //n 个顶点依次初始化
    {
      S[v]=0;                      //S 初始为空集
      D[v]=G.arcs[v0][v];          //将 v0 到各个终点的最短路径长度初始化为弧上
                                     的权值
      if(D[v]<MaxInt) Path[v]=v0;  //如果 v0 和 v 之间有弧,则将 v 的前驱置为 v0
      else Path[v]=-1;             //如果 v0 和 v 之间无弧,则将 v 的前驱置为-1
    }
```

```
S[v₀]=1;                              //将 v₀ 加入 S
D[v₀]=0;                              //源点到源点的距离为 0
  /＊初始化结束,开始主循环,每次求得 v₀ 到某个顶点 v 的最短路径,将 v 加到 S 集＊/
for(i=1;i<n;++i)                      //对其余 n-1 个顶点,依次进行计算
  {
    min=MaxInt;
    for(w=0;w<n;++w)
        if(S[w]==0&&D[w]<min)
            {v=w;min=D[w];}           //选择一条当前的最短路径,终点为 v
    S[v]=1;                           //将 v 加入 S
    for(w=0;w<n;++w)                  //更新从 v₀ 出发到集合 V-S 上所有顶点
        if(S[w]==0&&(D[v]+G.arcs[v][w]<D[w]))
          {
            D[w]=D[v]+G.arcs[v][w];   //更新 D[w]
            Path[w]=v;                //更改 w 的前驱为 v
          }
  }
}
```

【算法分析】

Dijkstra 算法的时间复杂度为 $O(n^2)$。人们可能只希望找到从源点到某一个特定终点的最短路径，但是，这个问题和求源点到其他所有顶点的最短路径一样复杂，也需要利用 Dijkstra 算法来解决，其时间复杂度仍为 $O(n^2)$。

5.5 本章小结

图作为一种复杂的非线性结构，其应用范围非常广泛。本章主要内容如下：

1. 图的分类和常用术语

根据不同的分类规则，图分为多种类型：无向图、有向图、完全图、连通图、强连通图、带权图（网）、稀疏图和稠密图等。

常用术语：邻接点、路径、回路、度、连通分量、生成树。

2. 图的存储方式

（1）顺序存储结构

邻接矩阵属于顺序存储结构，借助二维数组来表示元素之间的关系，实现起来较为简单。

（2）链式存储结构

链式存储结构包括邻接表、十字链表和邻接多重表，实现起来较为复杂。

在实际应用中具体采取哪种存储结构，要根据图的类型和实际算法的基本思想进行选择。其中，邻接矩阵和邻接表是两种常用的存储结构。

3. 图的遍历

图的遍历方法有两种：

1）深度优先搜索遍历：深度优先搜索遍历类似于树的先序遍历，借助于栈结构来实现（递归）。

2）广度优先搜索遍历：广度优先搜索遍历类似于树的层次遍历，借助于队列结构来实现。

4. 图的应用

图比较常用的应用算法主要有如下几种：

1）拓扑排序：拓扑排序是有向无环图的应用，它是基于用顶点表示活动的有向图，即 AOV 网。对于不存在环的有向图，图中所有顶点一定能够排成一个线性序列，即拓扑序列，拓扑序列不是唯一的。用邻接表表示图，拓扑排序的时间复杂度为 O(n+e)。

2）最小生成树：构造最小生成树有普里姆算法和克鲁斯卡尔算法，两者都能达到同一目的。但前者算法思想的核心是归并点，时间复杂度是 $O(n^2)$，适用于稠密网；后者是归并边，时间复杂度是 $O(elog_2e)$，适用于稀疏网。

3）关键路径：关键路径也是有向无环图的应用，它是基于用弧表示活动的有向图，即 AOE 网。关键路径上的活动叫做关键活动，这些活动是影响工程进度的关键，它们的提前或拖延将使整个工程提前或拖延。关键路径不是唯一的。关键路径算法的实现是在拓扑排序的基础上，用邻接表表示图，关键路径算法的时间复杂度为 O(n+e)。

4）最短路径算法：求从某个源点到其余各顶点的最短路径，采用的是 Dijkstra 算法，求解过程是按路径长度递增的次序产生最短路径，时间复杂度是 $O(n^2)$。

 习题

5-1 选择题

（1）在一个无向图中，所有顶点的度数之和等于图的边数的（ ）倍。

　　A. 1/2　　　　　　　B. 1　　　　　　　　C. 2　　　　　　　　D. 4

（2）在一个有向图中，所有顶点的入度之和等于所有顶点的出度之和的（ ）倍。

　　A. 1/2　　　　　　　B. 1　　　　　　　　C. 2　　　　　　　　D. 4

（3）具有 n 个顶点的有向图最多有（ ）条边。

　　A. n　　　　　　　　B. n（n–1）　　　　　C. n（n+1）　　　　　D. n^2

（4）n 个顶点的连通图用邻接距阵表示时，该距阵至少有（ ）非零元素。

　　A. n　　　　　　　　B. 2（n–1）　　　　　C. n/2　　　　　　　　D. n^2

（5）用邻接表表示图进行广度优先遍历时，通常可借助（ ）来实现算法。

　　A. 栈　　　　　　　　B. 队列　　　　　　　C. 树　　　　　　　　D. 图

（6）用邻接表表示图进行深度优先遍历时，通常可借助（ ）来实现算法。

　　A. 栈　　　　　　　　B. 队列　　　　　　　C. 树　　　　　　　　D. 图

（7）图的深度优先遍历类似于二叉树的（ ）。

　　A. 先序遍历　　　　B. 中序遍历　　　　　C. 后序遍历　　　　　D. 层次遍历

（8）图的广度优先遍历类似于二叉树的（ ）。

　　A. 先序遍历　　　　B. 中序遍历　　　　　C. 后序遍历　　　　　D. 层次遍历

（9）下面的（ ）方法可以判断出一个有向图是否有环。

　　A. 求最小生成树　　　　　　　　　　　B. 拓扑排序

C. 求最短路径　　　　　　　　　　D. 求关键路径

（10）已知图的邻接表如图 5-21 所示，则从顶点 v_0 出发按广度优先遍历的结果是（　　　），按深度优先遍历的结果是（　　　）。

A. 0 1 3 2　　　　　　B. 0 2 3 1　　　　　　C. 0 3 2 1　　　　　　D. 0 1 2 3

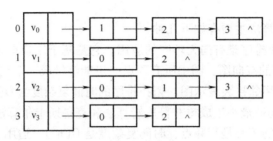

图 5-21　图的邻接表

5-2　应用题

（1）给出图 5-22 所示有向图 G 的邻接矩阵和邻接表两种存储结构，并给出其拓扑排序序列。

（2）给出图 5-23 所示网络的邻接矩阵和邻接表两种存储结构，并求其最小生成树。

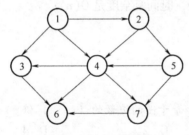

图 5-22　有向图

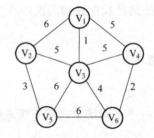

图 5-23　网络

（3）某工程进度可用如图 5-24 所示 AOE 网表示。

① 求这个工程最早可能在什么时间完成。

② 求每个活动的最早开始时间和最迟开始时间。

③ 确定哪些活动是关键活动。

（4）已知有向图如图 5-25 所示，试求从顶点 0 出发到其余各结点的最短路径。

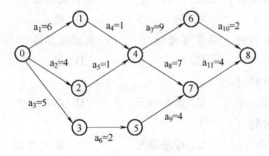

图 5-24　AOE 网络

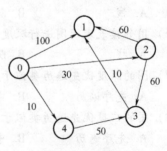

图 5-25　网络

5-3 算法设计题

（1）编写一个有向图的邻接矩阵转换成邻接表的算法。

（2）编写一个有向图的邻接表转换成邻接矩阵的算法。

（3）写出在有 n 个顶点有向图的邻接表上，统计每个顶点的入度、出度和度数，并上机调试。

第6章

查找技术

在实际应用中，查找是一种非常常见的运算。所谓查找就是指从某个给定的同一类型的数据集合中找出所需要的数据元素，例如，在某个人事档案中查找某人的相关信息。而在面向数据量很大的实时系统时，如订票系统、互联网上的信息检索系统等，查找效率就尤为重要。本章将讨论面对不同的数据结构，应该采用何种查找方法。

6.1 查找的基本概念

（1）查找表

查找表是由同一类型的数据元素（或记录）构成的集合。查找的数据可以在不同的数据结构中，常见的有线性表、树和二叉树、散列表等。

（2）关键字

关键字是数据元素中某个数据项的值，用以标识一个数据元素。若此关键字可以识别唯一的一个记录，则称之为主关键字。若此关键字能识别若干记录，则称之为次关键字。例如，在学生基本信息表中，学号是主关键字，一个学号对应于一个学生的记录；姓名是次关键字，因为可能有重名的。在成绩表中，学号和姓名都是次关键字。

（3）查找

查找是根据给定的值，在一个数据集合（查找表）中找出其关键字等于给定值的数据元素，若有这样的元素，则称查找是成功的，此时查找的信息为给定数据元素的信息或指出该元素在表中的位置；若表中不存在这样的记录，则称查找失败，并给出"空记录"或"空指针"等相应的提示。

（4）动态查找表和静态查找表

若在查找的同时对表做修改操作（如插入和删除），则相应的表称之为动态查找表，否则称之为静态查找表。换句话说，动态查找表的表结构本身是在查找过程中动态生成的，即在创建表时，对于给定值，若表中存在其关键字等于给定值的记录，则查找成功返回；否则插入关键字等于给定值的记录。

（5）平均查找长度

由于查找运算是对各个结点的关键字进行比较，因此，通常把查找过程中和关键字的比较次数的平均值作为衡量一个查找算法优劣的标准，这个平均比较次数也称为平均查找长度 ASL（average search length），定义如下：

$$ASL = \sum_{i=1}^{n} p_i c_i$$

式中，n 是结点的个数；p_i 是查找第 i 个结点的概率，且 $\sum_{i=1}^{n} p_i = 1$，一般情况下，认为查找每个结点的概率相等，即 $p_1 = p_2 = \cdots = p_i = p_n = 1/n$；$c_i$ 是找到第 i 个结点所需要的比较次数。

6.2 顺序查找

顺序查找是一种最简单的查找方法，适用于顺序存储结构以及链式存储结构的线性表。从表的一端开始，逐个将当前元素的关键字和所要找的关键字进行比较，若找到该元素，则查找成功，返回其位置；若找不到该元素，则查找失败，返回一个空位置。

若用顺序表，查找可从前往后扫描，也可从后往前扫描；但用单链表，则只能从前往后扫描。顺序查找的查找表中元素可以是无序的。

顺序查找的算法对表的结构无任何特殊要求，但是这种方法的查找效率较低，因此只适合数据量不大的情况。下面分析以顺序存储结构时的顺序查找算法。

采用第 3 章对顺序表的定义形式如下：

```
#define maxlen 100          //线性表可能达到的最大长度
typedef struct
{
  ElemType data[maxlen];      //线性表占用的数组空间
  int length;             //线性表的当前长度
}SeqList;
```

对顺序表的查找算法可采用第 3 章的 Find 算法，算法如下：

```
int Find(SeqList L,ListData key)
 {
   int i=0;
   while(i<L.length && L.data[i]!=x)
      i++;
   if(i<L.length)return i;
   else return-1;
 }
```

本算法在查找过程中每步都要检测整个表是否查找完毕，即每步都要对循环变量 i 进行检测，判断是否满足条件 i<L. length。改进这个算法，可以免去这个检测过程。改进的方法是查找之前先对 L. data[0] 赋予关键字 key，此时，顺序表的 0 号偏移量不再存储表元素，表元素是从 1 号偏移量开始存储，L. data[0] 起到了监视哨的作用，即用一个存储单元换来了比较条件的减少，从而提高了查找效率。

【算法思路】

1）将待查找的关键字 key 写入 0 号单元的监视哨内。

2）从表的最后一个元素起，依次和 key 相比较，若找到与 key 相等的元素 L. data[i]，则返回该元素的序号 i。

注意：当 i=0 时表示在原始表中没有要找的元素，表示查找失败。

【算法描述】

```
int Search_Seq(SeqList L,ListData key)
{   //在顺序表 L 中顺序查找关键字等于 key 的数据元素
  L.data[0]=key;          //设置"哨兵"
  i=L.length;             //设置开始查询位置为表尾
  while(L.data[i]!=key)
      i--;                //从后往前找
  return i;               //找不到时,i 为 0
}
```

【算法分析】

在等概率的情况下本算法的平均查找长度，当查找成功时：$ASL_{成功}=(n+1)/2$，查找失败时，因为要比较到监视哨，因此：$ASL_{失败}=n+1$。算法的时间复杂度为 $O(n)$。

6.3 有序表的查找

在顺序查找算法中，数据可以是无序存放的，查找效率较低，为了提高查找效率，常用的方法是将数据按关键字大小排序，采用二分查找，也称折半查找。

1. 折半查找的查找过程

折半查找是一种高效率的查找方法，但要求线性表需满足如下两个条件，才能采用折半查找的方法。

1）线性表为顺序存储结构。

2）线性表按要查找的关键字排列有序（递增或递减），在后续的讨论中，均假设有序表是递增有序的。

折半查找的查找过程如下：

假设有 n 个记录，待查的关键字值为 key。先从表的中间位置开始将关键字 key 与中间的记录比较，则有三种情况：

1）两者相等，则查找成功，返回中间位置。

2）待查关键字 key 小于中间项，则将表的前半部分作为新表再去查找。

3）待查关键字 key 大于中间项，则将表的后半部分作为新表再去查找。

这样重复操作，直到查找成功，或者在某一步中查找区间为空，则代表查找失败。

折半查找每一次查找比较都使查找范围缩小一半，与顺序查找相比，很显然能提高查找效率。

2. 折半查找的算法实现

【算法思路】

若线性表按所要查的关键字升序排列，设如下 3 个变量。

low：查找区间的起始位置。

hig：查找区间的终止位置。

mid：查找区间的中间位置。

1）初始化查找区间初值：low=1，hig=表长。

2）令 $mid=\lfloor(low+hig)/2\rfloor$

132

让 key 与 mid 指向的记录比较：

若 key=r[mid]，查找成功，返回；

若 key<r[mid]，则 hig=mid-1；

若 key>r[mid]，则 low=mid+1。

3）重复2），直至 low>hig 时，查找失败，返回。

【算法描述】

```
int Search_Bin(SeqList ST,ListData key)
{
  low=1; hig=ST.length;              //置区间初值
  while(low<=hig)
    {
    mid=(low+hig)/2;
    if(key==ST.data[mid])
        return  mid;                 //找到待查元素
    else  if(key<ST.data[mid])
        hig=mid-1;                   //继续在前半区间进行查找
    else  low=mid+1;                 //继续在后半区间进行查找
    }
  return 0;                          //查找失败
}
```

【例 6-1】 已知如下 11 个数据元素的有序表（5,13,19,21,37,56,64,75,80,88,92），请给出查找关键字为 21 和 85 的数据元素的折半查找过程。

初始状态 low 和 hig 分别指向表的下界和上界，即 1 和 11；mid 指向中间位置，即 mid= $\lfloor (low+hig)/2 \rfloor$ =6。

查找元素 21 时，令 key=21 和 6 号位置的元素 56 比较，因为 21<56，说明待查元素若存在，必在区间 [low,mid-1] 的范围内，则令指针 hig 指向 mid-1 的位置，hig=5，重新求得 mid= $\lfloor (1+5)/2 \rfloor$ =3。再令 key=21 和 3 号位置的元素 19 比较，因为 21>19，说明待查元素若存在，必在区间 [mid+1,hig] 的范围内，则令指针 low 指向 mid+1 的位置，low=4，重新求得 mid= $\lfloor (4+5)/2 \rfloor$ =4。此时关键字 key 和 mid 位置上的元素相等，查找成功，返回位置 mid。

查找关键字为 21 的过程如图 6-1 所示。

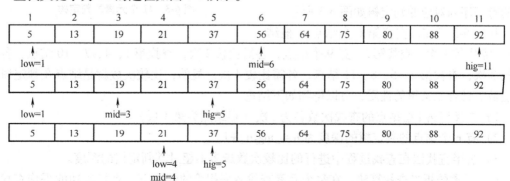

图 6-1 key=21 的折半查找示意图

133

查找元素 85 时，令 key=85 和 6 号位置的元素 56 比较，因为 86>56，说明待查元素若存在，必在区间［mid+1,hig］的范围内，则令指针 low 指向 mid+1 的位置，low=7，求得 mid=⌊(7+11)/2⌋=9。再令 key=85 和 9 号位置的元素 80 比较，因为 85>80，说明待查元素若存在，必在区间［mid+1,hig］的范围内，则令指针 low 指向 mid+1 的位置，low=10，重新求得 mid=⌊(10+11)/2⌋=10。再令 key=85 和 10 号位置的元素 88 比较，因为 85<88，说明待查元素若存在，必在区间［low,mid−1］的范围内，则令指针 hig 指向 mid−1 的位置，hig=9，此时 low>hig，说明查找范围为空，查找失败，返回 0。

查找关键字为 85 的过程如图 6-2 所示。

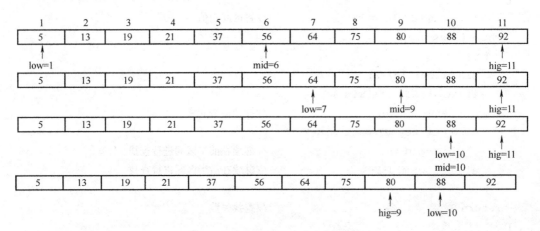

图 6-2　key=85 的折半查找示意图

3. 折半查找的性能分析

为了分析二分查找的性能，可以用二叉树来描述二分查找的过程。树中每一结点对应表中的一个记录，结点值可以用记录的关键字，但为了更具有代表性，结点值也可以采用记录在表中的位置序号。把当前查找区间的中点作为根结点，左子区间和右子区间分别作为根的左子树和右子树，左子区间和右子区间成为两个新的查找区间，对于新的查找区间分别再按同样的方法进行划分，如此反复，直到不能再分为止，由此得到的二叉树称为折半查找的判定树。因此，例 6-1 的 11 个元素的有序序列对应的判定树如图 6-3 所示。

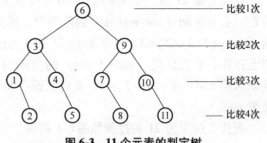

图 6-3　11 个元素的判定树

从图 6-3 可知，查找第 6 个结点（根结点），需比较 1 次，查找第 3、第 9 个结点，各需比较 2 次，查找第 1、4、7、10 结点，各需比较 3 次，查找第 2、5、8、11 结点，各需比较 4 次。显然，比较次数就是结点在判定树中的层数。结合二叉树的性质，可以得到如下结论。

1）二叉树第 i 层结点的查找次数各为 i 次（根结点为第 1 层）。

2）有 n 个结点的判定树的深度为 $h=⌊\log_2 n⌋+1$。

3）折半查找法在查找过程中进行的比较次数最多不超过其判定树的深度。

n 个元素的折半查找算法，在每个元素查找概率相等的情况下，查找成功的平均查找长

度为

$$ASL = \sum_{i=1}^{n} p_i c_i \approx \log_2(n+1) - 1$$

对图 6-3，$ASL_{成功} = (1\times1 + 2\times2 + 3\times4 + 4\times4)/11 = 35/11$。

时间复杂度为 $O(\log_2 n)$。

6.4　分块查找

分块查找法要求文件中记录关键字"分块有序"，即前一块中最大关键字小于后一块中最小关键字，而块内的关键字不一定有序。

1. 基本思想

分块查找针对的是块内无序、块间有序的线性表。分块查找的基本思想是块内采用顺序查找，块间采用折半查找。

先抽取各块中的最大关键字构成一个索引表，由于文件中的记录按关键字分块有序，则索引表呈递增有序状态。查找分两步进行：第一步先对索引表进行折半查找或顺序查找，以确定待查记录在哪一块；第二步在已限定的那一块中进行顺序查找。

用分块查找的文件不一定分成大小相等的若干块，块大小及其分法可根据文件的特征来定。分块查找不仅适用于顺序方式存储的顺序表，也适用于线性链表方式存储的文件。

2. 分块查找的实现

分块查找是顺序查找和折半查找的结合，其算法不再表述。

例如，给定关键字序列为 $\{22,12,13,8,9,20,33,42,44,38,24,48,60,58,74,57,86,53\}$。可将该序列分成 3 个子表，每个子表有 6 个元素，则各块中的最大关键字构成的索引表，如图 6-4 所示。

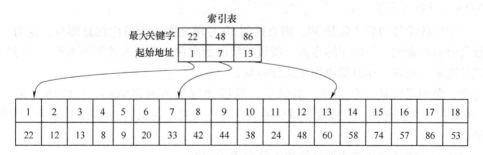

图 6-4　表及其索引表

查找时先依据查找元素值，在索引表中按折半查找方法确定所在块区间，然后在对应的块中按顺序查找方法确定具体位置。

3. 分块查找性能分析

分块查找算法平均查找长度 ASL 由两部分组成：查找索引的 ASL 和查找块内顺序表的 ASL，即：

$$ASL = ASL_{索引表} + ASL_{块内}$$

其平均长度介于顺序查找和二分查找之间。

6.5　哈希表的查找

前面介绍的顺序表的查找、折半查找、分块查找，还有第 4 章中二叉排序树的查找，都是基于比较的查找方法，即通过和关键字 key 的比较来确定要查找的关键字是否在查找表中，本节介绍的哈希查找则不是基于比较，而是基于函数计算的一种查找方法。

6.5.1　哈希表的基本概念

哈希查找又叫散列查找，是利用哈希函数进行的查找，其基本思想是在记录的存储地址和它的关键字之间建立一个确定的对应关系，这样，不经过比较，一次存取就能得到所查元素。但是，因为数据千差万别，使得存储地址和它的关键字之间不一定是一一对应关系，因此一般还要进行比较，只是尽量减少比较次数。

哈希函数：在记录的关键字与记录的存储地址之间，也就是在数据元素的关键字和数据元素的存储地址之间，建立的一种对应关系。哈希函数是一种映像，是从关键字空间到存储地址空间的一种映像。但这种映像不一定是一对一的，可以把这种映像写成

$$addr(a_i) = H(k_i)$$

其中，a_i 是表中的一个元素；$addr(a_i)$ 是 a_i 的存储地址；k_i 是数据元素 a_i 的关键字。

哈希表：根据设定的哈希函数 H(key) 和所选中的处理冲突的方法，将一组关键字映像到一个有限的、地址连续的地址集（区间）上，并以关键字在地址集中的"像"作为相应记录在表中的存储位置，如此构造所得的查找表称之为"哈希表"。

例如，将一个班级的信息放在一个表中，哈希函数是学号的后 2 位作为存放相应学生的地址，即

$$H(key) = key \% 100$$

如果一个学生的学号的后 2 位是 30，则直接到 30 号单元去查询该生信息即可，这对一个新生班级是没有问题的，但由于转专业、留级等情况的出现，班级人数不断调整，学号后 2 位相同的情况就会出现，这时就出现了地址冲突。

通常，散列函数是一个多对一的映射，所以冲突是不可避免的，只能通过选择一个"好"的散列函数使得在一定程度上减少冲突。而一旦发生冲突，就必须采取相应措施及时予以解决。

综上所述，散列查找法主要研究以下两方面的问题：

1）如何构造散列函数。

2）如何处理冲突。

6.5.2　哈希函数的构造方法

构造哈希函数的方法很多，一般来说，应根据具体问题选用不同的哈希函数，通常要考虑以下因素：

1）哈希表的长度。

2）关键字的长度。

3）关键字的分布情况。

4）计算哈希函数所需的时间。

5）记录的查找频率。

构造一个好的哈希函数应遵循以下两条原则：

1）函数计算要简单，每一关键字只能有一个哈希地址与之对应。

2）函数的值域需在表长的范围内，计算出的哈希地址的分布应均匀，尽可能地减少冲突。

下面介绍构造哈希函数的几种常用方法。

1. 直接定址法

以数据元素关键字 key 本身或它的线性函数作为它的哈希地址，即

$$H(key)=key \quad 或 \quad H(key)=a×key+b \quad ; \qquad （其中 a,b 为常数）$$

例如，有一个人口统计表，记录了从 1 岁到 100 岁的人口数目，其中年龄作为关键字，哈希函数取关键字本身，即 $H(key)=key$，见表 6-1。

表 6-1 人口统计表

地址	A1	A2	…	A99	A100
年龄	1	2	…	99	100
人数	980	800	…	495	107

可以看到，当需要查找某一年龄的人数时，直接查找相应的项即可。如查找 99 岁的老人数，则直接读出第 99 项即可。这种哈希函数简单，并且对于不同的关键字不会产生冲突，但可以看出这是一种较为特殊的哈希函数，在实际生活中，关键字的元素很少是连续的。用该方法产生的哈希表会造成大量的空间浪费，因此这种方法适应性并不强。

2. 数字分析法

假设关键字集合中每个关键字都是多位数字组成，可以分析关键字全体，从中提取分布均匀的若干位或它们的组合作为地址。

例如，学生的生日按年、月、日顺序排列的数据为 951003、951123、960302、960712、950421、960215、…。经分析，第 1 位、第 2 位、第 3 位重复的可能性大，取这 3 位的值为哈希地址会使冲突的机会增加，所以尽量不取前 3 位，而取后 3 位相对合理。

例如，构造一个长为 100 的哈希表。现给出其中 8 个关键字进行分析，8 个关键字如下：

K1＝61317602　K2＝61326875　K3＝62739628　K4＝61343634
K5＝62706815　K6＝62774638　K7＝61381262　K8＝61394220

分析上述 8 个关键字可知，关键字从左到右的第 1、2、3、6 位取值比较集中，不宜作为哈希地址，剩余的第 4、5、7、8 位取值较均匀，可选取其中的两位作为哈希地址。

设选取最后两位作为哈希地址，则这 8 个关键字的哈希地址分别为

2，75，28，34，15，38，62，20。

3. 平方取中法

平方取中法是先取关键字的二次方，然后根据可使用空间的大小，选取二次方数中间几位作为哈希地址。它是通过取二次方扩大差别，二次方值的中间几位和这个数的每一位都相

137

关，则对不同的关键字得到的哈希函数值不易产生冲突，由此产生的哈希地址也较为均匀。平方取中法是一种较常用的构造哈希函数的方法。

表6-2中，关键字有4个，每个关键字都是由1、2、3、4四个数字组成，经过二次方运算后，中间的几位分布比较均匀，如果哈希地址的范围是1000，就取其中的3~5位作为哈希值。

表6-2 平方取中法

关键字	关键字的二次方	哈希函数值
1234	1522756	227
2143	4592449	924
4132	17073424	734
3214	10329796	297

平方取中法的适用情况：不能事先了解关键字的所有情况，或难于直接从关键字中找到取值较分散的几位。

4. 折叠法

方法：将关键字分割成位数相同的几部分（最后一部分的位数可以不同），然后取这几部分的叠加和（舍去进位）作为散列地址。

折叠法的适用情况：适合于散列地址的位数较少，而关键字的位数较多，且难于直接从关键字中找到取值较分散的几位。

例如，当哈希表长为1000时，关键字key=110108331119891，允许的地址空间为三位十进制数，则采用三位折叠法有

$$H(key)=110+108+331+119+891=559（舍去进位）$$

5. 随机数法

方法：选择一个随机函数，取关键字的随机函数值作为它的哈希地址，即$H(key)=random(key)$，其中$random()$为随机函数。通常在关键字长度不等时采用此法。

原因：计算机中的随机函数都是伪随机函数，只要设定的随机种子数相同，就会产生相同的随机数。

6. 除留余数法

设定哈希函数为

$$H(key)=key\ MOD\ p(p\leqslant m)$$

其中，m为表长，p称为模。

除数p的选择非常重要。若p的大小适当，则可保证变换所得的H(key)值在给定的哈希表区域内均匀分布。

例如，给定一组关键字为：12，39，18，24，33，21

若取p=9，则它们对应的哈希函数值将为

$$3,3,0,6,6,3$$

可见，若p中含质因子3，则所有含质因子3的关键字均映射到3的倍数的地址上，从而增加了冲突的可能，理论研究表明，除留余数法的模p取不大于表长且最接近表长m的素数时效果最好。

对上例，若取 p=11，则它们对应的哈希函数值将为

$$1,6,7,2,0,10$$

此时，哈希地址没有冲突。

除留余数法不仅可以对关键字直接取模，也可以在折叠、二次方取中等运算后取模。

6.5.3 哈希查找处理冲突的方法

处理冲突的含义是为产生冲突的地址寻找下一个哈希地址。能够完全避开冲突的哈希函数是很少的，在冲突发生时寻找较好的方法解决冲突是一个很重要的问题。

哈希表的创建和查找都会遇到冲突，两种情况下处理冲突的方法应该一致。处理冲突的方法与散列表本身的组织形式有关。按组织形式的不同，通常分两大类：开放地址法和链地址法。

下面以创建散列表为例，来说明处理冲突的方法。

1. 开放地址法

设哈希函数为 H(key)，当某一关键字产生冲突时，必须为该关键字 key 取得下一个地址序列：H_1，H_2，…，H_s 该地址序列可以写为

$$H_i = (H(key)+d_i) MOD\ m$$

这就是开放地址法，对某一关键字 key 而言，公式中的 H(key) 是固定的，m 是表长，也是固定的，所以 H_i 的值只由 d_i 确定，d_i 为增量序列，一般有三种取法：

（1）线性探测再散列

$d_i = c×i$，c 为常量，最简单的情况为 c=1。

（2）二次探测再散列

$d_i = 1^2$，-1^2，2^2，-2^2，…

（3）随机探测再散列

d_i 是一组伪随机数列，这个数列是随机产生的固定数。

【例 6-2】 某哈希表表长为 11，哈希函数为 H(key)= key MOD 11，分别填入关键字为 17、60、29 和 38 的 4 个记录，冲突处理采用开放地址法，若分别用线性、二次、伪随机等 3 种探测再散列方法填入哈希表。

H(17)= 17 MOD 11=6   不冲突

H(60)= 60 MOD 11=5   不冲突

H(29)= 29 MOD 11=7   不冲突

此时，哈希表状态见表 6-3a。

H(38)= 38 MOD 11=5   有冲突

1）采用线性探测再散列，则有

$H_1 = (5+1) MOD\ 11=6$ 有冲突

$H_2 = (5+2) MOD\ 11=7$ 有冲突

$H_3 = (5+3) MOD\ 11=8$ 不冲突

此时，哈希表状态见表 6-3b。

2）若采用二次探测再散列，则有

$H_1 = (5+1^2) MOD\ 11=6$ 有冲突

$H_2 = (5-1^2) MOD\ 11=4$ 不冲突

此时，哈希表状态见表6-3c。

3）若采用随机探测再散列，设伪随机数序列为9、4、3、…，则有

H1 =（5+9）MOD 11 = 3   不冲突

此时，哈希表状态见表6-3d。

表6-3　开放地址法

a) 插入17、60、29后

0	1	2	3	4	5	6	7	8	9	10
					60	17	29			

b) 线性探测再散列插入38

0	1	2	3	4	5	6	7	8	9	10
					60	17	29	38		

c) 二次探测再散列插入38

0	1	2	3	4	5	6	7	8	9	10
				38	60	17	29			

d) 随机探测再散列插入38

0	1	2	3	4	5	6	7	8	9	10
			38		60	17	29			

下面通过一个实例，看看哈希查找表是如何建立和查找的，并对查询的性能做一个简单的分析。

【例6-3】　给定关键字序列 $\{21,12,25,14,55,60,82,31,32\}$ 构造哈希表，设哈希函数为

$$H(key) = key \ MOD \ 11$$

采用线性探测再散列处理冲突，设表长为13，试构造这组关键字的散列表，并计算查找成功和查找失败时的平均查找长度。

因为表长为13，且采用线性探测再散列处理冲突，所以可得冲突地址序列函数为

$$H_i =（H(key)+d_i）MOD \ 13，其中 1 \leqslant d_i \leqslant 13$$

依次计算各个关键字的散列地址，如果没有冲突，将关键字直接存放在相应的散列地址所对应的单元中；否则，用线性探测法处理冲突，直到找到相应的存储单元。

$H(21) = 21 \ MOD \ 11 = 10$，无冲突，21填入10号单元，比较1次。

$H(12) = 12 \ MOD \ 11 = 1$，无冲突，12填入1号单元，比较1次。

$H(25) = 25 \ MOD \ 11 = 3$，无冲突，25填入3号单元，比较1次。

$H(14) = 14 \ MOD \ 11 = 3$，有冲突，计算冲突地址：$H_1 =（3+1）MOD \ 13 = 4$，无冲突，14填入4号单元，比较2次。

$H(55) = 55 \ MOD \ 11 = 0$，无冲突，55填入0号单元，比较1次。

$H(60) = 60 \ MOD \ 11 = 5$，无冲突，60填入5号单元，比较1次。

$H(82) = 82 \ MOD \ 11 = 5$，有冲突，计算冲突地址：$H_1 =（5+1）MOD \ 13 = 6$，无冲突，82填入6号单元，比较2次。

H（31）＝31 MOD 11＝9，无冲突，31填入9号单元，比较1次。

H（32）＝32 MOD 11＝10，有冲突，计算冲突地址：H_1＝（10+1）MOD 13＝11，无冲突，32填入11号单元，比较2次。

最终构造结果见表6-4，表中最后一行的数字表示放置该关键字时所进行的关键字比较次数。

表6-4 用线性探测法处理冲突时的哈希表

地址	0	1	2	3	4	5	6	7	8	9	10	11	12
关键字	55	12		25	14	60	82			31	21	32	
比较次数	1	1		1	2	1	2			1	1	2	

对哈希表的查找过程其实和它的建立过程是一致的，首先也是根据哈希函数计算哈希地址，也就是计算查找地址。如果该地址上存储的是要查寻的元素，就返回查找成功标志；如果不是要查的数据，就按冲突处理方法计算下一个地址，找到元素为止；如果在相应的哈希地址上没有元素时，表示该元素不在哈希表中，查找失败。

当查找关键字55、12、25、60、31、21时，均需比较1次即查找成功。

当查找关键字14时，首先根据哈希函数计算得到H（14）＝3，此时3号单元内容为25，不等于14，用线性探测再散列计算冲突地址：H_1＝（3+1）MOD 13＝4，4号单元等于14，查找成功，比较了2次。与此类似，当查找82和32时，同样比较了2次。

因此，得到查找成功时的平均查找长度为

$$ASL_{成功} = \sum p_i \cdot c_i = (1+1+1+2+1+2+1+1+2)/9 = 4/3$$

下面分析查找失败的情况，查找失败时有两种情况：

1）单元为空。

2）按处理冲突的方法探测一遍后仍未找到。

对于第2）种情况，可以通过哈希函数的模值p来考虑，查找失败是查询除了表中以外的无穷个数据，但这些数据经过哈希函数计算后的值域范围只有0~p-1，共p个，可以假设这p个地址的概率都相等，即均为1/p，所以P_i均是1/p。

哈希函数的每个值域相当于p个查找失败的入口，从每个入口进入后，直到确定查找失败为止，其关键字的比较次数就是与该入口对应的查找失败的查找长度。

当哈希地址是2、7、8时，因为这几个地址上数据为空，则比较一次就能判断查找失败。

当哈希地址是其他地址时，均需比较到第一个空位置，才能判断查找失败。

例如，当哈希地址是0，0号位置上不是要找的元素，然后通过冲突处理方法，要分别和1号、2号地址比较，因为2号为空，则共比较了3次。

同理，哈希地址是1时，需要比较2次。

查找失败时，各个位置的比较次数可参考表6-5。

表6-5 哈希表在查找失败时的比较次数

地址	0	1	2	3	4	5	6	7	8	9	10	11	12
关键字	55	12		25	14	60	82			31	21	32	
比较次数	3	2	1	5	4	3	2	1	1	4	3		

注意表中的 11、12 号单元，比较次数没有计算在内，是因为它们不是哈希函数的值域范围。

因此，得到查找失败时的平均查找长度为

$$\text{ASL}_{\text{失败}} = \sum p_i \cdot c_i = (3+2+1+5+4+3+2+1+1+4+3)/11 = 29/11$$

通过这个例子可以看出，如果每个元素都没有冲突，那么平均查找长度就是 1，即每个元素只要 1 次比较即可，但这在绝大部分情况下是不可能的，只能尽量减少比较次数，冲突越少，说明哈希函数构造的越好，查找成功的平均查找长度越接近于 1。

2. 链地址法

链地址法的基本思想是把具有相同哈希地址的记录放在同一个单链表中，同时用数组存放各个链表的头指针。

【例 6-4】 已知一组关键字为 {19,01,23,14,55,68,11,82,36}，设哈希函数 H(key)=key MOD 7，用链地址法处理冲突，试构造这组关键字的散列表。

由哈希函数可知哈希地址的值域为 0~6，因此整个哈希表由 7 个单链表组成。将所有哈希地址相同的记录都链接在同一链表中，例如，散列地址均为 5 的关键字 19、68、82 组成了一个链表。整个哈希表的结构如图 6-5 所示。

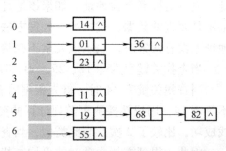

图 6-5 用链地址法处理冲突构建哈希表

查找元素时，成功时，每个元素的比较次数就是该元素在链表中的位置，所以，比较 1 次的有 6 个，2 次的有 2 个，比较 3 次的只有 82 一个元素。所以查找成功时的平均查找长度为

$$\text{ASL}_{\text{成功}} = (1\times6+2\times2+3\times1)/9 = 13/9$$

查找失败时，查找的都是这 9 个元素以外的任意一个关键字，其哈希值只有 0 到 6，共 7 个，所以按哈希值算，每个哈希值的概率都是 1/7，每个哈希值确定查找失败是通过和链表上的元素进行比较后才能确定的，所以其比较次数就是该链表的结点数，有一个结点的链表有 4 个，有 2 个结点的链表有 1 个，有 3 个结点的链表有 1 个。所以查找失败时的平均查找长度为

$$\text{ASL}_{\text{失败}} = (1\times4+2\times1+3\times1)/7 = 10/7$$

3. 再哈希法

再哈希法的基本思想：构造若干个哈希函数，当发生冲突时，用下一个哈希函数计算下一个哈希地址，直到冲突不再发生。即

$$H_i = Rh_i(\text{key}) \qquad i=1,2,\cdots,k$$

其中，Rh_i 为不同的哈希函数。

特点：计算时间增加。

6.6 本章小结

本章主要介绍了顺序查找、有序表的查找、分块查找和散列查找。

1. 顺序查找

顺序查找是从表的一端开始，逐个将当前元素的关键字和所要找的关键字进行比较的一种查找方法，算法简单，对表结构无任何要求，适用于顺序表和链表，且不经常做插入和删除操作，但查找效率较低，查找时间复杂度为 O(n)。

2. 折半查找

主要针对顺序存储的有序表，对表结构要求较高，但查找效率也较高，查找时间复杂度为 O($\log_2$n)。注意，链式存储不能使用折半查找。

3. 分块查找

主要用于对于块内无序、块间有序的线性表。块内采用顺序查找，块间采用折半查找。对表结构有一定要求，查找效率介于折半查找和顺序查找之间，适用于经常做插入和删除操作的顺序表。

4. 散列表的查找

散列表也属于线性结构，但它和线性表的查找有着本质的区别。它不是以关键字比较为基础进行查找的，而是通过一种散列函数把记录的关键字和它在表中的位置建立起对应关系，并在存储记录发生冲突时采用专门的处理冲突的方法。这种方式构造的散列表的平均查找长度和记录总数无关。

散列查找法主要研究两方面的问题：如何构造散列函数以及如何处理冲突。

1）构造散列函数的方法很多，除留余数法是最常用的构造散列函数的方法。它不仅可以对关键字直接取模，也可在折叠、平方取中等运算之后取模。

2）处理冲突的方法通常分为两大类：开放地址法和链地址法，二者之间的差别类似于顺序表和单链表的差别。

学习完本章后，要求掌握顺序查找、折半查找和分块查找的方法，掌握描述折半查找过程的判定树的构造方法。熟练掌握哈希表的构造方法。明确各种不同查找方法之间的区别和各自的适用情况，能够按定义计算各种查找方法在等概率情况下查找成功的平均查找长度。

 习题

6-1　选择题

（1）对有 n 个元素的表做顺序查找时，若查找每个元素的概率相同，则平均查找长度为（　　）。

　　A.（n-1）　　　　　B. n/2　　　　　　C.（n+1）/2　　　　D. n

（2）适用于折半查找的表的存储方式，以及元素排列要求为（　　）。

　　A. 链式存储，元素可无序　　　　　　　B. 链式存储，元素有序

　　C. 顺序存储，元素可无序　　　　　　　D. 顺序存储，元素有序

（3）如果要求一个线性表既能较快的查找，又能适应动态变化的要求，最好采用（　　）查找法。

　　A. 顺序查找　　　B. 折半查找　　　　C. 分块查找　　　　D. 哈希查找

（4）折半查找有序表（4,6,10,12,20,30,50,70,88,100）。若查找表中元素58，则它将依次与表中（　　）比较大小，查找结果是失败。

　　A. 20,70,30,50　　　　　　　　　　　B. 30,88,70,50

　　C. 20,50　　　　　　　　　　　　　　D. 30,88,50

（5）长度为 9 的顺序存储的有序表，若采用折半查找，在等概率情况下的平均查找长

度为（　　）。

  A. 20/9   B. 18/9   C. 25/9   D. 22/9

（6）长度为 18 的顺序存储的有序表，若采用折半查找，则查找第 15 个元素的比较次数为（　　）。

  A. 3   B. 4   C. 5   D. 6

（7）对 22 个记录的有序表做折半查找，当查找失败时，至少需要比较（　　）次关键字。

  A. 3   B. 4   C. 5   D. 6

（8）下面关于散列查找的说法，正确的是（　　）。

  A. 散列函数构造的越复杂越好，因为这样随机性好，冲突小

  B. 除留余数法是所有散列函数中最好的

  C. 不存在特别好与坏的散列函数，要视情况而定

  D. 散列表的平均查找长度有时也和记录总数有关

（9）下面关于散列查找的说法，不正确的是（　　）。

  A. 采用链地址法处理冲突时，查找任何一个元素的时间都相同

  B. 采用链地址法处理冲突时，若插入规定总是在链首，则插入任一个元素的时间是相同的

  C. 用链地址法处理冲突，不会引起二次聚集现象

  D. 用链地址法处理冲突，适合表长不确定的情况

（10）设散列表长为 14，散列函数是 $H(key) = key \% 11$，表中已有数据的关键字为 15、38、61、84 共 4 个，现要将关键字为 49 的元素加到表中，用二次探测法解决冲突，则放入的位置是（　　）。

  A. 3   B. 5   C. 8   D. 9

6-2 应用题

（1）假定对有序表（3,4,5,7,24,30,42,54,63,72,87,95）进行折半查找，试回答下列问题。

  ① 画出描述折半查找过程的判定树。

  ② 若查找元素 54，需依次与哪些元素比较？

  ③ 若查找元素 90，需依次与哪些元素比较？

  ④ 假定每个元素的查找概率相等，求查找成功时的平均查找长度。

（2）设散列表的地址范围为 0~20，散列函数为 $H(key) = key \% 17$。

线性探测法处理冲突，输入关键字序列（33,25,20,34,42,27,41,40,56,57,50,73,59），构造散列表，试回答下列问题。

  ① 画出散列表的示意图。

  ② 若查找关键字 73，需要依次与哪些关键字进行比较？

  ③ 若查找关键字 60，需要依次与哪些关键字进行比较？

  ④ 假定每个关键字的查找概率相等，求查找成功时、查找失败时的平均查找长度。

（3）设散列函数 $H(K) = key \% 7$，散列地址空间为 0~6，对关键字序列（33,25,20,32,13,49,24,38,21,4,12），采用链地址法构造散列表，试回答下列问题。

  ① 画出散列表的示意图。

② 若查找关键字 21，需要依次与哪些关键字进行比较？

③ 若查找关键字 60，需要依次与哪些关键字进行比较？

④ 假定每个关键字的查找概率相等，求查找成功时、查找失败时的平均查找长度。

6-3 算法设计题

（1）试写出折半查找的递归算法。

（2）试写一个判别给定二叉树是否为二叉排序树的算法。

（3）已知二叉排序树采用二叉链表存储结构，请写出递归算法，从小到大输出二叉排序树中所有数据值≥x 的结点的数据。

（4）分别写出在散列表中插入和删除关键字为 K 的一个记录的算法，设散列函数为 H，解决冲突的方法为链地址法。

第7章

排 序 技 术

排序是计算机内经常进行的一种操作，将杂乱无章的数据元素通过一定的方法按关键字顺序排列的过程叫做排序。其目的是将一组"无序"的记录序列调整为"有序"的记录序列。

排序主要分成两大类，即内部排序和外部排序。若整个排序过程不需要访问外存便能完成，则称此类排序问题为内部排序；反之，若参加排序的记录数量很大，整个序列的排序过程不可能在内存中完成，则称此类排序问题为外部排序。

内部排序又分为插入、交换、选择、归并和基数排序5类，其中插入排序包括直接插入排序和希尔排序，交换排序包括冒泡排序和快速排序，选择排序包括简单选择排序和堆排序。

稳定排序：假设在待排序的文件中，存在两个或两个以上的记录具有相同的关键字，在用某种排序法排序后，若这些相同关键字的元素的相对次序仍然不变，则这种排序方法是稳定的。

排序的时间开销：排序的时间开销是衡量算法好坏的最重要的标志。排序的时间开销一般可用算法执行中的数据比较次数与数据移动次数来衡量。

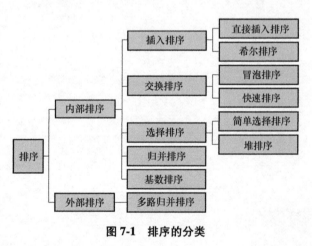

图 7-1　排序的分类

图 7-1 所示为排序的分类，也是本章介绍的主要内容。

7.1　直接插入排序

直接插入排序是一种最简单的排序方法，其基本思想是每步将一个待排序的对象，按其排序码大小插入到前面已经排好序的一组对象的适当位置上，直到对象全部插入为止。

【算法思路】

先将第一个记录作为一个有序表，插入第二个记录，形成两个记录的有序表；再插入第三个记录，形成三个记录的有序表，以此类推，每一趟都是将一个记录插入到前面的有序表中。当插入第 i 个对象时，前面的 V[0]，V[1]，…，V[i-1] 已经排好序。这时，用 V[i]的排序码与 V[i-1]，V[i-2]，…的排序码顺序进行比较，找到插入位置即将 V[i] 插入，原来位置上的对象向后顺移，直到所有记录都插入到有序表中。一共需要经过 n-i 趟，就可以将初始序列的 n 个记录重新排列成按关键字值大小排列的有序序列。

【例 7-1】 已知待排序的一组记录的初始序列为 {23,4,15,8,19,24,15*}，请给出直接插入排序法进行排序的过程。

假设在排序过程中，前 4 个记录已按关键字递增的次序重新排列，构成一个含 4 个记录的有序序列 {4,8,15,23}。现将原序列中的第 5 个（即关键字 19）记录插入上述序列，以得到一个新的含 5 个记录的有序序列，则先要在上述序列中查找以确定 19 所应插入的位置，然后进行插入。假设从 23 起向左进行顺序查找，由于 15<19<23，则 19 应该插入到 15 和 23之间，从而得到新的有序序列 {4,8,15,19,23}，此过程为直接插入排序。整个直接插入排序的过程如图 7-2 所示，其中 [ ] 中为已经排好的记录的关键字。

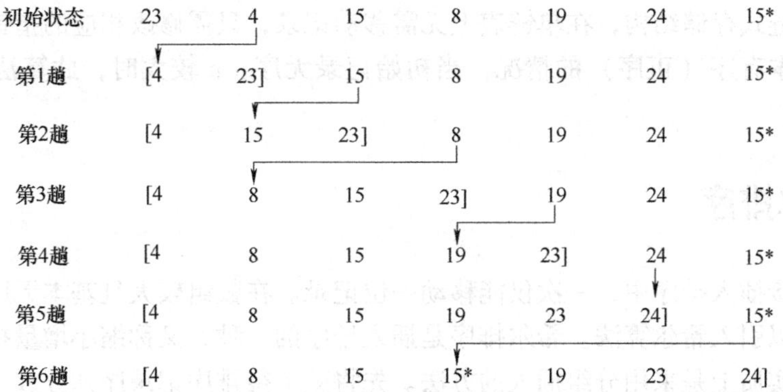

初始状态	23	4	15	8	19	24	15*
第1趟	[4	23]	15	8	19	24	15*
第2趟	[4	15	23]	8	19	24	15*
第3趟	[4	8	15	23]	19	24	15*
第4趟	[4	8	15	19	23]	24	15*
第5趟	[4	8	15	19	23	24]	15*
第6趟	[4	8	15	15*	19	23	24]

图 7-2　插入排序示例

【算法描述】

```
typedef int SortData;
void InsertSort(SortData V[],int n)
{
  SortData temp;int i,j;
  for(i=1;i<n;i++)
    {
    temp=V[i];
    for(j=i;j>0;j-)
      if(temp<V[j-1])V[j]=V[j-1];   //从后向前顺序比较
      else break;
    V[j]=temp;
    }
}
```

【算法分析】

从上述排序过程可见，排序中的两个基本操作是关键字间的比较和记录的移动，因此排序的时间性能取决于排序过程中这两个操作的次数。从直接插入排序的算法可知，这两个操作的次数取决于待排序记录序列的状态，当待排序记录处于"正序"（即记录按关键字从小到大的顺序排列）的情况时，所需进行的关键字比较和记录移动的次数最少。反之，当待排序记录处于"逆序"（即记录按关键字从大到小的顺序排列）的情况时，所需进行的关键字比较和记录移动的次数最多，见表 7-1。

表 7-1　直接插入排序的复杂度分析

待排序记录序列状态	"比较"次数	"移动"次数
正序	$n-1$	0
逆序	$(n+2)(n+1)/2$	$(n+2)(n+1)/2$

待排序记录处于随机状态，则可以最坏情况和最好情况的平均值作为插入排序的时间性能的量度。一般情况下，直接插入排序的时间复杂度为 $O(n^2)$。直接插入排序只需要一个记录的辅助空间，所以空间复杂度为 $O(1)$。直接插入排序是一种稳定排序，简单容易实现。该算法适用于链式存储结构，在单链表上无需移动记录，只需修改相应的指针即可；更适合于初始记录基本有序（正序）的情况，当初始记录无序，n 较大时，此算法时间复杂度较高，不宜采用。

7.2　希尔排序

上述的直接插入排序中，一次仅能移动一位记录。在数组较大且基本无序的情况下性能出现恶化，所以引入希尔算法。希尔排序是插入排序的一种，又称缩小增量排序。

希尔排序实质上是采用分组插入的方法。先将整个待排序记录序列分成几组，从而减少参与直接插入排序的数据量，对每组分别进行直接插入排序，然后增加每组的数据量，重新分组。这样当经过几次分组排序后，整个序列中的记录"基本有序"时，再对全体记录进行一次直接插入排序。

【算法思路】

1）第一趟：先取一个小于 n 的步长增量 d_1，把表中全部记录分成 d_1 个组，所有距离为 d_1 的倍数的记录放在同一个组中，在各组中进行直接插入排序。

2）第二趟：取增量 $d_2(d_2<d_1)$，重复上述的分组和排序。

3）以此类推，直到所取到的 $d_i=1$，即所有记录已放在同一组中，再进行直接插入排序，排序结束。

但到目前为止，尚未求得一个最好的增量序列，希尔算法提出的方法是 $d_1=\lceil n/2 \rceil$，$d_i+1=\lceil d_i/2 \rceil$，并且最后一个增量等于 1。

【例 7-2】　已知待排序的一组记录的初始序列为 $\{49,38,65,97,76,13,27,50\}$，请用希尔排序法进行排序。排序过程如图 7-3 所示。

有 8 个元素，所以取 $d_1=4$，将数列分成 4 组，同一组内位置差为 4，然后组内按插入法进行排序。第一趟排序结束，下面取 $d_2=2$，将数据分成 2 组，组内按插入法进行排序。第二趟排序结束，下面取 $d_3=1$，所有数据进行插入排序。

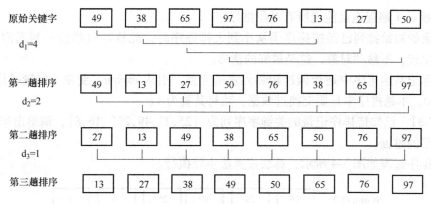

图 7-3 希尔排序过程

【算法描述】

```
void ShellSort(ElemType A[],int n)
  {for(d=n/2;d>=1;d=d/2)              //步长变化
    for(i=d+1;i<=n;++i)
      if(A[i]<A[i-d])                //需将A[i]插入有序增量子表
        {A[0]=A[i];
          for(j=i-d;j>0&&A[0]<A[j];j=j-d)
            A[j+d]=A[j];             //记录后移,查找插入位置
          A[j+d]=A[0];              //插入
        }
}
```

【算法分析】

当相同关键字的记录被划分到不同的子表时，可能会改变它们之间的相对次序。因此，希尔排序是一种不稳定的排序方法。希尔排序的时间复杂度为 $O(n\log_2 n)$。从空间来看，希尔排序和前面两种排序方法一样，也是需要一个辅助空间，空间复杂度为 $O(1)$。

7.3 冒泡排序

冒泡排序（Bubble Sort）是一种简单的交换排序方法，它通过两两比较相邻记录的关键字，如果发生逆序，则进行交换。

【算法思路】

1）第一趟起泡排序：设待排序的记录存放在数组 $V[1\cdots n]$ 中。首先将第 1 个记录的关键字和第 2 个记录的关键字进行比较，若逆序（即 $V[1]>V[2]$），则交换两个记录。然后比较第 2 个记录和第 3 个记录的关键字。依次类推，直至第 n-1 个记录和第 n 个记录的关键字进行比较为止。该趟排序结果是让关键字最大的记录被安置到最后一个记录的位置上。

2）第二趟起泡排序：对前 n-1 个记录进行相同操作，其结果是使关键字次大的记录被安置到第 n-1 个记录的位置上。

3）第 i 趟起泡排序：对前 n-i+1 个记录进行相同操作，结果将该序列中排序码最大的对象交换到序列的第 n-i+1 个位置，其他对象也都向排序的最终位置移动。

最多做 n-1 趟起泡就能把所有对象排好序。

在对象的初始排列已经按排序码从小到大排好序时，此算法只执行一趟起泡，做 n-1 次排序码比较，不移动对象，这是最好的情形。

为了标记某趟排序中是否做过相邻元素的交换，引入 exchang 变量，每趟排序开始前，将其置为 0，本趟排序中只要交换过数据，就将其置为 1。

【例 7-3】 已知待排序记录的关键字序列为 $\{25,21,49,25^*,16,8\}$，请给出用冒泡排序法进行排序的过程。

冒泡排序过程如图 7-4 所示，算法按算法步骤执行。

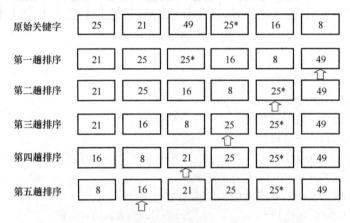

图 7-4 冒泡排序过程

第一趟从头到尾，进行两两相邻元素的比较，以后每一趟比前一趟少比较一个元素。最多进行 n-1 趟，例如，本例中共 6 个元素，进行了 5 趟。当在进行某一趟的排序过程中，如果没有交换过相邻数据，即本趟和上一趟的结果相同，即可结束。例如，假设关键字序列初始状态为 $\{21,16,8,25,25^*,49\}$，那么需要进行多少趟排序，请读者朋友自己分析。

【算法描述】

```
Void BubbleSort(int V[],int n)
{
  int i=1;int exchange=1;
  while(i<n&&exchange==1)
    {
     exchange=0;              //标志置为 0,假定未交换
     for(int j=1;j<=n-1-i;j++)
        if(V[j]>V[j+1])        //逆序
          {
            Swap(V[j],V[j+1]); //交换
            exchange=1;        //标志置为 1,有交换
          }
     i++;
    }
}
```

用变量 i 来控制趟数,从第一趟开始,用 exchange 变量作为是否交换的标志。

【算法分析】

每趟排序,对象均向最终位置移动。第 i 趟对序列 V[1],…,V[n-i] 进行排序,将最大的对象交换到 n-i 的位置,其他对象也都向排序的最终位置移动。

最多趟数:最多做 n-1 趟起泡就能把所有对象排好序。

最少趟数:在序列已经按从小到大排好序时,只执行一趟起泡排序,做 n-1 次排序码比较,不移动对象,这是最快的情形。

最坏情况:最坏的情形是排序码逆序排列,此时算法执行 n-1 趟起泡排序,第 i 趟做 n-i 次排序码比较,执行 n-i 次对象交换。此时,共进行 n(n-1)/2 次比较和交换,即平均比较次数和数据移动次数分别是

$$KCN = \sum_{i=n}^{2}(i-1) = \frac{n(n-1)}{2} \approx \frac{n^2}{2}$$

$$RMN = 3\sum_{i=n}^{2}(i-1) = \frac{3n(n-1)}{2} \approx \frac{3n^2}{2}$$

所以冒泡排序算法的时间复杂度 $O(n^2)$。冒泡排序只有在两个记录交换位置时需要一个辅助空间用来做暂存记录,所以空间复杂度为 $O(1)$。

起泡排序是一个稳定的排序方法,可用于链式存储结构。移动记录次数较多,当初始记录无序,n 较大时,此算法不宜采用。

7.4　快速排序

7.4.1　基本思想

快速排序是由冒泡排序改进而得的。在冒泡排序过程中,只对相邻的两个记录进行比较,因此每次交换两个相邻记录时只能消除一个逆序,而快速排序方法中的一次交换可能消除多个逆序。快速排序基本思想为任取待排序对象序列中的某个对象(例如,取第一个对象)作为基准,按照该对象的排序码大小,将整个对象序列划分为左右两个子序列,左侧子序列中所有对象的排序码都小于或等于基准对象的排序码,右侧子序列中所有对象的排序码都大于基准对象的排序码。基准对象排在这两个子序列中间(这也是该对象最终应安放的位置),基准对象也称为枢轴(或支点)记录。然后对枢轴左侧和右侧再分别进行快速排序,而这个中间的核心算法就是确定枢轴的算法,在此称之为分割算法。快速排序算法过程就是一个递归过程,分别对这两个子序列重复上述方法,直到所有的对象都排在相应的位置上为止。

如图 7-5 所示,初始状态为 6 个元素,取第一个元素 24 作为枢轴(pivo),完成一次分割后 24 的位置就已确定,其左侧元素均小于它,其右侧元素均大于它。然后再分别对枢轴 24 的左侧和右侧进行快速排序即可。

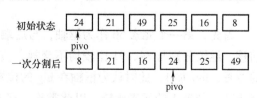

图 7-5　快速排序的一次分割结果

7.4.2　分割算法的实现

快速排序的一趟排序过程就是一次定位枢轴的分割过程。

【算法思路】

附设两个指针 low 和 hig，初始时分别指向表的下界和上界（第一趟时，low = 1；hig = n），分割算法是对数据区从 low 到 hig 的一趟快速排序，即一次分割。

1）选择待排序表中的第一个记录作为枢轴，将枢轴记录暂存在最左侧 A[low] 的位置上。A[hig] 为最右侧位置。

2）从表的最右侧位置（hig 指向的位置），依次向左搜索，找到第一个关键字小于枢轴关键字 pivo 的记录，将其移动到 low 指向的位置。具体操作：当 low<hig 时，若 hig 所指记录的关键字大于等于 pivo，则向左移动指针 hig（执行操作 hig--）；否则将 hig 所指记录移到 low 所指记录。

3）然后，再从表的最左侧位置（low 指向的位置），依次向右搜索，找到第一个关键字大于 pivo 的记录和枢轴记录交换。具体操作：当 low<hig 时，若 low 所指记录的关键字小于等于 pivo，则向右移动指针 low（执行操作 low++）；否则将 low 所指记录与枢轴记录交换。

4）重复步骤 2）和 3），直至 low 与 hig 相等为止。此时 low 或 hig 的位置即为枢轴在此趟排序中的最终位置，原表被分成两个子表。

在上述过程中，记录的交换都是与枢轴之间发生，每次交换都要移动 3 次记录，可以先将枢轴记录暂存在 pivo 中，排序过程中只移动要与枢轴交换的记录，即只做 A[low] 或 A[hig] 的单向移动，直至一趟排序结束后再将枢轴记录移至正确位置。

【例 7-4】 对含有 8 个记录的关键字序列 {56,78,34,85,45,36,91,84,80} 进行一趟快速排序，一趟快速排序（一次分割）过程如图 7-6 所示。

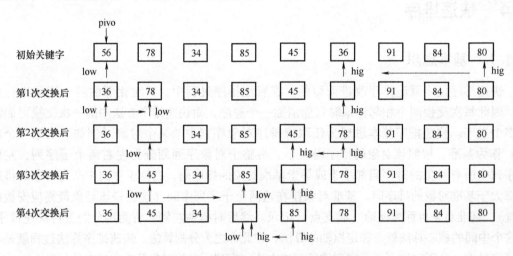

图 7-6 一趟快速（一次分割）排序过程

首先，第一个元素 56 作为枢轴，与后端 hig 指向的元素 80 比较，此时正序不交换，hig 前移，继续分别与 84、91 比较均不交换，直到 36 时，需要交换，将 36 写到当前 low 指向的位置，low 加 1，此时认为枢轴在 hig 的位置，至此完成了第一次交换；然后改变方向，用 56 与 low 位置上的元素比较。以此类推，经过 4 次交换后，low = hig，这时 low 的位置就是枢轴的位置，将枢轴 56 写入 low 单元，一次分割结束，此时 56 前面的元素均小于 56，其后面的元素均大于 56。

【算法描述】

```
int Partition(SqList A[],int low,int hig)
{
  pivo=A[low];                                    //子表的第一个记录作基准对象
  while(low<hig)
    {
      while(low<hig&&A[hig]>=pivo)hig--;
      A[low]=A[hig];                              //小于枢轴的移到区间的左侧
      While(low<hig&&A[low]<=pivo)low++;
      A[hig]=A[low];                              //大于枢轴的移到区间的右侧
    }
  A[low]=pivo;
  return low;
}
```

7.4.3　快速排序算法实现

【算法思路】

分割算法 Partition 完成一趟快速排序，返回枢轴的位置。若待排序序列长度大于 1(low<hig)，则算法 QuikSort 调用 Partition 获取枢轴位置，然后递归执行分别对分割所得的两个子表进行排序。若待排序序列中只有一个记录，则递归结束，排序完成。

【算法描述】

```
void QuickSort(SqList A[],int low,int hig)
{                                      //在序列 low、hig 中递归地进行快速排序
  if(low<hig)
    {
      int loc=Partition(A,low,hig);  //分割
      QuickSort(A,low,loc-1);          //对左序列同样处理
      QuickSort(A,loc+1,hig);          //对右序列同样处理
    }
}
```

【例 7-5】　写出对例 7-4 的序列进行快速排序的各趟结果。

初始关键字：　　　{56　78　34　85　45　36　91　84　80}。

第 1 趟排序结果：{36　45　34}　56　{85　78　91　84　80}。

第 2 趟排序结果：{34}　36　{45}　56　{85　78　91　84　80}。

第 3 趟排序结果：{34}　36　{45}　56　{80　78　84}　85　{91}。

第 4 趟排序结果：{34}　36　{45}　56　{78}　80　{84}　85　{91}。

本例中，共 9 个元素，经过了 4 趟排序，定位的枢轴分别是 56、36、85、80。

7.4.4　算法分析

算法 partition 利用序列第一个对象作为基准，将整个序列划分为左右两个子序列。凡是小于基准对象都移到序列左侧，最后基准对象安放到位，返回其位置。快速排序是递归的，

需要有一个栈存放每层递归调用时的指针和参数。可以证明，函数 quicksort( ) 的平均计算时间也是 O(nlog₂n)。实验结果表明，就平均计算时间而言，快速排序是所有内排序方法中最好的一个。快速排序是一种不稳定的排序方法，快速排序的趟数取决于原始数据的排列方式。如果每次划分对一个对象定位后，该对象的左侧子序列与右侧子序列的长度相同，则下一步将是对两个长度减半的子序列进行排序，这是最理想的。在最坏的情况下，即待排序对象序列已经按其排序码从小到大排好序，或是一个逆序序列的情况，每次划分只得到一个比上一次少一个对象的子序列。总的排序码比较次数将达：

$$KCN = \sum_{i=1}^{n-1} (n-i) = \frac{n(n-1)}{2} \approx \frac{n^2}{2}$$

7.5 简单选择排序

简单选择排序（Simple Selection Sort）也称作直接选择排序，其基本思想是将待排序数组分为有序和无序两组（初始情况下有序组为空，无序组是所有待排记录），每一趟（设第 i 趟）都从无序组中选择出排序码最小的记录，作为有序序列中的第 i 个记录。待到第 n-1 趟做完，待排序记录只剩下 1 个，就不用再选了。

【算法思路】

1）对每一趟（设为第 i 趟）排序，设置位置变量 k，它始终指向本趟排序中比较过的元素中的最小值的位置，初始状态时 k=i。

2）循环变量 j 从 i+1 到 n-1，依次做 V[j] 和 V[k] 比较，若 V[j]<V[k]，则令 k=j。

3）若 k≠i，则 V[j]⇔V[k]。

4）重复 1）~3）。

【例 7-6】 已知关键字序列为 {25,21,49,25*,16,8}，请给出用直接选择排序法进行排序的过程。

直接选择排序过程如下所示，其中 [ ] 为已经排好序记录的关键字。

初始关键字	25	21	49	25*	16	8
第 1 趟排序结果	[8	21	49	25*	16	25
第 2 趟排序结果	[8	16]	49	25*	16	25
第 3 趟排序结果	[8	16	21]	25*	49	25
第 4 趟排序结果	[8	16	21	25*]	49	25
第 5 趟排序结果	[8	16	21	25*	25]	49

【算法描述】

```
typedef int SortData;
void SelectSort(SortData V[],int n)
{
  for(int i=0;i<n-1;i++)
    {
      int k=i;                    //选择具有最小排序码的对象
      for(int j=i+1;j<n;j++)
        if(V[j]<V[k])
          k=j;                    //当前具最小排序码的对象
```

```
        if(k!=i)                    //对换到第 i 个位置
            Swap(V[i],V[k]);
    }
}
```

【算法分析】

在直接选择排序中，比较次数与对象的初始排列无关。有 n 个对象的序列，则第 i 趟排序的比较次数总是 n-i 次。总的排序码比较次数均为 n(n-1)/2。因此，总的时间复杂度也是 $O(n^2)$。对象的交换次数与对象序列的初始排列有关，但每趟最多交换 1 次。当序列的初始状态是按其排序码从小到大有序时，对象的交换次数为 0，移动次数 RMN=0，达到最少。最坏情况是每一趟都要进行交换，总的对象移动次数为 RMN=3(n-1)。直接选择排序是一种不稳定的排序方法。

因为只在交换数据时才需要一个辅助空间，因此空间复杂度为 O(1)。

7.6　堆排序

7.6.1　堆排序的基本概念

堆排序（Heap Sort）是一种树形选择排序，堆是一棵顺序存储的完全二叉树；在排序过程中，将待排序的记录看成是一棵完全二叉树的顺序存储结构，利用完全二叉树中双亲结点和孩子结点之间的内在关系，在当前无序的序列中选择关键字最大或最小的记录。

堆排序中，将堆分成大顶堆和小顶堆。其中，大顶堆满足每个结点的关键字都不小于其孩子结点的关键字，如图 7-7a 所示；小顶堆满足每个结点的关键字都不大于其孩子结点的关键字，如图 7-7b 所示。

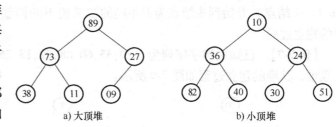

a) 大顶堆　　　　　　　　　　b) 小顶堆

图 7-7　堆的示例

【算法思路】

下面讨论用大顶堆进行堆排序，其算法步骤如下：

1）将序列构建成为大顶堆，这样满足了大顶堆的性质：位于根节点的元素一定是当前序列的最大值。

2）取出当前大顶堆的根节点，将其与序列末尾元素进行交换，序列末尾的元素为已排序的最大值，但位于根节点的值并不一定满足堆的性质。

3）对交换后的 n-1 个序列元素进行调整，使其满足大顶堆的性质，将剩余序列重新调整成堆。

4）重复 2）和 3），直至堆中只有 1 个元素为止，实现序列排序。

由此可见，实现堆排序需要进行大顶堆的建立和对堆的调整两个重要过程。其中，调整堆尤为重要，是建立大顶堆的基础操作。因此，先介绍堆的调整过程，然后介绍大顶堆的建立过程。

7.6.2　堆的调整

如图 7-8a 所示的堆顶元素为 88 的大顶堆，对其进行堆的调整说明。

首先，将堆顶元素 88 和大顶堆末尾的元素 35 交换，如图 7-8b 所示。现在只需自上至下进行一条路径上的结点调整即可。先比较 35 和其左、右子树的根结点数值 72 和 60，交换 72 和 35，此过程破坏了左子树的堆，还需要同样的调整，直到叶子结点。因此，调整后的新堆如图 7-8c 所示。继续重复调整，将堆顶元素 72 和堆尾元素 26 交换后调整，得到新堆如图 7-8d 所示。

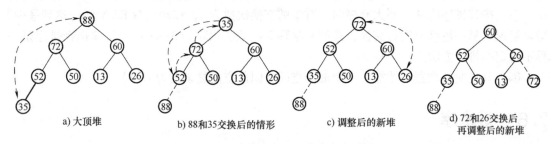

图 7-8　堆顶元素改变后调整堆的过程举例

7.6.3　堆的建立

要将无序序列调整为一个堆，就是利用筛选法将其对应的完全二叉树中的以每一个结点为根的子树都调整为堆。堆的建立过程就是从对应完全二叉树的最后一个非叶子结点（第 $\lfloor n/2 \rfloor$ 个结点）开始到头结点为根不同的二叉树不断调整为堆的过程，通过一个例子说明堆的建立过程。

【例 7-7】 已知关键字序列为 {50,35,60,88,72,13,26,52}，用"筛选法"调整为一个大顶堆，其堆的建立过程如图 7-9 所示。

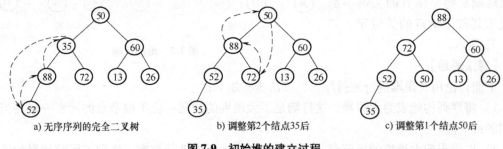

图 7-9　初始堆的建立过程

1）由关键字序列建立完全二叉树，如图 7-9a 所示。

2）首先从最后一个非叶子结点，即第 4 个结点 88 为根的二叉树开始调整，已经是一个大顶堆，不需要调整。

3）第 3 个结点 60 为根的二叉树，同样已经是一个大顶堆，也不需要调整。

4）第 2 个结点 35 为根的二叉树，不是堆，从上到下开始调整，首先将 35 和左子树的 88 互换，35 再和其左子树的 52 互换，此时状态如图 7-9b 所示。

5）再看第 1 个结点 50 为根的二叉树，不是堆，向下调整，首先 50 和 88 互换，50 再和

72 互换，调整结束，初始堆建立完成，此时二叉树状态如图 7-9c 所示，已是一个大顶堆。

7.6.4　堆排序的算法实现

要实现堆排序，主要涉及 3 个算法：堆调整算法、初始堆建立算法和堆排序算法。

1. 堆调整算法（HeapAdjust）

假设 r[s+1…m] 已经是堆，现要将 r[s…m] 调整为以 r[s] 为根的大顶堆。

【算法描述】

```
void HeapAdjust(SqList r[],int s,int m)
{
  rc=r[s];
  for(j=2*s;j<=m;j=j*2)                     //沿关键字较大的孩子结点往下筛选
    {
      if(j<m&&r[j]<r[j+1])++j;              //j 为关键字较大的记录的下标
      if(rc>=r[j])break;                    //rc 应插入在位置 s 上
      r[s]=r[j];
      s=j;
    }
  L.r[s]=rc;                                //插入
}
```

2. 初始堆建立算法（CreatHeap）

把无序序列 r[1…n] 建成大顶堆，这个算法较简单，就是不断调用调整算法 HeapAdjust。

【算法描述】

```
void CreatHeap(SqList r[],int n)
{
  for(i=n/2;i>0;--i)                        //反复调用 HeapAjust
    HeapAjust(r,i,n);
}
```

3. 堆排序算法（HeapSort）

对顺序表 r[1…n] 进行堆排序。

【算法描述】

```
void HeapSort(SqList r[],int n)
{
  CreatHeap(r,n);          //把无序序列 L.r[1…L.length]建成大顶堆
  for(i=n;i>1;i--)
  {
    x=r[1];               //将堆顶记录和当前未经排序子序列 L.r[1…i]中最后一个记录交换
    r[1]=r[i];
    r[i]=x;
    HeapAjust(r,1,i-1);//将 L.r[1…i-1]重新调整为大顶堆
  }
}
```

【例 7-8】 一关键字序列为 {50,35,60,88,72,13,26,52}，给出用堆排序法进行排序的过程。

根据例 7-7 的结果，得到由该序列的大顶堆如图 7-10a 所示，在大顶堆的基础上，反复交换堆顶元素和最后一个元素，然后重新调整堆，直至得到一个有序序列，调整过程如图 7-10 所示。

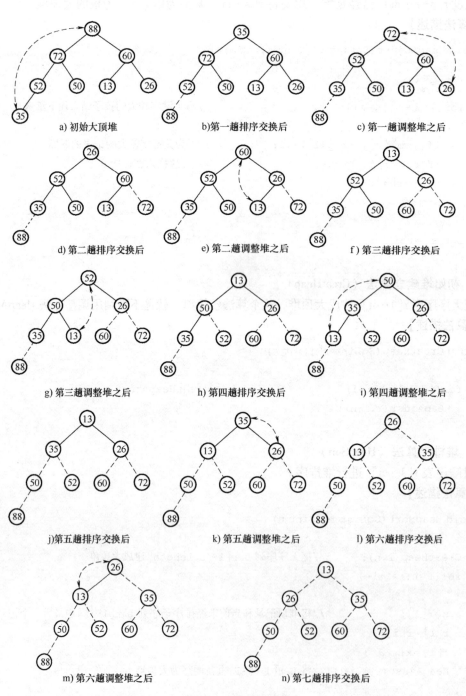

图 7-10　堆排序过程

【算法分析】

堆排序是一种不稳定的排序方法。因为在堆的调整过程中，关键字进行比较和交换所走的是该结点到叶子结点的一条路径，因此对于相同的关键字就可能出现排在后面的关键字被交换到前面。堆排序只能用于顺序结构，记录数较少时不宜采用，当记录较多时较为高效，其时间复杂度为 $O(n\log_2 n)$。

7.7 归并排序

归并排序（Merging Sort）就是将两个或两个以上的有序序列合并成一个有序序列，合并时顺序比较两者的相应元素，小者移入另一表中，反复如此，直至其中任一表都移入另一表为止。利用归并的思想就可以实现排序。二路归并排序是最常用的归并排序方法。

假设初始的序列含有 n 个记录，可以看成 n 个有序的子序列，每个子序列的长度为 1，然后两两归并，得到 $\lceil n/2 \rceil$ 个长度为 2 或 1 的有序子序列；再两两归并，如此重复直到得到一个长度为 n 的有序序列为止。

【算法思路】

二路归并排序将 S[low...hig] 中的记录归并排序后放入 T[low...hig] 中。当序列长度大于且等于 1 时，先将当前序列一分为二，求出分裂点 $m=\lfloor(\text{low}+\text{hig})/2\rfloor$；然后，对子序列 S[low...m] 递归，进行归并排序，结果放入 T[low...m] 中；对子序列 S[m+1...hig] 递归，进行归并排序，结果放入 T[m+1...hig] 中；接着调用算法 Merge，将有序的两个子序列 S[low...m] 和 S[m+1...hig] 归并为一个有序的序列 S[low...hig]。

【例 7-9】 对序列 {49,38,65,97,76,13,06} 进行归并排序。

二路归并排序的排序过程如下：

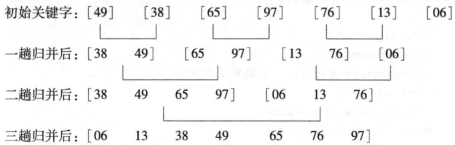

归并算法的实现由两个部分组成，一个是合并两组有序序列的归并算法 Merge，另一个是将一个无序的表通过不断修改分组长度后，循环调用 Merge，来实现无序序列的归并算法 MergeSort。

（1）Merge 算法的实现

Merge 算法是将 S[low...mid] 与 S[mid+1...hig] 两个有序序列合并到 S[low...hig] 中。

【算法描述】

```
void Merge(int S[],int low,int mid,int hig)
{
  int T[hig-low+1];               //借助辅助数组 T,存放归并后的目标序列
  i=low;                          //i 的初值指向左侧初始有序序列的第一个元素位置
```

```
    j=mid+1;                      //j 的初值指向右侧初始有序序列的第一个元素位置
    k=0;                          //k 的初值目标序列的第一个元素位置
    while(i<=mid&&j<=hig)
     {
        if(S[i]<S[j])
            T[k++]=S[i++];
        else
            T[k++]=S[j++];
     }
    while(i<=mid)T[k++]=S[i++];
    while(i<=hig)T[k++]=S[j++];
    for(i=0;i<hig-low;i++)
        S[i+low]=T[i];
}
```

（2）MergeSort 算法的实现

MergeSort 算法是对长度为 size 的无序序列 arr 进行归并排序。

【算法描述】

```
void MergeSort(int arr[],int size)
{
  gap=1                          //第一次每一个元素为一组
  while(gap<size)
   {
     for(i=0;i<size;i+=2*gap)
      {
        left=i;
        mid=left+gap;
        if(mid>size)mid=size;     //越界,进行复位
        right=mid+gap;
        if(right>size)right=size;
        Merge(arr,left,mid,right);
      }
     gap=gap*2;
   }
}
```

【算法分析】

归并排序中归并的算法并不会将相同关键字的元素改变相对次序，所以归并排序是稳定的；归并排序的时间复杂度为 $O(n\log_2 n)$。在排序过程中需要和原始空间同样大小的辅助空间，因此，其空间复杂度为 $O(n)$。归并排序可用于链式结构，且不需要附件存储空间，但递归实现时仍需要开辟相应的递归工作栈。

7.8 基数排序

基数排序（Radix Sort）是在桶排序的基础上发展而来的，两种排序都是分配排序的高级实现。

分配排序的基本思想：排序过程无须比较关键字，而是通过"分配"和"收集"过程来实现排序。

桶排序的基本思想是设置若干个桶，依次扫描待排序的记录 R[0]，R[1]，…，R[n-1]，把关键字在某个范围内的记录全都装入到第 k 个桶里（分配），然后按序号依次将各非空的桶首尾连接起来（收集）。

基数排序是典型的分配类排序，是对桶排序的一种改进，这种改进是让"桶排序"适合于更大的元素值集合的情况，而不是提高性能。它是一种借助于多关键码排序的思想，将单逻辑关键码按基数分成"多关键码"进行排序的方法，不需要进行关键字比较。

基数排序的基本思想：排序过程无须比较关键字，而是通过"分配"和"收集"过程来实现排序。

比如，扑克牌的花色基数为 4，面值基数为 13。在整理扑克牌时，既可以先按花色整理，也可以先按面值整理。按花色整理时，先按♠、♥、♣、♦的顺序分成 4 摞（分配），再按此顺序再叠放在一起（收集），然后按面值的顺序分成 13 摞（分配），再按此顺序叠放在一起（收集），如此进行二次分配和收集即可将扑克牌排列有序。如果反过来，先按面值整理，再按花色整理，也能将扑克牌排列有序，但和上面的排序结果是不一样的。

【算法思路】

根据基数排序的算法思想，在通过"分配"和"收集"过程来实现排序的过程中，多关键码排序按照从最主位关键码到最次位关键码或从最次位到最主位关键码的顺序逐次排序，分为两种方法：

1）最主位优先（Most Significant Digit First），简称 MSD 法。

其算法步骤为先按 K_1 排序分组，同一组中记录，关键码 K_1 相等；再对各组按 K_2 排序分成子组；之后，对后面的关键码继续这样的排序分组，直到按最次位关键码 K_d 对各子表排序后将各组连接起来，得到一个有序序列。

扑克牌按花色、面值排序中介绍的方法即是 MSD 法。

2）最次位优先（Least Significant Digit First），简称 LSD 法。

LSD 法使用较为方便，本节主要以 LSD 法进行基数排序的讲解。

其算法步骤为先从 K_d 开始排序；再对 K_{d-1} 进行排序；依次重复，直到对 K_1 排序后得到一个有序序列。

在"分配-收集"的过程中，为保证排序的稳定性，分配过程中的装箱及收集过程中的连接必须按"先进先出"原则进行。

【例 7-10】 对序列 $\{73,22,93,43,55,14,28,65,39,81,65^*,76,97,27\}$ 进行基数排序。

该序列数据均为两位数，按照 LSD 法进行排序，需要进行两趟排序，即两趟分配和收集过程。排序过程如图 7-11 所示。

第一趟，首先按关键码的个位数字进行分配，73 放入 3 号桶，22 放入 2 号桶，以此类推，将原始数据全部放入不同的桶中，如图 7-11 所示的第一次分配结果。然后，按桶的编号，依次将不同桶中的元素依次取出，即完成"收集"，得到如图 7-11 所示的第一趟结果。

第二趟对关键码为十位数字进行分配，81 放入 8 号桶，22 放入 2 号桶，以此类推，将第一趟排序后的全部元素放入不同的桶中，如图 7-11 所示中的第二次分配结果。然后，再次按桶的编号，依次将不同桶中的元素依次取出，即完成第二次"收集"，得到如图 7-11 所示的第二趟结果。

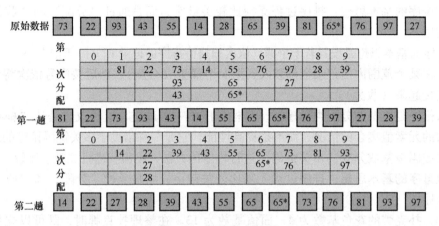

图 7-11　基数排序过程

【算法描述】

（1）相关数据的类型定义

```
#define KEY_NUM 8              //关键字项数的最大值
#define RADIX 10               //关键字基数,十进制整数的基数
#define MAX_SPACE 1000
typedef struct
{
  KeyType keys[KEY_NUM];       //关键字
  InfoType otheritems;         //其他数据项
  int next;
}NodeType;                     //静态链表的结点类型
typedef struct
{
  int f;                       //记录的当前关键字个数
  int e;                       //静态链表的当前长度
}Q_Node;                       //静态链表类型
typedef Q_Node Queue[RADIX];   //各队列的头尾指针
```

（2）分配算法

```
void Distribute(NodeType R[],int i,Queue q)
{
  int j;
  for(j=0;j<RADIX;j++)
    q[j].f=q[j].e=0;
```

162

```
for(p=R[0].next;p;p=R[p].next)
{
    j=ord(R[p].keys[i]);        //ord 将记录中第 i 个关键码映射到[0…RADIX-1]
    if(!f[j])
        q[j].f=p;
    else
        R[q[j].e].next=p;
    q[j].e=p;
}
}
```

（3）收集算法

```
void Collect(NodeType R[],int i,Queue q)
{
    int j;
    for(j=0;!q[j].f;j=succ(j));            //找第一个非空子表,succ()为求后继函数
    R[0].next=q[j].f;t=q[j].e;
    while(j<RADIX)
    {
        for(j=succ(j);j<RADIX-1&&!q[j].f;j=succ(j));
            if(q[j].f)
                {R[t].next=q[j].f;t=q[j].e;} //链接两个非空子表
    }
    R[t].next=0;
}
```

（4）基数排序算法

```
void RadixSort(NodeType R[],int n)
{
    Queue q;
    for(i=0;i<n;i++)
        R[i].next=i+1;
    R[n].next=0;
    for(i=0;i<KEY_NUM;i++)
    {
        Distribute(R,i,q);
        Collect(R,i,q);
    }
}
```

【算法分析】

前面说的几大排序算法，大部分的时间复杂度都是 $O(n^2)$，也有部分排序算法的时间复杂度是 $O(n\log_2 n)$。而基数排序却能实现 $O(n)$ 的时间复杂度。但基数排序的缺点是空间复杂度比较高，需要的额外开销大。排序有两个数组的空间开销，一个存放待排序数组，一个

就是所谓的桶。

初看起来，基数排序的执行效率似乎好的让人无法相信，所有要做的只是把原始数据项从数组复制到桶，然后再复制回去。如果有 n 个数据项，数据位数最多是 d 位，则有 $n*d$ 次复制，复制的次数与数据项的个数成正比，即 $O(n)$。这是效率最高的排序算法。

不幸的是，数据项越多，就需要更长的关键字，如果数据项增加 10 倍，那么关键字必须增加一位（多一轮排序）。复制的次数和数据项的个数与关键字长度成正比，可以认为关键字长度是 n 的对数。因此在大多数情况下，基数排序的执行效率倒退为 $O(n*\log_2 n)$，和快速排序差不多。

7.9　本章小结

对于内部排序，本章共介绍了 8 种较常用的排序方法，下面从时间复杂度、空间复杂度和稳定性几个方面对这些内部排序方法做比较，结果见 7-2。

表 7-2　各种内部排序方法的比较

排序方法	时间复杂度			空间复杂度	稳定性
	最好情况	最坏情况	平均情况		
直接插入排序	$O(n)$	$O(n^2)$	$O(n^2)$	$O(1)$	稳定
希尔排序			$O(n^{1.3})$	$O(1)$	不稳定
冒泡排序	$O(n)$	$O(n^2)$	$O(n^2)$	$O(1)$	稳定
快速排序	$O(n\log_2 n)$	$O(n^2)$	$O(n\log_2 n)$	$O(\log_2 n)$	不稳定
简单选择排序	$O(n^2)$	$O(n^2)$	$O(n^2)$	$O(1)$	稳定
堆排序	$O(n\log_2 n)$	$O(n\log_2 n)$	$O(n\log_2 n)$	$O(1)$	不稳定
归并排序	$O(n\log_2 n)$	$O(n\log_2 n)$	$O(n\log_2 n)$	$O(n)$	稳定
基数排序	$O(d(n+rd))$	$O(d(n+rd))$	$O(d(n+rd))$	$O(n+rd)$	稳定

1）平均时间性能。以快速排序法最佳，但最坏情况下不如堆排序和归并排序；在 n 较大时，归并排序比堆排序快，但所需辅助空间最多。

2）简单排序以直接插入排序最简单，当数列中记录"基本有序"或 n 值较小时，是最佳的排序方法，因此常和其他排序方法结合使用。

3）从稳定性来看，大部分时间复杂度为 $O(n^2)$ 的简单排序法都是稳定的。然而，快速排序、堆排序和希尔排序等时间性能较好的排序都是不稳定的。

 习题

7-1　选择题

（1）对 n 个不同的关键字由小到大进行冒泡排序，在下列（　　）情况下比较的次数最多。

A. 从小到大排列好的　　　　　　　　B. 从大到小排列好的

C. 元素无序　　　　　　　　　　　　D. 元素基本有序

（2）对 n 个不同的排序码进行冒泡排序，在元素无序的情况下比较的次数最多为（　　）。

    A. n+1　　　　　　　B. n　　　　　　　　C. n−1　　　　　　　D. n(n−1)/2

（3）对 n 个关键字做快速排序，在最坏情况下，算法的时间复杂度是（　　）。

    A. O(n)　　　　　　B. O(n^2)　　　　　C. O(nlog$_2$n)　　　　D. O(n^3)

（4）若一组记录的排序码为（56,89,66,48,50,94），则利用快速排序的方法，以第一个记录为基准得到的一次划分结果为（　　）。

    A. 48,50,56,66,89,94　　　　　　　　B. 50,48,56,89,66,94

    C. 50,48,56,66,89,94　　　　　　　　D. 50,48,56,94,66,89

（5）下列关键字序列中，（　　）是堆。

    A. 26,82,41,33,94,63　　　　　　　　B. 94,33,41,82,26,63

    C. 26,63,33,94,41,82　　　　　　　　D. 26,33,63,41,94,82

（6）若一组记录的排序码为（56,89,66,48,50,94），则利用堆排序的方法建立的初始堆为（　　）。

    A. 89,56,66,48,50,94　　　　　　　　B. 94,89,66,48,50,56

    C. 94,89,66,56,50,48　　　　　　　　D. 94,66,89,50,56,48

（7）下述几种排序方法中，要求内存最大的是（　　）。

    A. 希尔排序　　　B. 快速排序　　　C. 归并排序　　　D. 堆排序

（8）表中有 10000 个元素，如果仅要求求出其中最大的 10 个元素，则采用（　　）算法最节省时间。

    A. 冒泡排序　　　　　　　　　　　　B. 快速排序

    C. 简单选择排序　　　　　　　　　　D. 堆排序

（9）下列排序算法中，不能保证每趟排序至少能将一个元素放到其最终位置上的排序方法是（　　）。

    A. 希尔排序　　　B. 快速排序　　　C. 冒泡排序　　　D. 堆排序

7-2　应用题

（1）设排序码为（56,78,34,45,85,45,36,91,84,78），试分别写出使用以下排序方法的各趟结果。

①直接插入排序。②冒泡排序。③快速排序。④希尔排序（增量选取 5、3 和 1）。

⑤简单选择排序。⑥堆排序。⑦归并排序。⑧基数排序（列出每一趟分配和收集的结果）。

（2）已知一组记录为（59,48,75,97,86,23,37,60），给出采用堆排序法，进行排序时的相应结果。

① 建立的初始堆结果。

② 第 3 趟的排序结果。

7-3　算法设计题

（1）试以单链表为存储结构，实现简单选择排序算法。

（2）试以单链表为存储结构，实现冒泡排序算法。

（3）设采用顺序存储结构，编写算法，将关键字小于 0 的记录排在前列，要求时间复杂度为 O(n)，且只能用一个辅助空间。

第 8 章

资源管理技术

8.1 操作系统的概念

通常，一个完整的计算机系统是由硬件和软件两大部分组成的。硬件是指计算机物理装置本身，它是计算机软件运行的基础。从计算机的外观上看，硬件是由主机、显示器、键盘和鼠标等几个部分组成的；软件是与数据处理系统的操作有关的计算机程序、过程、规则以及相关的文档资料的总称。简单地说，软件是计算机执行的程序。在所有软件中，操作系统（OS）是配置在计算机硬件平台上的第一层软件，是管理整个软、硬件资源的系统软件，而其他的诸如汇编程序、编译程序、数据库管理系统等系统软件，以及大量的应用软件，都将依赖于操作系统为它们提供的服务。操作系统已成为现代计算机系统，包括大、中、小及微型机、多处理器系统、计算机网络、多媒体系统以及嵌入式系统中必不可少的、最重要的系统软件，在整个计算机系统中占据非常重要的地位。

8.1.1 操作系统的发展历史

操作系统是在计算机技术发展的过程中形成和发展起来的，它是以充分发挥处理器的处理能力提高计算机资源的利用率，方便用户使用计算机为主要目标。从 1950 年至今，操作系统的发展主要经历了如下的几个阶段。

1. 手工操作阶段

在此阶段，实际上是没有操作系统的，人们在手工操作的情况下，用户轮流地使用计算机。每个用户的使用过程大致如下：先把程序纸带装上输入机，然后经手工操作把程序和数据输入计算机，接着通过控制台开关启动程序运行。计算完毕，用户拿走打印结果，并卸下纸带，过程中都是手工操作。

手工操作阶段面临的主要问题如下：

1）用户独占整个系统资源，计算机及其资源只能由上机用户独占，资源利用率低。

2）CPU 等待人工操作。

3）CPU 和 I/O 设备串行工作，CPU 和 I/O 设备不能同时工作。

4）用户要求高，用户既是操作员又是程序员，即用户必须是计算机专家。

2. 早期批处理阶段

为解决人机矛盾，提高资源利用率，于是产生了把单一程序处理变为集中的成批程序处理方式，产生了批处理操作系统，被称为第一代操作系统，工作过程如图 8-1 所示。

操作员按照作业的性质组织一批作业，并将这批作业统一由纸带或卡片输入到磁带上，再由监控程序将磁带上的作业一个接一个装入内存投入运行。由于作业的装入、启动运行等操作都由监控程序自动完成，而无须再由用户手工实施，因此 CPU 和其他系统资源的利用率都得到了显著提高，虽然操作系统的功能有限，但已经开始主动地管理计算机资源了。

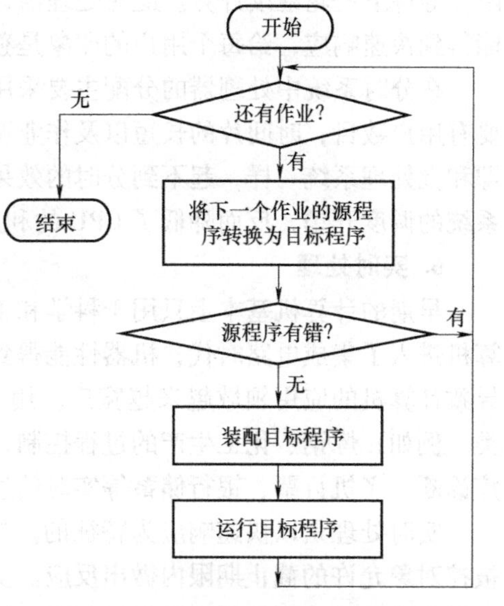

早期的批处理系统的特点如下：

1）把一批性质相同的程序按序存放在存储介质中，一次性提交给计算机进行处理，减少了手工操作的时间，使系统有相对较长的连续运行时间，从而提高了 CPU 的利用率。

2）程序员和操作员有了明确的分工，程序员负责把实际问题抽象为计算机能够求解的模型，再用算法语言把它编为可在计算机上运行的程序，而上机操作则由操作员来完成。

3）开始摆脱手工操作方式，由批处理监管程序来完成成批程序的处理。

在此阶段，由于计算机技术的发展，依然面临高速 CPU 和低速 I/O 的矛盾问题。

图 8-1 单道批处理的工作流程

3. 执行系统、多道批处理系统

20 世纪 60 年代初期，出现了通道技术和中断技术，这两项重大成果促使操作系统进入了执行系统阶段。

通道是一种专用处理部件，它能控制一台或多台外设的工作，负责外部设备与主存之间的信息传输。它能独立于 CPU 运行，从而使 CPU 和各种外部设备能并行操作。

而中断是指当主机接到某种信号（如 I/O 设备完成信号）时，马上停止原来的工作，转去处理这一事件，当事件处理完毕，主机又回到原来的工作点继续工作。

借助于通道与中断技术，I/O 工作可以在主机控制之下完成。这时，原有的监督程序不仅要负责调度作业自动地运行，而且还要提供 I/O 控制功能，增强了原有的功能。这个优化后的监督程序常驻主存，称为执行系统。

4. 多道批处理系统

随着中断技术和通道技术的出现，多道程序设计技术成为现实，出现了真正意义上的操作系统。在多道批处理系统中，用户提交的作业都先放在外存上并排成一个队列，称为"后备作业队列"，然后由作业调度程序按一定的算法从后备作业队列中选择若干个作业调入内存，使它们共享 CPU 及系统中的各种资源。

多道程序设计技术使得几道程序能同时在系统内并行工作。但在单处理器情况下，CPU 在一个时刻只能有一个程序在处理器上运行。那么，如何理解多道程序的并行执行呢？从微观上看，一个时刻只有一个程序在处理器上运行；从宏观上看，几道程序都处于执行状态，有的在处理器上运行，有的在进行输入/输出，它们的工作都在向前推进。

5. 分时系统

分时系统是多道程序的变种，每个用户都通过一个联机终端使用计算机系统。

所谓分时技术，是把处理机时间划分成很短的时间片（如几百毫秒）轮流地分配给各

167

个联机作业使用，如果某个作业在分配的时间片用完之前还未完成计算，该作业就暂时中断，等待下一轮继续计算。此时处理器让给另一个作业使用。这样，每个用户的各次要求都能得到快速响应，给每个用户的印象是独占一台计算机。

在分时系统中处理器的分配主要采用时间片轮流调度技术，影响系统响应时间的因素主要有用户数目，时间片的长短以及作业调度所必须的系统开销等。如时间片选的太长，系统即和批处理系统一样，起不到分时的效果，如果时间片太短，则需要频繁切换作业，增加了系统的调度开销，反而降低了 CPU 的利用率。

6. 实时处理

早期的计算机基本上只用于科学和工程问题的数值计算。到了 20 世纪 60 年代中期，计算机进入了集成电路时代，机器性能得到了极大的提高，整个计算机系统的功能大大增强，导致计算机的应用领域越来越宽广。用于实时处理的主要有实时控制和实时信息处理两大类。例如，炼钢、化工生产的过程控制，航天和军事防空系统中的实时控制，仓库管理、医疗诊断、飞机订票、银行储蓄等实时信息处理。

实时处理是以快速响应为特征的。"实时"二字的含义是指计算机对于外来信息能够在被控对象允许的截止期限内做出反应。实时系统的响应时间是根据被控对象的要求决定的，一般要求秒级、毫秒级、微秒级甚至更快的响应时间。

7. 现代操作系统

从 20 世纪 80 年代以来，操作系统得到了进一步的发展。促使其发展的原因有两个：一是微电子技术、计算机技术、计算机体系结构的迅速发展；二是用户的需求不断提高。它们使操作系统沿着个人计算机、视窗操作系统、网络操作系统、分布式操作系统和智能化方向发展。

我国也发展了多款操作系统，最具代表的是华为鸿蒙系统（HUAWEI Harmony OS），是华为公司在 2019 年 8 月 9 日于东莞举行的华为开发者大会上正式发布的操作系统。

华为鸿蒙系统是一款全新的面向全场景的分布式操作系统，创造了一个超级虚拟终端互联的世界，将人、设备、场景有机地联系在一起，将消费者在全场景生活中接触的多种智能终端，实现极速发现、极速连接、硬件互助、资源共享，用合适的设备提供场景体验。

8.1.2 操作系统的功能与任务

操作系统的主要任务是为多道程序的运行提供良好的运行环境，以保证多道程序有条不紊、高效地运行，并能最大限度地提高系统中各种资源的利用率以方便用户的使用。为实现上述任务，操作系统应具有处理器管理、存储器管理、设备管理和文件管理等功能。为了方便用户使用操作系统，还必须向用户提供方便的用户接口。此外，为了方便计算机联网，又在 OS 中增加了面向网络的服务功能。操作系统的功能主要分为以下五个方面。

1. 进程、处理机管理

处理机（即 CPU）是整个计算机硬件的核心。当有多个用户程序在请求服务时，如何充分发挥处理器的作用，提高它的使用效率，是很关键的问题。例如，在多道系统中一个正在运行的进程因等待某个条件（例如，等待输入或输出动作的完成）而暂时不能再运行下去时，处理器不能就此等待，而要把处理器的使用权转让给其他可运行的进程，以便充分利用处理器的处理能力。再如，若一个可运行的进程比当前正占有处理器的进程更重要时，则根据优先的原则，抢占处理器的使用权，处理更重要的用户进程。进程、处理器管理的任务包括进程控制、进程同步、进程通信、进程调度、死锁问题的处理等。

2. 存储器管理

运行中的计算机系统对内存的需求仅次于对 CPU 的需求。而内存储器在一个计算机系统中总是有限的，如何把这些有限的内存储器进行合理的分配，满足多个用户程序运行的需要，也是一个很重要的问题。在多个用户程序运行时，首先要防止用户程序以及程序运行所需要的数据破坏程序本身，因为如果一旦有一个用户程序或数据破坏了操作系统，则将造成计算机系统的失效。其次，各个用户的程序和数据要互相隔离，以免互相干扰，也就是要使每个程序都能独立运行，但又要使每个程序都能够共享某些公共的程序和数据，以便节省存储空间。还有，当某个程序在运行时，发现内存不够（即内存溢出），操作系统要对它进行必要的处理，可将暂时不用的内容交换到外存上，保证当前运行的程序享有充分内存。存储器管理的主要功能包括内存分配、内存保护、地址映射、内存的虚拟扩充等。

3. 设备管理

用户程序会用到输入、输出操作，这些操作都要用到外部设备。设备管理的任务是要有效地管理外部设备，使这些设备充分发挥效率，并且还要给用户提供简单的、易于使用的接口程序，以便在用户不了解设备性能的情况下，也能很方便地使用。设备管理的功能主要包括设备分配、设备处理、缓冲区管理等。

以上三大管理功能是针对系统基本硬件组成的管理。

4. 文件管理

内存储器是有限的，因此大部分的用户程序和数据，甚至是操作系统本身以及其他系统程序的大部分，都要存储在外存储介质上。如何唯一地标识它们之中的每组信息，以便能够得到合理的访问和控制，以及如何有条理地组织这些大量的信息，以使用户能够方便且安全地使用它们，这就是文件管理的任务。它是对系统信息的组织和管理。

5. 用户接口

用户接口是操作系统的一部分，它为用户和在操作系统上运行的其他应用程序创建一个平台以相互通信。操作系统的用户界面便于用户控制其他软件并提供易用性。用户界面有 3 种主要类型：命令控制、菜单驱动和图形用户界面。

8.2　进程与处理器管理

作业和进程是操作系统的两个重要概念。用户的计算任务称为作业；程序的执行过程称为进程，进程是分配资源和在处理器上运行的基本单位。众所周知，计算机系统中最重要的资源是处理器，对它管理的优劣直接影响着整个系统的性能。所以对处理器的管理可归纳为对进程的管理。在涉及进程的基本概念以前，首先讨论两种截然不同的程序设计，即顺序程序设计和多道程序设计。

8.2.1　进程的概念

处理器管理又分两个部分：作业管理和进程管理。作业的概念主要用在批处理系统中，像 UNIX 这样的分时系统就没有作业的概念，而进程的概念则用在几乎所有的多道程序系统中。下面主要介绍进程管理。

1. 进程的定义

进程（Process）就是程序的一次执行过程，它是系统进行资源分配和调度的一个独立单位。进程管理也被称为处理器管理。处理器是计算机系统中的重要资源，所以它管理的好坏在很大程度上直接影响系统的效率。进程管理是由程序管理进化而来，是和程序管理密不可分的。

进程与程序的主要区别：

1）进程是动态的，而程序是静态的。

2）进程具有并发性，而程序没有。

3）进程有一定的生命期，是程序在数据集上的一次执行，生命周期不会跨越系统运行周期；而程序是指令的集合，是永存的。

4）进程和程序不是一一对应的，一个程序可对应多个进程即多个进程可执行同一程序；但一个进程只能对应一个程序。

5）进程是竞争计算机资源的基本单位，程序不是。

进程的特征：

1）动态性：进程的实质是程序的一次执行，因此进程是动态的。

2）并发性：多个进程实体在一段时间内能够并发执行。

3）独立性：每个进程都是一个独立运行的基本单位，也是系统进行资源分配和调度的基本单位。

4）异步性：各进程按各自独立的、不可预知的速度向前推进。对单 CPU 系统而言，任何时刻只能有一个进程占用 CPU，进程获得了所需要的资源即可执行，得不到所需资源则暂停执行。因此，进程具有"执行—暂停—执行"这种间断性的活动规律。

5）结构性：为了描述和记录进程运行的变化过程，满足进程独立运行的要求以及能够反映、控制并发进程的活动，系统为每个进程配置了一个进程控制块 PCB。因此，从结构上看，每个进程都由程序段、数据段以及 PCB 这三部分组成。

2. 进程的状态

在任何时刻，一个进程总是处于以下两种状态之一：运行态或未运行态。但是进程处于未运行态时可能有几种原因：一是现在可以运行，但是需要等待分配 CPU 资源；二是进程还需要除了 CPU 以外的其他资源，因此一般将未运行态分成两个状态：就绪态和阻塞态。

这样，进程就具有了运行、就绪和阻塞三种基本状态，它构成了最简单的进程生命周期模型。进程在其生命周期内处于这三种状态之一，其状态将随着自身的推进和外界环境的变化而发生改变，即由一种状态变迁到另一种状态。

1）运行状态：进程获得了 CPU 和其他所需要的资源，目前正在 CPU 上运行。对单 CPU 系统而言，只能有一个进程处于运行状态。

2）就绪状态：进程获得了除 CPU 之外的所需资源，一旦得到 CPU 就可以立即投入运行。在系统中处于就绪状态的进程可能有多个，通常是将它们组成一个进程就绪队列。

3）阻塞状态：阻塞状态又称等待状态，是由于进程运行中发生了某种等待事件（例如，发生了等待 I/O 的操作）而暂时不能运行的状态。处于该状态的进程不能去竞争 CPU，即不能直接由阻塞状态变为运行状态，因为此时即使把 CPU 分配给它也无法运行。处于阻塞状态的进程可以有多个。

进程的各个状态变迁如图 8-2 所示。进程状态变迁应注意以下 5 点：

1）进程由就绪状态变迁到运行状态是由进程调度程序完成的。一旦 CPU 空闲，进程调度程序就立即按某种调度算法从进程就绪队列中选择一个进程占用 CPU 运行。

2）进程由运行状态变迁到阻塞状态，通常是由运行进程自身提出的。当运行进程申请某种资源得不到满足时，就主动放弃 CPU 而进入阻塞状态并插入到阻塞队列中。这时，进程调度程序就立即将 CPU 分配给另一个就绪进程运行。

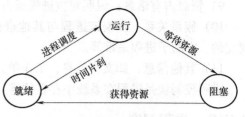

图 8-2　进程状态变迁图

3）进程由阻塞状态变迁为就绪状态总是由外界事件引起的。因为处于阻塞状态的进程没有任何活动能力，所以也无法改变自身的状态。通常是当阻塞状态进程被阻塞的原因得到解除时（例如，获得了所需资源），则由当前正在运行的进程来响应这个外界事件的请求，唤醒相应的阻塞状态进程，将其转换为就绪状态，并插入到就绪队列中，然后该运行进程继续完成自身的任务。

4）进程由运行状态变迁为就绪状态通常在分时操作系统中出现，即系统分配给运行进程所使用的 CPU 时间片用完，这时进程调度程序将 CPU 轮转给下一个就绪进程使用，由于被取消 CPU 使用权的进程仅仅是没有了 CPU，而其他所需资源并不缺少，即满足就绪状态的条件，因此转为就绪状态并插入到就绪队列中。

5）进程不能由阻塞状态直接变迁到运行状态。由于阻塞进程阻塞的原因被解除后就满足了就绪状态的条件，因此将该阻塞进程由阻塞队列移至进程就绪队列。

对一个进程而言，其生命期内不一定都要经历这三个状态。

3. 进程控制块

进程控制块是用于描述进程执行情况的一个数据块，是操作系统中最重要的记录型数据结构。其中记录了操作系统所需要的、用于描述进程状态、控制进程运行的全部信息。操作系统根据进程控制块的内容对进程进行控制和管理，这正是进程控制块的作用。

进程控制块的基本内容如下：

1）进程标识符：唯一标识对应进程的标识符，系统根据它来识别一个进程。

2）特征信息：包括是系统进程还是用户进程，进程映像是否常驻内存等内容。

3）执行状态信息：说明对应进程当前的执行状态，例如，某一进程处于运行状态。

4）通信信息：反映该进程与其他进程或资源之间的通信关系，例如，当对应进程封锁时，则要指名封锁的理由。

5）调度优先数：用于系统分配 CPU 时考虑的一种信息，它决定在所有就绪的进程中，究竟哪一个先得到 CPU。

6）现场信息：在对应进程放弃 CPU 时，处理器的一些现场信息，例如，指令计数器值、各寄存器值等保留在这里，当下次再恢复进行时，只要按这里保留的值重新装配各寄存器的值就可继续进行。

7）系统栈：这是在对应进程进入操作系统时，执行子程序嵌套调用时使用的下堆栈。主要用于保留每次调用时的程序现场，包括保留寄存器、传递的函数子程序的局部变量等。系统栈的内容主要反映了对应进程在操作系统内的执行历史，如回滚段、日志等。

8）进程映像信息：说明该进程的程序和数据的存储情况，包括它们的地址、内存、外存、容量等。

9）资源占有信息：说明对应进程所占用的外设种类、设备号等。

10）族系关系：反映该进程与其他进程之间的隶属关系。例如，该进程是由哪个进程建立的，它的子进程是谁等。

11）其他信息：如文件信息，工作单元等。

进程控制块是进程在系统中存在的唯一标志，其中的信息为进程的控制提供依据。

8.2.2　进程调度

进程的调度是指由于操作系统管理了系统的有限资源，当有多个进程要使用这些资源时，因为资源的有限性，必须按照一定的原则选择进程（请求）来占用资源。

进程调度方式分为不可剥夺方式和可剥夺方式两种。

1）不可剥夺方式：也称不可抢占方式，一个进程在获得处理器后，除非运行结束或进入阻塞状态等原因主动放弃 CPU，否则会一直运行下去。

2）可剥夺方式：在某些条件下系统可以强制剥夺正在运行的进程使用处理器的权利，将其分配给另一个合适的就绪进程。

在设计进程调度的策略时，需要综合考虑很多因素。

1）资源利用高效性：充分使用系统中各类资源，尽可能使多个设备并行工作。

2）调度低开销性：调度算法不能太复杂，不能带来大的开销。

3）公平性：在考虑不同类型进程具有不同优先权的基础上，尽量公平地对待各个进程，使它们能均衡地使用处理器。

4）针对性：考虑不同的设计目标，设计不同的策略。例如，交互式分时系统，应能及时响应用户的请求；实时系统，要求能对紧急事件作出及时处理和安全可靠。

在介绍进程调度算法之前，先看和进程调度相关的几个概念。

1）周转时间：进程从创建到执行完成所经历的时间。

$$\text{周转时间 } T = \text{完成时间} - \text{到达时间}$$

其值越接近平均运行时间，说明该调度算法越理想。

2）带权周转时间：周转时间和运行时间的比值。

$$\text{带权周转时间 } T_w = \text{周转时间} / \text{运行时间}$$

带权周转时间越接近 1，说明该调度算法越理想。

3）等待时间：进程从创建到执行完成所经历的时间减去占有 CPU 的时间。

$$\text{等待时间 } W = \text{周转时间} - \text{运行时间}$$

1. 先来先服务（FCFS）调度算法

思想：按照进程进入就绪队列的时间次序分配 CPU。

特点：具有不可抢占性的特点，处在就绪队列头部的进程首先获得 CPU，一旦进程占用了 CPU，一直运行到结束才放弃 CPU，除非在运行中因等待事件被阻塞而放弃 CPU。

问题：当一个大进程运行时会使后到的小进程等待很长时间，这就增加了进程平均等待时间；对于 I/O 繁忙的进程，每进行一次 I/O 都要等待其他进程一个运行周期结束后才能再次获得处理器，故大大延长了该类进程运行的总时间；不能为紧急进程优先分配 CPU。

FCFS 调度算法有利于计算型进程，而不利于占用 CPU 时间较短的 I/O 型进程。

表 8-1 列出了 4 个进程 P1、P2、P3、P4 的到达时间、运行时间，按照先来先服务的调

度算法，可得到每个进程的开始时间、完成时间、等待时间、周转时间和带权周转时间。4 个进程的平均运行时间为 4，平均周转时间为 8.75，而平均带权周转时间为 3.5。

表 8-1　FCFS 调度算法的进程运行情况

进程	到达时间	运行时间	开始时间	完成时间	等待时间	周转时间	带权周转时间
P1	0	7	0	7	0	7	1
P2	2	4	7	11	5	9	2.25
P3	4	1	11	12	7	8	8
P4	5	4	12	16	7	11	2.75
平均周转时间			T=(7+9+8+11)/4=8.75				
平均带权周转时间			T_W=(1+2.25+8+2.75)/4=3.5				
平均等待时间			W=(0+5+7+7)/4=4.75				

其运行时间轴如图 8-3 所示。

运行进程
P1
P2
P3
P4
0
7
11
12
16

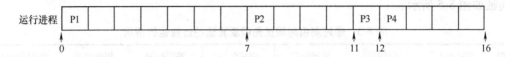

图 8-3　FCFS 算法的运行时间轴

2. 短进程优先（SPF）调度算法

思想：每次进行进程调度时均选择运行时间最短的进程分配 CPU。

特点：SPF 是以进程的运行时间长度作为优先级，进程运行时间越短，优先级越高。

表 8-2 中的 4 个进程与表 8-1 相同，只是采用了短进程优先调度算法，其运行时间轴如图 8-4 所示。

表 8-2　短进程调度算法的进程运行情况

进程	到达时间	运行时间	开始时间	完成时间	等待时间	周转时间	带权周转时间
P1	0	7	0	7	0	7	1
P2	2	4	8	12	6	10	2.5
P3	4	1	7	8	3	4	4
P4	5	4	12	16	7	11	2.75
平均周转时间			T=(7+10+4+11)/4=8				
平均带权周转时间			T_W=(1+2.5+4+2.75)/4=2.56				
平均等待时间			W=(0+6+3+7)/4=4				

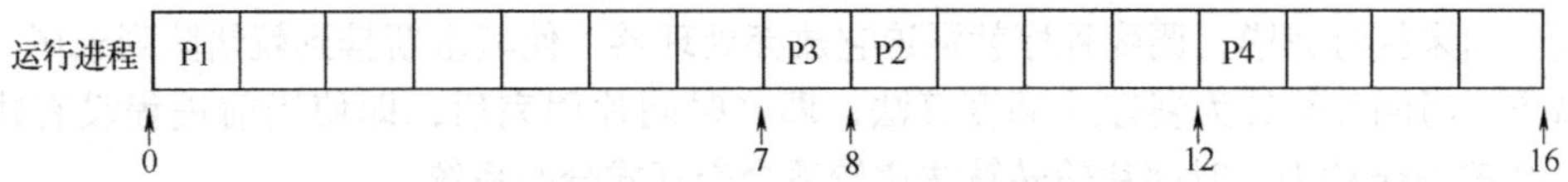

运行进程
P1
P3
P2
P4
0
7
8
12
16

图 8-4　短进程优先调度算法的运行时间轴

对比 FCFS 算法，采用 SPF 算法的平均周转时间、平均带权周转时间和平均等待时间都要更低。

问题：

1）必须预知进程的运行时间。即使是程序员也很难准确估计进程的运行时间。

2）对长进程不利。长进程的周转时间会明显地增长。可怕的是，SJF 算法完全忽视了进程等待时间，可能使进程等待时间过长，出现饥饿现象。

3）完全未考虑进程的紧迫程度。不能保证紧迫性进程得到及时处理。

上面的这种短进程优先调度算法是按照非抢占式的方式进行的，还有一种抢占式短进程调度算法，又称"最短剩余时间优先算法（SRTN）"。

3. 最短剩余时间优先算法

每当有进程加入就绪队列时就需要调度，如果新到达的进程剩余时间比当前运行的进程剩余时间更短，则由新进程抢占处理器，当前运行进程重新回到就绪队列。另外，当一个进程完成时也需要调度。

表 8-3 所示为采用最短剩余时间优先调度算法进行调度时 4 个进程的运行情况，其运行时间轴如图 8-5 所示。

表 8-3 最短剩余时间优先调度算法的进程运行情况

进程	到达时间	运行时间	开始时间	完成时间	等待时间	周转时间	带权周转时间
P1	0	7	0	16	9	16	2.29
P2	2	4	2	7	1	5	1.25
P3	4	1	4	5	0	1	1
P4	5	4	7	11	2	6	1.5
平均周转时间			$T = (16+5+1+6)/4 = 7$				
平均带权周转时间			$T_W = (2.29+1.25+1+1.5)/4 = 1.51$				
平均等待时间			$W = (9+1+0+2)/4 = 3$				

对比 SPF 算法，SRTN 算法的几个指标又要更低。

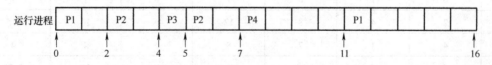

图 8-5 最短剩余时间优先调度算法的运行时间轴

4. 时间片轮转算法

思想：各就绪进程轮流运行一小段时间，这一小段时间称为时间片。在时间片内，如进程运行任务完成或因 I/O 等原因进入阻塞状态，该进程就提前让出 CPU，当一个进程在一个时间片内未执行完毕，调度程序就强迫它放弃处理器，使其重新排到就绪队列末尾。

特点：时间片轮转为剥夺式调度算法，即当时间片用完后，即使当前进程没有执行结束，也会被剥夺 CPU。时间片轮转算法比较适合交互式分时系统。

系统的效率与时间片大小的设置有关。若时间片过大，系统与用户间的交互性就差，系统响应用户的时间就长。若时间片太小，进程间切换过于频繁，系统开销就增大，包括进程切换相关开销（保存、恢复现场等）大，频繁执行调度算法开销大。

优化方案：可将时间片分成多个规格，如 10ms、20ms 或 50ms 等。按时间片大小将就绪进程排成多个队列。排在小时间片的进程被调度的频率比较高，将交互性强的进程排在小时间片队列，而将计算性较强的进程排在长时间片队列。这样可以提高系统的响应速度并减少周转时间。

5. 优先级调度算法

思想：系统赋予每个进程一个优先数，用于表示该进程的优先级。调度程序总是从就绪队列中挑选一个优先级最高的进程，使之占有处理器。具体实现方式如下：

静态优先级调度：优先级在进程创建时已经确定。在进程运行期间该优先数保持不变。

动态优先级调度：优先级在进程运行中，可以动态调整。

分配优先级需要考虑的因素如下：

1）系统进程应当赋予比用户进程高的优先级。

2）短作业的进程可以赋予较高的优先级。

3）I/O 繁忙的进程应当优先获得 CPU。

4）根据用户作业的申请，设置进程的优先级。

静态优先权法比较适合于实时系统，其优先级可根据事件的紧迫程度事先设定。动态优先级调度可根据实际情况调整优先级，处理更灵活。

6. 高响应比优先调度算法（HRRF）

高响应比优先（Highest Response Ratio First）调度算法实际上是一种基于动态优先数的非抢占式调度算法。按照高响应比优先调度算法，每个进程都拥有一个动态优先数，该优先数不仅是进程运行时间（估计值）的函数，还是其等待时间的函数。高响应比优先调度算法中的优先数通常也称为响应比 R_p，其定义为

R_p = 响应时间/运行时间 =（运行时间+等待时间）/运行时间 = 1+等待时间/运行时间

高响应比优先调度算法在每次调度进程运行时都要计算进程就绪队列中每个进程的响应比，然后选择最高响应比的进程投入运行。当然，初始时短进程的响应比一定比长进程的响应比高，但随着等待时间的增加，长进程的响应比会随之提高，只要等待一定的时间，长进程就会因成为响应比最高者而获得运行。

表 8-1 中的 4 个进程现在采用高响应比优先调度算法，其运行情况见表 8-4。

表 8-4 高响应比优先调度算法的进程运行情况

时刻	事件和动作	R_p 值				动作
		P1	P2	P3	P4	
0	P1 到，计算 R_p	1	—			P1 运行
2	P2 到					
4	P3 到					
5	P4 到					
7	P1 结束，计算 R_p	—	2.25	4	1.5	P3 运行
8	P3 结束，计算 R_p	—	2.5	—	1.75	P2 运行
12	P2 结束，计算 R_p	—	—	—	2.75	P4 运行
16	P4 结束					

本例中的最终运行过程和最短进程优先调度算法相同，指标和表 8-2 相同。

高响应比优先调度算法既照顾了短进程，又不使长进程等待时间过长，是先来先服务调度算法和短进程优先调度算法的一种很好的折中调度方案。但缺点是需要估计每个进程的运行时间，而且每次调度时都要计算就绪队列中所有进程的响应比，这需要耗费不少的 CPU 资源。

8.2.3 死锁

1. 死锁的定义及产生

在多道系统中，多个进程不断申请和释放系统的软硬件资源，系统有可能处于这样一种状态，即多个进程均互相"无知地"等待对方所占有的资源而无限地封锁，此状态称为死锁（Deadlock），死锁产生的原因是进程间竞争资源或进程间推进顺序不当。

图 8-6 所示的系统中有两个进程 A 和进程 B，读卡机和打印机各一台，在 T1 时刻，进程 A 和进程 B 分别申请到打印机和读卡机，系统可以满足它们的要求；T2 时刻，这两个进程又分别申请读卡机和打印机，此时进程 A 申请的打印机已被进程 B 所占用，进程 B 所申请的读卡机又被进程 A 所占用，因此谁都不可能前进一步，从而出现死锁。

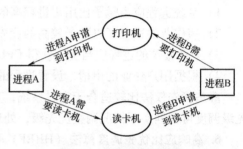

图 8-6 死锁状态示意图

经过分析，死锁产生必须同时具备四个必要条件：

1）资源独占性：资源不能共享，外设只能由一个进程用完才能为其他进程所使用。

2）资源的部分分配：需求某类资源的若干进程每次只能申请或被分配其完全需求资源的一部分。

3）资源的不可剥夺性：资源的非抢占式分配，一个进程占用外设时，另一个进程就不能把它夺过来，只能等待。

4）出现相关进程由于资源分配不当而出现循环等待。

要解决死锁的问题，有多种方法，分为死锁预防、死锁避免和死锁恢复。

2. 死锁的预防

提前确定系统资源分配算法，破坏产生死锁的四个必要条件中的任何一个或几个，以保证在系统运行中不发生死锁。

（1）破坏资源独占性

若资源不被一个进程独占使用，那么死锁是肯定不会发生的，采用假脱机技术（SPOOLing）可以使非共享设备变为共享设备。

SPOOLing 技术是低速输入输出设备与主机交换的一种技术，它的核心思想是以联机的方式得到脱机的效果。简单来说就是在内存中形成缓冲区，在高级设备中形成输出井和输入井，传递的时候，从低速设备传入缓冲区，再传到高速设备的输入井，再从高速设备的输出井传到缓冲区，再传到低速设备。

将一台独享打印机改造为可供多个用户共享的打印机，是应用 SPOOLing 技术的典型实例。具体做法是：系统对于用户的打印输出，并不真正把打印机分配给该用户进程，而是先在输出井中申请一个空闲盘块区，并将要打印的数据送入其中；然后为用户申请并填写请求打印表，将该表挂到请求打印队列上。若打印机空闲，输出程序从请求打印队首取表，将要打印的数据从输出井传送到内存缓冲区，再进行打印，直到打印队列为空。

该策略的缺点：并不是所有的资源都可以改造成可共享使用的资源，为了系统安全，很多地方还必须包含这种互斥性，因此很多时候无法破坏互斥条件。

（2）破坏"资源的部分分配性"

要破坏"资源的部分分配性"条件，可以采用资源预分配策略：每个进程在运行之前一次性申请它所需要的全部资源，并在资源未得到满足之前不投入运行。进程一旦投入运行，则分配给它的资源就一直归该进程所有，且不再提出新的资源请求。这种分配方法使请求条件不成立，并且只要系统有一种资源不能满足进程的要求，即使其他资源空闲也不将空闲资源分配给该进程，而使该进程阻塞。即申请不到资源时释放原先已占有的，进入等待，以后再一起申请。由于进程阻塞时没有占用任何资源，因此保持条件也不成立。

这种方法的优点：安全、简单且易于实现。

缺点如下：

1）系统资源严重浪费，这是因为尽管进程一次性获得了所需的全部资源，但这些资源可能分别只在进程运行的某一时段内使用，在不使用的那段时间这些资源被浪费了。

2）由于进程只有获得了全部资源后才能运行，因此会导致一些进程长时间得不到运行。

3）很多进程在运行之前，系统并不能确切地知道它到底需要多少资源。

（3）破坏"资源的不可剥夺性"

要破坏"不可抢占"条件，可以采用抢占资源分配策略，即进程在运行过程中根据需要逐个提出资源请求，当一个已经占有了某些资源的进程，又提出新的资源请求而未得到满足时，则必须释放它已获得的全部资源而进入阻塞状态，待以后需要时再重新申请。由于进程在阻塞时已释放了它所占用的全部资源，于是可以认为该进程所占用的资源被抢占了，从而破坏了不可抢占条件。

这种方法可以预防死锁的发生，但缺点也很明显：

1）该方法实现起来比较复杂且代价太大，进程的反复申请和释放资源会使进程推进缓慢，甚至可能导致进程的执行被无限推迟，这不但延长了系统的周转时间，而且也增加了系统的开销。

2）可能存在某些进程的资源总是被抢占，而造成"饥饿"。

（4）破坏循环等待

要破坏"循环等待"条件，可以采用资源有序分配策略，即将系统中所有资源进行编号，并规定进程申请资源时必须严格按照资源编号（如递增）的顺序进行。例如，将输入机、磁带机、打印机和磁盘分别编号为 1、2、3 和 4。若采用资源有序分配策略，进程在获得某个资源后，下一次只能申请较高编号的资源，不能再申请低编号的资源。于是任何时候在申请资源的一组进程中，总会有一个进程占用着具有较高编号的资源，它继续申请的资源必然是空闲的，以至于不可能形成进程-资源循环等待环路，从而破坏了循环等待条件。

这种预防死锁的策略与前两种策略相比，系统的资源利用率和吞吐量有明显的改善。

其缺点如下：

1）进程实际使用资源的顺序不一定与编号顺序一致，资源的有序分配会造成资源浪费。

2）资源不同的编号方法对资源的利用率有重要影响，且很难找到最优的编号方法。

3）资源的编号必须相对稳定，当系统添加新种类设备后处理起来比较麻烦。

4）严格的资源分配顺序使用户编程的自主性受到限制。

3. 死锁避免

与死锁的预防相比，死锁的避免（DeadLock Avoidance）是在不改变资源固有性质的前提下，对资源的分配策略施加较少的限制条件来避免死锁的发生。或者说，死锁的预防需要破坏死锁的 4 个必要条件之一，而死锁的避免则无须刻意破坏死锁的 4 个必要条件，只是对资源的分配策略施加了少许的限制条件来避免死锁的发生。

为了避免死锁的发生，系统对进程提出的每一个资源请求，先不是真正去分配，而是根据当时资源的使用情况，按一定的算法去进行模拟分配后的结果。只有当探测结果不会导致死锁，才真正接收进程提出的这一请求。目前常用的死锁避免算法是银行家算法。

银行家算法的思想：为便于描述，现假定在同类资源的分配上实行这一算法。系统接收到一个进程的资源请求后，就先假定承认这一申请，把资源分配给它。然后系统用剩余的资源和每一个进程还需要的资源数相比，看能否找到这样的进程，系统把资源分配给它后，就能满足它对资源的最大需求，从而保证其运行完毕。如果能，就分配给它，系统在其运行完毕后回收其占用的全部资源，就会有更多的剩余资源数。再重复这一过程，直到找不出这样的进程为止。

【例 8-1】 某系统有 R1、R2 和 R3 共三种资源，资源总数为（9,3,6），在 T0 时刻 4 个进程 P1、P2、P3 和 P4 对资源的占用和需求情况，以及系统的可用资源情况见表 8-5。

试求解下面的问题：如果 T0 时刻 P1 和 P2 均提出了对资源 R1 和 R3 各一个的请求，表示为（1,0,1），为保证系统的安全性，应如何分配资源给 P1 和 P2？

表 8-5　T0 时刻 4 个进程的资源分配情况

进程	最大资源需求量			已分配资源数			需求量			可用资源数		
	R1	R2	R3	R1	R2	R3	R1	R2	R3	R1	R2	R3
P1	3	2	2	1	0	0	2	2	2			
P2	6	1	3	4	1	1	2	0	2	2	1	2
P3	3	1	4	2	1	1	1	0	3			
P4	4	2	2	0	0	2	4	2	0			

解：由于 P1 和 P2 均提出了（1,0,1）的资源请求，按银行家算法先检查 P1 进程能否满足。若此时为 P1 分配所需资源后，系统的资源分配情况见表 8-6。

表 8-6　T0 时刻为 P1 分配资源后系统资源分配情况

进程	最大资源需求量			已分配资源数			需求量			可用资源数		
	R1	R2	R3	R1	R2	R3	R1	R2	R3	R1	R2	R3
P1	3	2	2	2	0	1	1	2	1			
P2	6	1	3	4	1	1	2	0	2	1	1	1
P3	3	1	4	2	1	1	1	0	3			
P4	4	2	2	0	0	2	4	2	0			

此时，可用资源数已不能满足任何进程的资源需求量，因此不能将资源分配给 P1。即不能满足 P1 提出的（1,0,1）的资源请求。

下来按银行家算法检查进程 P2 进程能否满足。若此时为 P2 分配所需资源后，系统的资源分配情况见表 8-7。

表 8-7　T0 时刻为 P2 分配资源后系统资源分配情况

进程	最大资源需求量			已分配资源数			需求量			可用资源数		
	R1	R2	R3	R1	R2	R3	R1	R2	R3	R1	R2	R3
P1	3	2	2	1	0	0	2	2	2			
P2	6	1	3	5	1	2	1	0	1	1	1	1
P3	3	1	4	2	1	1	1	0	3			
P4	4	2	2	0	0	2	4	2	0			

从表 8-7 可以看出，在满足 P2 的资源请求后，剩余资源还可以满足 P2 的最大资源请求，从而可以保证 P2 运行结束，最终可释放 P2 所占用的全部资源，使得可用资源状态变为（6,2,3），接下来可满足 P1 进程的最大资源请求，从而保证 P1 能运行结束，并释放所站资源，使得可用资源状态变为（7,2,3），再往后可以保证 P3 和 P4 两个进程的最大资源请求，并最终释放所有资源。即存在一个安全运行序列 P2-P1-P3-P4 保证所有进程能运行结束，并释放所有资源，因此认为此状态是安全的，即可以将 P2 申请的资源分配给它。

4. 死锁的检测和恢复

操作系统可定时运行一个"死锁检测"程序，该程序按一定的算法去检测系统中是否存在死锁。检测死锁的实质是确定是否存在"循环等待"条件，检测算法可以确定死锁的存在并识别出与死锁有关的进程和资源，以供系统采取适当的解除死锁措施。

下面介绍一种死锁检测机制。

1）为每个进程和每个资源指定唯一编号。

2）设置一张资源分配状态表，每个表目包含"资源号"和占有该资源的"进程号"两项，资源分配表中记录了每个资源正在被哪个进程所占有。

3）设置一张进程等待分配表，每个表目包含"进程号"和该进程所等待的"资源号"两项。

4）死锁检测算法：当任一进程申请一个已被其他进程占用的资源时，进行死锁检测。检测算法通过反复查找资源分配表和进程等待表，来确定该进程对资源的请求是否导致形成环路，若是，便确定出现死锁。

一旦检测到死锁，便要立即设法解除死锁。一般说来，只要让某个进程释放一个或多个资源就可以解除死锁。死锁解除后，释放资源的进程应恢复它原来的状态，才能保证该进程的执行不会出现错误。因此，死锁解除实质上就是如何让释放资源的进程能够继续运行。

死锁解除的方法可归纳为两大类。

（1）剥夺资源

使用挂起/激活机制挂起一些进程，剥夺它们占有的资源给死锁进程，以解除死锁，待以后条件满足时，再激活被挂起的进程。

由于死锁是由进程竞争资源而引起的，所以可以从一些进程那里强行剥夺足够数量的资源分配给死锁进程，以解除死锁状态。剥夺的顺序可以是以花费最小资源数为依据。每次剥夺后，需要再次调用死锁检测算法。资源被剥夺的进程为了再次得到该资源，必须重新提出申请。为了安全地释放资源，该进程就必须返回到分配资源前的某一点。

（2）撤销死锁进程

撤销死锁进程，将它们占有的资源分配给另一些死锁进程，直到死锁解除为止。

可以撤销所有死锁进程，或者逐个撤销死锁进程，每撤销一个进程就检测死锁是否继续存在，若已经没有死锁，就停止进程的撤销。

如果按照某种顺序逐渐撤销已死锁的进程，直到获得为解除死锁所需要的足够可用的资源，那么在极端情况下，这种方法可能会造成除一个死锁进程外，其余的死锁进程全部被撤销的局面。

应该按照什么原则撤销进程？较实用而又简便的方法是撤销那些代价最小的进程，或者使撤销进程的数目最小。

8.3 存储管理

存储器是计算机系统的重要资源之一。因此，在计算机中必须加以有效管理。存储器由内存和外存组成，本章主要讨论内存管理问题。内存由顺序编址的块组成，每块包含相应的物理单元。CPU 要通过启动相应的 I/O 设备才能使外存和内存交换信息。管理内存的部分在操作系统中称为存储管理。它的任务是记录哪些内存在使用，哪些内存是空闲的。

8.3.1 存储管理的基本概念

存储管理的目的是方便用户，使用户减少甚至摆脱对存储器使用的管理；提高内存资源的利用率，关键是实现资源共享。存储管理的重要性在于直接存取要求内存速度尽量快到与 CPU 取指（令）速度相匹配，大到能装下当前运行的程序与数据，否则 CPU 执行速度就会受到内存速度和容量的影响而得不到充分发挥。

存储管理应具有以下 4 个基本功能。

1）内存空间的分配与回收。按程序要求进行内存分配，当程序运行结束后，适时回收其占用的内存。

2）实现地址转换。实现程序中的逻辑地址到内存物理地址的转换。

3）内存空间的共享与保护。对内存中的程序和数据实施保护。

4）内存空间的扩充。实现内存的逻辑扩充，提供给用户更大的存储空间，允许超过内存容量的程序运行。

下面先介绍存储管理的相关概念。

1. 逻辑地址

逻辑地址又称为有效地址、相对地址、虚地址。程序中按逻辑顺序编写的代码及数据的地址称为逻辑地址。用户的程序经过汇编或编译后形成目标代码，目标代码通常采用相对地址的形式，其首地址为 0，其余指令中的地址都相对于首地址而编址。

2. 物理地址

物理地址又称绝对地址或实地址。程序中按代码及数据在内存中实际存储位置的地址称为物理地址。物理地址是内存中存储单元的地址，可直接寻址。

当程序装入内存时，操作系统要为该程序分配一个合适的内存空间，由于程序的逻辑地址与分配到的内存物理地址不一致，而 CPU 执行指令时，是按物理地址进行的，因此要进行地址转换。

3. 地址重定位

在用户程序实际运行时，必须将用户程序中的有效地址实际映射到内存的某一存储区的某一单元。将逻辑地址转化为物理地址的过程称为重定位，又称地址映射或地址变换。一般由操作系统的链接过程完成，分为静态和动态两种。

（1）静态重定位

静态重定位是指当用户程序被装入内存时，一次性实现逻辑地址到物理地址的转换，并在程序运行期间不再改变。静态重定位的地址转换如图 8-7 所示。

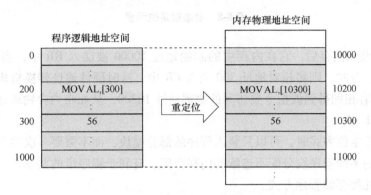

图 8-7　静态重定位示意

在图 8-7 中，逻辑地址空间的用户程序在地址 200 号单元中有一条指令"MOV AL，［300］"的功能是将地址 300 号单元中存放的整数 56 取到寄存器 AL 中。由于程序被装入到起始地址为 10000 的内存区域，因此如果不把相对地址 300 转换为内存的绝对地址，而是从内存 300 号单元地址中取数就会出错。正确做法是将取数指令中数据的相对地址 300 加上本程序存放在内存中的起始地址 10000，将相对地址 300 转变成绝对地址 10300，因此程序在装入内存后应将其所有的相对地址都转换为绝对地址，即将逻辑地址都转换为物理地址。

其地址变化可用如下公式表示：

$$绝对地址=相对地址+程序存放在内存的起始地址$$

（2）动态重定位

动态重定位是指在程序运行过程中要访问数据时再进行地址变换，即在指令逐条执行时完成地址转换。一般为了提高效率，此工作由硬件地址映射机制来完成。动态重定位的地址转换如图 8-8 所示。

动态重定位需要一个（或多个）基地址寄存器，又称重定位寄存器 RR 和一个（或多个）程序的逻辑地址寄存器 ER。指令或数据在内存中的绝对地址与逻辑地址的关系为

$$绝对地址=（ER）+（RR）$$

动态重定位的过程是将程序装入到内存，然后将程序所装入的内存区域首地址作为基地址送入 RR 中。在程序运行过程中，当某条指令访问到一个相对地址（逻辑地址）时，则将该相对地址送入 ER 中。这时，硬件地址转换机构把 RR 和 ER 中的内容相加就形成了要访问的绝对地址（内存物理地址），如图 8-8 所示。

在图 8-8 中，逻辑地址空间的用户程序在地址 200 号单元中的取数指令"MOV AL，

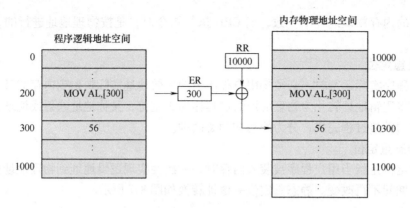

图 8-8　动态重定位示意

[300]"，程序装入内存后，它在内存中的起始地址 10000 被送入 RR 中，当执行到"MOV AL，[300]"指令时，则将相对地址 300 送入 ER 中，这时硬件地址转换机构将两个寄存器 RR 和 ER 的内容相加得到该指令要访问的物理地址 10300，从而将内存物理地址 10300 中的数据 56 取到 AL 中。

采用动态重定位方式时，可以只装入程序的部分模块，而不需要一次性全部装入。有利于给不同进程的不同程序段分配不连续的内存空间，有利于程序段的共享。

下面介绍几种存储管理方式。

8.3.2　分区式存储管理

分区式存储管理是最简单的内存管理方式，分区式存储管理对内存采用连续分配方式，即根据用户程序的需求为其在内存分配一段连续的存储空间。分区式存储管理又可分为固定分区存储管理和可变分区存储管理两种方式。

1. 固定分区存储管理

固定分区存储管理是在处理任务前，内存事先划分为若干个大小不等或相等的区域，这些区域一旦划分好则固定不变，每个任务占一个分区，任务是连续存放的。分区的划分可以由操作系统或系统管理员决定。

系统对内存的分配释放、存储保护以及地址变换等管理和控制通过分区分配表进行，分区分配表包括各分区的分区号、分区大小、起始地址和分区状态等信息。分区说明表见表 8-8。

当有程序申请内存空间时，则检查分区分配表，选择那些状态为"可用"的分区来比较程序地址空间的大小和分区的大小。当所有空闲分区的大小都不能容纳该程序时，则该程序暂时不能进入内存，并由系统显示内存不足的信息；当某个空闲分区的大小能容纳该程序时，则把该程序装入这个分区，并将程序名填入这个分区的状态栏。

当程序运行结束时，根据程序名检索分区分配表，从状态栏信息可找到该程序所使用的分区，然后将这个分区状态栏置为"可用"，表示这个分区已经空闲，可以装入新的程序。

固定分配的优点是分配回收方便，适用于用户不多的小型系统；缺点是内存使用不充分，每一分区剩余部分无法利用，容易形成内部碎片，图 8-9b 中的阴影部分就是分区 1 和分区 3 装入程序 A 和程序 B 后形成的内部碎片。由于分区个数固定，因此限制了系统中能够并发执行的程序（进程）数量。

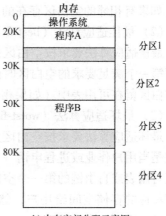

b) 内存空间分配示意图

分区号	大小	始址	状态
1	10KB	20KB	程序A
2	20KB	30KB	可用
3	30KB	50KB	程序B
4	40KB	80KB	可用

a) 分区分配表

图 8-9   固定分区管理示意图

2. 可变分区存储管理

动态分区法在作业执行前并不建立分区，而是在处理作业的过程中按需要建立分区，而且其大小可随作业或进程对内存的要求而改变。这就改变了固定分区中小作业占据大分区的浪费现象，从而提高了系统的利用率。

动态分区一般采用三张表对内存进行管理，分别为已分配区域说明表、空闲分区表和资源请求表。

已分配分区表用于登记内存空间中已经分配的分区，每个表项记录一个已分配分区，其内容包括分区号、起始地址、大小和状态，见表 8-8。空闲分区表则记录内存中所有空闲的分区，每个表项记录一个空闲分区，其内容包括分区号、起始地址、大小等，见表 8-9。资源请求表则记录每个作业或进程所需要的内存大小，见表 8-10。

表 8-8   已分配分区表

分区号	起始地址	大小	状态
1	50K	20K	P1
2	90K	15K	P2
3	260K	40K	P3
:			

表 8-9   空闲分区表

分区号	起始地址	大小
1	70K	20K
2	105K	155K
3	300K	100K

表 8-10   资源请求表

作业名	大小
:	
P4	30K
P5	90K
:	

动态分区法在分配前的初始状态下，除操作系统本身占用外，只有一个空闲区。分配时，按一定的算法从空闲分区表中找，看是否有满足作业要求的可用分区，如果存在，则分配，分配后修改两张表的内容，如果找不到满足要求的空闲区，则系统报错。

将一个新程序装入内存时，需要按照某种分配算法为其寻找一个合适的内存空闲区，然后将其装入到该空闲区中。根据空闲区在空闲分区表中的不同排列方法，相应形成了不同的空闲区分配算法，包括首次适应算法、最佳适应算法和最差适应算法。

（1）首次适应算法（first-fit）

要求把内存中的可用分区单独组成可用分区表或可用分区自由链，按起始地址递增的次序排列。查找的方法是每次按递增的次序向后找，一旦找到大于或等于所要求内存长度的分区，则结束查找，从找到的分区中划分所要求的内存长度分配给用户，把剩余的部分进行合并（如果有相邻的空白区存在的话），并修改可用区中的相应表项。

（2）最佳适应算法（best-fit）

最佳适应算法要求按空白区的大小从小到大次序组成空白区表或自由链。寻找的方法是找到第一个满足要求的空白区时停止查找，如果该空白区大于请求表中的请求长度，则将剩余空白区留在可用表中（如果相邻有空白区，则与之合并），然后修改相关表的表项。

（3）最坏适应算法（worst-fit）

最坏适应算法要求按空白区大小从大到小递减顺序组成空白区可用表或自由链。寻找的方法是当用户作业或进程申请一个空白区时，选择能满足要求的最大空白区分配，先检查空白区可用表或自由链的第一个空闲区的大小是否大于或等于所要求的内存长度，若满足，则分配相应的存储空间给用户，然后修改和调整空闲区可用表或自由链，否则分配失败。

上述三种内存分配算法特点各异，很难说哪种算法更好和更高效，应根据实际情况合理进行选择。

【例 8-2】 有一程序序列：程序 A 要求 18KB，程序 B 要求 25KB，程序 C 要求 30KB，初始内存分配情况如图 8-10 所示（其中阴影为已分配区）。问首次适应算法、最佳适应算法和最差适应算法中哪种能满足该程序序列的分配？

解：结合系统中初始内存的分配情况，建立的首次适应算法、最佳适应算法和最差适应算法的空闲分区表分别如图 8-11a ~ c 所示。

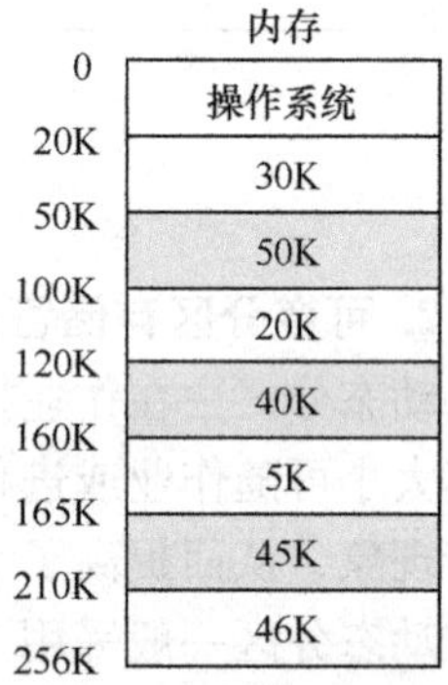

图 8-10　内存空间分配图

区号	地址	大小
1	20K	30K
2	100K	20K
3	160K	5K
4	210K	46K

a) 首次适应算法

区号	地址	大小
1	160K	5K
2	100K	20K
3	20K	30K
4	210K	46K

b) 最佳适应算法

区号	地址	大小
1	210K	46K
2	20K	30K
3	100K	20K
4	160K	5K

c) 最差适应算法

图 8-11　三种分配算法下的空闲分区表

对于首次适应算法，程序 A 分配 30KB 的空闲分区，程序 B 分配 46KB 的空闲分区，此后就无法为程序 C 分配合适的空闲分区了。

对于最佳适应算法，程序 A 分配 20KB 的空闲分区，程序 B 分配 30KB 的空闲分区，程序 C 分配 46KB 的空闲分区。

对于最差适应算法，程序 A 分配 46KB 的空闲分区，程序 B 分配 30KB 的空闲分区，此后就无法为程序 C 分配合适的空闲分区了。

因此对本题来说，最佳适应算法对这个程序序列的内存分配是合适的，而其他两种算法对该程序序列的内存分配是不合适的。

程序运行结束后，系统要把该程序占用的内存空间及时回收，以便重新分配给其他程序。内存回收中要考虑回收的内存区与相邻的空闲分区进行合并的问题。回收区与内存中的空闲分区在位置上存在 4 种关系，应针对不同的情况进行空闲区域的合并工作。

1）若回收区与上、下两个空闲分区相邻，则把这三个区域合并成一个新的空闲分区。具体做法是使用上空闲分区的首地址作为新空闲分区的首地址，取消下空闲分区表项，修改新空闲分区的大小为回收区与上、下两个空闲分区大小之和，并根据不同的分配算法，在空闲分区链中删去上、下两个空闲区节点，并插入新空闲分区节点。

2）若回收区只与上空闲区相邻，则将这两个区域合并成一个新空闲分区。具体做法是新空闲分区起始地址为上空闲区起始地址，大小为回收区与上空闲区之和，同时修改相应的数据结构。

3）若回收区只与下空闲区相邻，则将这两个区域合并成一个新空闲分区，具体做法是新空闲分区的起始地址为回收区起始地址，大小为回收区与下空闲分区之和，同时修改相应的数据结构。

4）回收区上、下都不与空闲分区相邻，这时回收区单独作为一个空闲分区放入空闲分区表中，同时作为一个新空闲区节点，按不同的分配算法插入到空闲分区表中。

在可变分区存储管理方式下，随着分配与回收的不断进行，内存中会出现很多离散分布且容量很小的小空闲分区，虽然这些小空闲分区的总容量能够满足程序对内存的需求，但由于每个程序都需要装入到一个连续的内存分区，而这些小空闲分区单个又不能满足程序对内存大小的需求，于是这些小空闲分区就成为内存中无法再利用的资源，称为内存碎片，造成了内存空间的浪费，为了提高内存资源的利用率，操作系统就必须解决外部碎片的问题。

在可变分区分配中，系统解决外部碎片的方法是通过移动内存中的程序，将内存中无法利用的小空闲分段合并在一起，组成一个较大的空闲分区来满足程序的需求，这种方法被称为紧凑技术（也称拼接技术）。当系统中的碎片数量很大时，采用紧凑方法会使系统的开销增大。

8.3.3　页式存储器管理

分区存储管理尽管实现方式简单，但存在着严重的碎片问题，使得内存的利用率不高。再者，分区管理时由于各作业或进程对应不同的分区以及在分区内各作业或进程连续存放，进程的大小仍受分区大小或内存可用空间的限制。为此提出了页式存储管理。

页式存储管理可分为静态页式管理和动态页式管理，而动态页式管理又分为请求页式管理和预调入页式管理。在此主要介绍动态页式管理的请求页式管理。

1. 页式存储管理的基本原理

将物理内存划分成位置固定、大小相同的块，所有物理块从 0 开始顺序编号。将用户程序的逻辑地址空间也划分成同样大小的页面，称为页，一页的大小和一块的大小相同，所有页也从 0 开始顺序编号。在为程序分配内存时，允许以页为单位将程序的各个页分别装入内存中相邻或不相邻的物理块中（如图 8-12 所示）。由于程序的最后一页往往不能装满分配给它的物理块，于是会有一定程度的内存空间浪费，这部分被浪费的内存空间称为页内碎片。页的大小应适中，一般设置为 2 的整数倍，通常为 512B ~ 8KB。

在图 8-12 中，共有 A 和 B 两个程序，程序 A 有 4 页，分别占用了内存的第 100、103、102、202 号存储块，同理，程序 B 有 3 页，分别占用了内存的第 200、201、101 号存储块。

2. 逻辑地址结构

在分页存储管理中，程序中的一维逻辑地址被转换为页号和页内地址。具体做法是用逻辑地址除以页长，得到的商就是页号，余数就是页内地址。

例如，设某系统的 1 页的大小为 2KB，即 2048B，在程序中将 2500 号单元的内容写入

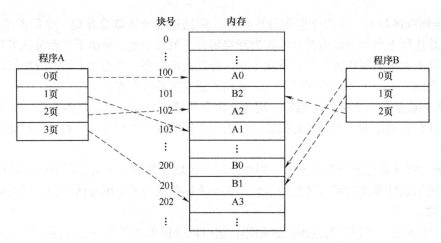

图 8-12　页式存储管理逻辑空间和物理空间示意图

AX 寄存器的指令如下：

```
MOV AX,[2500]
```

地址 2500 经转换后，其页号为 1，页内地址为 452。

这个转换工作在程序执行时由系统硬件自动完成，整个过程对用户透明。因此此用户编程时不需要知道逻辑地址与页号和页内地址的对应关系，只需要使用一维的逻辑地址。一维逻辑地址与页号和页内地址的关系为

$$一维逻辑地址 = 页号 × 页长 + 页内地址$$

3. 数据结构

为了实现分页存储管理，系统主要设置了页表（见图 8-13）和内存分配表两种表格。图 8-14 为位示图。

（1）页表

在分页系统中，操作系统为每个程序（进程）建立一张页表，用来存储页号及其映射（装入）的内存物理块号。最简单的页表由页号及其映射的物理块号组成（如图 8-13 所示）。由于页表的长度由程序所拥有页的个数决定，故每个程序的页表长度通常不同。

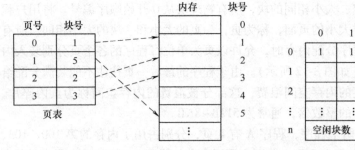

图 8-13　页表的使用

图 8-14　位示图

（2）内存分配表

为了正确地将一个页装入到内存的某个物理块中，就必须知道内存中所有物理块的使内情况，因此系统建立一张内存分配表来记录内存中物理块的分配情况。最简单的办法是用一

186

张位示图来构成内存分配表。位示图是指在内存中开辟若干个字，它的每一位与内存中的一个物理块相对应。每一位的值可以是 0 或 1，当取值为 0 时，表示对应的物理块空闲；当取值为 1 时，表示对应的物理块已分配。此外，在位示图中增加一个字节，来记录内存当前空闲物理块的总数。

4. 地址转换

在分页存储管理中，系统为每个程序建立一张页表并存放于内存中。当程序被装入内存但尚未运行时，页表的起始地址和页表长度等信息被保存到为该程序（进程）创建的进程控制块 PCB 中，一旦进程投入运行，就将这些信息装入到页表控制寄存器中，为地址转换做准备，基本地址转换过程如图 8-15 所示。

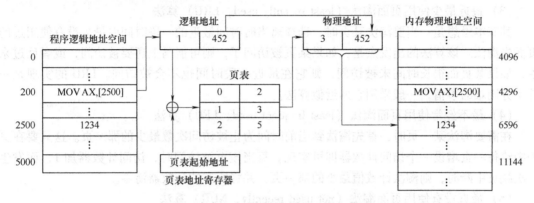

图 8-15　页式存储管理的地址转换示意

当进程执行中的指令要访问某个逻辑地址中的数据时，便启动地址转换机构，地址转换机构按照以下步骤完成逻辑地址到物理地址的转换和内存访问工作。设当前系统中 1 页的大小为 2KB，即 2048B。

1）地址转换机构自动将一维逻辑地址划分为页号和页内地址。如图 8-15 中将地址空间中的一维逻辑地址 2500 转换为页号为 1，页内地址为 452 的二维逻辑地址，即

$$2500 \div 2048 = 1 \cdots\cdots 452。$$

2）将页表控制寄存器中的页表始址和逻辑地址中的页号相加得到该页号在页表中的表项位置，由这个页表项可得到该页映射到的内存物理块号，而页内地址就是块页地址，从而形成了要访问的内存物理地址。在图 8-15 中，页号 1 在页表中是第二行，对应物理块号为 3，所以得到的二维物理地址是块号 3，块内地址即为页内地址为 452。

3）将二维的物理地址转换成一维物理地址，实际要访问的物理地址与物理块号和页内地址的关系是

$$物理地址 = 物理块号 \times 页长 + 页内地址$$

在图 8-15 中，得到的一维物理地址为 6596，即 3×2048+452=6596。

4）按物理地址访问内存单元，在图 8-15 中，访问 6596 单元，读取数据 1234。

5. 页面置换算法

页式存储管理允许只让进程或作业的部分程序和数据驻留在内存中，因此在执行过程中不可避免地会出现某些虚页不在内存中的问题。访问的页面不在内存时，若此时有空闲页，则直接装入内存，然后修改页表和内存分配表即可，但若此时内存无空闲页，则需选一页淘汰，选取淘汰页的方法叫页面置换算法。

常见的页面置换算法有以下七种。

（1）先进先出算法

先进入内存的页面先淘汰。具体实现是：在页表中登记进入的次序，并将各个已分配的页面按分配时间顺序链接起来，组成 FIFO 队列。优点是实现简单，缺点是在遇到常用的页效率低下时，可能产生分配的页面数增多，缺页次数反而增加的现象。

（2）循环检测法

让循环多的页面驻留内存，计算机记录页面驻留内存期间对该页的访问时间，选用相对时间（t_1-t_2）最大的淘汰，t_1 为该页上一次访问时间，t_2 为该页第二次访问时间。其优点是适合循环多的大程序，缺点是系统开销大。

（3）最近最少使用页面淘汰（least recently used，LRU）算法

其基本思想是：当要淘汰某页时，选择离当时时间最近的一段时间内最久没有使用过的页面先淘汰。该算法的出发点是：如果某页被访问了，则可能马上还要被访问，或者反过来说，如果某页面很长时间未被访问，则它在最近一段时间也不会被访问。LRU 的实现是一件十分困难的事情，一般采用它的近似算法。

（4）最不经常使用页面淘汰（least frequent used，LFU）算法

在需要淘汰某一页时，首先淘汰到当前时间为止被访问次数最少的那一页。这只要在页表中给每一页增设一个访问计数器即可实现。每当该页被访问时，访问计数器加 1，而发生一次缺页中断时，则淘汰计数值最小的那一页，并将所有的计数器清零。

（5）最近没有使用页面淘汰（not used recently，NUR）算法

NUR 算法是上述 LFU 算法的一种简化，利用在页表中设置一个访问位即可实现，当某页被访问时，访问位置为"1"，否则访问位置为"0"；当需要淘汰一页时，从那些访问位为"0"的页中选一页进行淘汰。系统周期性地对所有访问位清零。

（6）随机数淘汰页面算法（random replacement algorithm，RRA）

在无法确定哪些页的访问概率较低时，随机选择某个用户的页面进行淘汰。

（7）最优淘汰算法（optimal replacement algorithm，ORA）

ORA 算法是一种理想的淘汰算法，系统预测作业今后要访问的页面，淘汰页是将来不被访问的页面或者最长时间后才能被访问的页面。这种算法是无法实现的，因为他要求必须预先知道每个进程的访问串，但可以作为其他置换算法的批判标准。

6. 页式存储管理的优缺点

页式存储管理的优点是：虚存量大，适合多道程序运行，用户不必担心内存不够的调度操作；动态页式管理提供了内存与外存统一管理的虚存实现方式；内存利用率高，不常用的页面尽量不留在内存；不要求作业连续存放，有效地解决了内存碎片问题。

页式存储管理的缺点是：要进行页面中断、缺页中断等处理，系统开销较大；有可能产生"抖动"现象（不断地进行页面的调入调出）；地址变换机构复杂，一般采用硬件实现，增加了机器成本。

8.3.4　段式存储管理

在实现程序和数据的共享时，常常以信息的逻辑单位为基础，而分页系统中的每一页只是存放信息的物理单位，其本身没有完整的意义，因而不便于实现信息的共享，而段却是信息的逻辑单位，有利于信息的共享和信息的保护。

用户把自己的作业按照逻辑关系划分成若干个段，每个段都有自己的名字，且都从 0 开始编址，这样用户程序在执行中可用段名和段内地址进行访问。例如"MOV AX，ES：[200]"这条指令的含义是将扩展段（ES 指定）中的 200 号单元的内容传送到 AX 寄存器中。

1. 段式存储管理的基本思想

在分段存储管理方式中，作业的地址空间被划分为若干个段，每个段是一组完整的逻辑信息，如主程序段、子程序段、数据段及堆栈段等，每个段都有自己的名字，都是从 0 开始编址的一段连续的地址空间，各段长度是不等的。分段管理程序以段为单位分配内存，然后通过地址映射机构把段式虚拟存储地址转化为内存中的实际地址。和页式管理一样，段式管理也采用只把那些经常访问的段驻留内存，而把那些在将来一段时间内不被访问的段放在外存，待需要时自动调入内存的方法以实现二维虚拟存储器的功能。

2. 段式管理的逻辑地址结构

分段系统地址结构的逻辑地址由段号（名）和段内地址两部分组成，如图 8-16 所示。

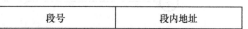

段号	段内地址

图 8-16　分段存储管理中的逻辑地址结构

3. 段表

在分段式存储管理系统中，为每个段分配一个连续的分区，而进程中的各个段可以离散地分配到内存不同的分区中。在系统中为每个进程建立一张段映像表，简称为"段表"。每个段在表中占有一表项，在其中记录了该段在内存中的起始地址（又称为"基址"）和段的长度。进程在执行中通过查段表来找到每个段所对应的内存区。可见，段表实现了从逻辑段到物理内存区的映射，如图 8-17 所示。

为了描述段，程序所有段都对应一个段表，主程序从 0 段开始，如图 8-17 所示。

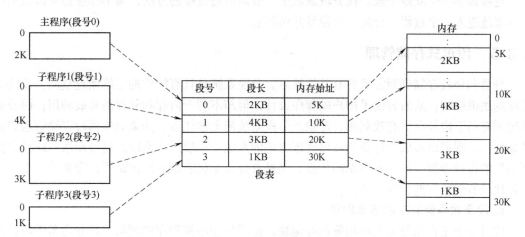

图 8-17　通过段表实现内存映射

4. 地址转换

分段存储管理也涉及地址转换问题，为了实现段的逻辑地址到内存物理地址的转换，系统为每个程序设置了一个段表，地址转换机构则通过段表来完成逻辑段到内存物理分区的映射。由于段表一般存放在内存中，因此系统使用了段表控制寄存器来存放运行程序的段表始址和段表长度。进行地址转换时，先通过段表控制寄存器中存放的段表始址找到段表，然后再从段中找到对应的段表项来完成逻辑段到内存物理分区的映射。图 8-18 给出了分段存储管理中地址转换的示意。

在地址转换过程中，系统首先将逻辑地址中的段号与段表控制寄存器中的段表长度进行比较，若超过了段表长度，则产生一个段越界中断信号；否则，将段表控制寄存器中的段表始址和逻辑地址中的段号相加，找到该段在段表中对应的段表项，并从此段表项中获得该段映射到内存中的起始地址。然后再根据逻辑地址中的段内地址是否大于段表项中的段长来判断是否产生段内地址越界。若大于，则产生地址越界中断信号；若不大于，则将已获得的该段在内存中的起始地址（内存始址）与逻辑地址中的段内地址相加，得到要访问的内存物理地址。

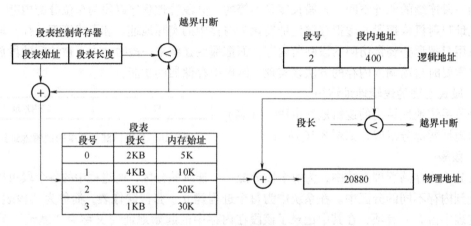

图 8-18　分段存储管理的地址转换

段是信息的逻辑单位，因此分段系统的一个突出的优点是易于实现段的共享。即允许若干个进程共享一个或多个段。在分段系统中，借助动态链接的方法，每个作业都可以在运行中动态地连入一个过程，分配一个段号并访问它。

8.3.5　段页式存储管理

分页和分段存储管理方式各有其优缺点。分段系统是具有结构的二维地址空间，反映了程序的逻辑结构，从而方便了用户的程序设计，但却不利于内存和外存的有效利用；而分页系统则有利于内外存的有效利用，却缺乏分段系统的上述优点。如果对这两种存储管理方式各取所长，则可以形成一种新的存储管理方式的系统——段页式系统。这种新系统既具有分页系统能有效地提高内存利用率的优点，又具有分段系统能很好地满足用户需要的长处，是一种比较有效的存储管理方式。

1. 段页式存储管理的基本原理

先将整个主存划分成大小相等的存储块，把用户程序按程序的逻辑关系分为若干段，并为每个段赋予一个段名，再把每个段划分成若干页，采用的是"各段之间按分段存储管理进行分配，每个段内部则按分页存储管理进行分配"的原则进行存储空间的分配。

2. 逻辑地址结构

在段页式存储管理的系统中，程序的逻辑地址仍然是一个二维地址空间，用户可见的仍然是段号和段内地址，而地址转换机构则根据系统要求自动把段内地址分为两部分：段内页号和页内地址，如图 8-19 所示。

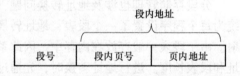

图 8-19　段页式存储管理的逻辑地址结构

3. 数据结构

为了实现段页式存储管理，系统必须设置以下两种数据结构。

（1）段表

系统为每个程序建立了一张段表，程序的每个段在段表中有一个段表项，此段表项记录了该段的页表长度和页表始址。

（2）页表

系统为程序中的每个段都建立了一张页表，一个段中的每个页在该段的页表中都有一个页表项，每个页表项记录了一个页的页号及其映射的内存物理块号。

4. 地址变换

在段页式存储管理中，指令中的逻辑地址到内存物理地址的转换也是由地址转换机构完成的。在地址转换机构中配置了一个段表控制寄存器，用来记录运行程序的段表长度和段表始址。段页式存储管理方式的地址转换过程如图 8-20 所示。其过程如下：

1）地址转换机构首先将逻辑地址中的段号与段表控制寄存器中的段表长度比较，若段号大于段表长度，则产生段越界中断；否则，未越界。

2）将段表控制寄存器中的段表始址和逻辑地址中的段号相加，获得该段号所对应的段表项在段表中的位置，找到该段表项后，从中获得该段的页表在内存中存放的起始地址和页表长度。

3）若逻辑地址中的段内页号大于该段表项中的页表长度，则产生页越界中断；否则，在该段表项中取出页表始址和逻辑地址中的段内页号相加，获得该段的页表中该页号对应的页表项位置，并从此页表项中获得该页号所映射的内存物理块号。

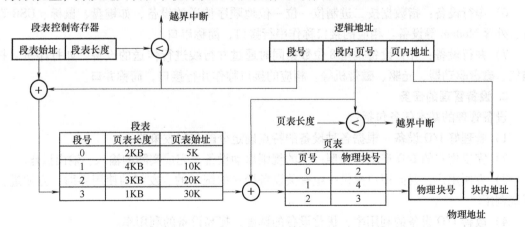

图 8-20　段页式存储管理的地址转换

4）最后将此物理块号和逻辑地址中的页内地址拼接，形成要访问的内存物理地址。

段页式存储管理的特点是每一段分成若干页，再按页式管理，页间不要求连续；用分段方法分配、管理作业，用分页方法分配、管理内存；段页式管理是段式管理和页式管理的结合，兼有段式和页式管理的优点，但系统的复杂性也随之增强。

8.4　设备管理

设备管理是指操作系统对计算机系统中除了 CPU 和内存以外的所有输入、输出设备实施的管理功能，完成该功能的程序集即为输入/输出系统（I/O 系统）。

8.4.1 设备管理概述

1. 设备的分类

设备的种类繁多，有多种分类方法，以下列出了不同分类方法得到的相关概念。

1）存储设备：又称外存或辅助存储器，用于永久保存用户信息。存储设备既是输入设备又是输出设备。虽然它们的存储速度较内存慢，但比内存容量大得多。磁盘和优盘等都属于存储设备。

2）I/O 设备：包括输入设备和输出设备两部分。输入设备是计算机用来接收外部信息的设备，如键盘、扫描仪等。输出设备则是将计算机加工处理的信息送向外部，输出设备有显示器、打印机等。

3）独占设备：指在一段时间内只允许一个用户（进程）访问的设备。进程一旦获得这类设备，就由该进程独占直至用完释放。大多数低速字符设备，如终端、打印机、扫描仪等就属于独占设备。

4）共享设备：指在一段时间内允许多个用户同时访问的设备。但这里的共享是宏观上的，任一时刻仍然只允许一个进程访问，即微观上各进程的访问只能交替进行。磁盘就是共享设备的典型代表。

5）虚拟设备：指通过虚拟技术（如 SPOOLing 技术），将一台独占设备改造成若干台逻辑上共享的设备，提供给多个用户（进程）同时使用，以提高设备的利用率。例如，局域网中提供给多个用户共享的打印机。

6）串行设备：指数据按二进制位一位一位地顺序传送的设备，如键盘、鼠标、USB 设备、外置 Modem 等设备。相应的接口称作串行接口，简称串口。

7）并行设备：并行设备是指 8 位数据同时通过并行线进行传送的设备，如打印机、扫描仪、磁盘驱动器、光驱、磁带机等。相应的接口称作并行接口，简称并口。

2. 设备管理的任务

设备管理的基本任务包括：

1）管理好 I/O 设备：根据各种设备的特点确定分配和回收策略。

2）完成用户的 I/O 请求：按照一定的规则启动设备，完成实际的输入、输出操作。

3）方便用户：要向用户提供一组有关设备操作的统一的、友好的使用界面，方便进行系统调用。

4）改善 I/O 设备的利用率：优化设备的调度，提高设备的利用率。

3. 设备管理的功能

为了实现上述目标，I/O 管理应具备以下功能。

1）状态跟踪：为了能对设备实施分配和控制，系统要在任何时间内都能快速地跟踪设备状态。设备状态信息保留在设备控制块中，设备控制块动态地记录设备状态的变化及有关信息。

2）设备存取：在多用户环境中，系统必须决定一种策略以确定哪个请求者将获得一台设备、使用多长时间以及何时存取设备。

3）设备分配：I/O 管理的功能之一是设备分配。系统将设备分配给进程（或作业），使用完毕时系统将其及时收回，以备重新分配。

4）设备控制：每个设备都响应带有参数的特定的 I/O 指令。I/O 管理的设备控制模块负责将用户的 I/O 请求转换为设备能识别的 I/O 指令，并实施设备驱动和中断处理的工作。即在设备处理程序中发出驱动某设备工作的 I/O 指令，并在设备发出完成或出错中断信号时进行相应的中断处理。

5）其他功能：包括对缓冲区进行有效的管理，以提高 CPU 和 I/O 设备之间的并行操作，减少中断；为改善系统的可适应性和可扩展性，应使用户程序与实际使用的 I/O 物理设备无关等。

4. CPU 与 I/O 设备的通信方式

CPU 和 I/O 设备之间交换信息的方式不同，也决定了信息交换的效率不同，随着计算机技术的发展，I/O 控制方式也在不断更新，但尽量减少 CPU 对 I/O 操作的干预，将 CPU 从繁忙的 I/O 任务中解脱出来，更大程度上实现 CPU 与 I/O 设备并行工作是其发展过程始终贯穿着的一条宗旨。CPU 与 I/O 设备的通信方式一般有 4 种：

1）程序查询方式。
2）中断处理方式。
3）直接内存存取（DMA）方式。
4）通道方式。

下面依次介绍这 4 种方式。

8.4.2　程序查询方式

早期计算机系统中没有中断系统，CPU 对 I/O 设备的控制只能由程序直接控制，通过设置一个测试 I/O 设备"忙/闲"状态标志的触发器来实现。若它置"闲"，则执行 I/O 操作；若它置"忙"，则 CPU 不断对它进行监测，直至设备"闲"下来为止，这种控制方式称为程序查询方式或程序直接 I/O 控制方式。

程序查询控制方式由用户进程直接控制内存或 CPU 与外设之间的信息传送。当用户进程需要传送数据时通过 CPU 向设备发出启动指令，用户进程进入测试等待状态。CPU 不断地执行 I/O 测试指令测试设备的状态，即采用循环测试 I/O 方式直接控制外设传输信息。也即，利用 I/O 测试指令测试设备的忙/闲标志位，若设备不忙，则执行 I/O 操作并完成数据的传送；若设备忙，则 I/O 测试指令不断对它进行测试，直到设备空闲为止。这种控制方式的控制流程如图 8-21 所示。

由于 CPU 的速度比 I/O 的速度快得多，而循环测试 I/O 方式使得 CPU 与外设只能串行工作，因此 CPU 绝大部分时间都处于等待 I/O 数据传输完成的循环测试状态，极大地浪费了 CPU 资源。另外，这种控制方式使设备与设备之间也只能串行工作。但是，程序查询方式的优点是管理简单，在 CPU 速度不是很快而且外设种类不多的情况下常被采用。

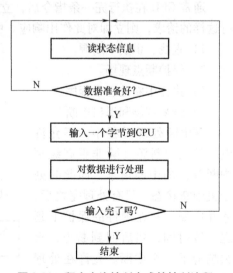

图 8-21　程序查询控制方式的控制流程

8.4.3 中断处理方式

为了克服程序查询方式的缺点，引入中断处理技术。该方式的核心就是使 I/O 设备具有主动"汇报"的能力；每当完成 I/O 操作后，便给 CPU 发一个通告信号。只有当 CPU 接到 I/O 设备中断请求后，才处理 I/O 操作。

当计算机与外部设备传输信息，外部设备具体执行操作时，主机并不在此等待外部设备输入、输出操作的完成，而是继续执行后面的程序。而外部设备完成输入、输出操作时，向主机发出信号（中断请求信号），表示 I/O 操作完成，主机才中断当前程序的执行，转去做相应处理（即执行中断处理程序）。采用程序中断的方式能够实现外设与主机的并行工作。

1. 中断相关概念

1）中断：外部设备和计算机主机并行工作时，若外部设备完成某一预定的输入/输出（I/O）操作后，要求主机暂停正在执行的程序，保留现场后自动转去执行相应事件的处理程序，完成后返回断点，继续执行被打断的程序，这个过程称为中断。中断是随机的，中断是可恢复的，中断是自动处理的。

2）中断源：引起中断的事件称为中断源。

3）中断请求：中断源向主机提出的进行处理的请求称为中断请求。

4）断点：发生中断时，在主机上正在运行的程序暂时停止，程序的暂停点称为断点。

5）中断装置：发现中断、响应中断的硬件称为中断装置。

6）中断响应：主机暂停执行原来的程序，转去处理中断，这样的过程称为中断响应。

7）中断处理程序：对已经得到响应的中断请求进行处理的程序称为中断处理程序，它是操作系统中与硬件最接近的部分，是操作系统和硬件的界面。

2. CPU 处理中断的过程

通常 CPU 在执行完一条指令后，立即检查有无适宜的需要立即处理的中断请求。如果有这样的请求，则立即对此作出响应。中断响应后，中断处理过程大致分成 4 个阶段：

1）查找、识别中断源。

2）保护断点现场。

3）执行中断处理子程序。

4）恢复现场和退出中断。

在中断处理过程中，不允许响应其他中断源（除非更高级别中断源）的中断请求，即此时处于关中断状态，只有处理完之后，才开中断，并在硬件的保护下延迟一段时间，然后回到断点，再去响应下一个中断。允许在处理某一中断时去响应更高级别中断源的中断请求，即嵌套，最多 8 层。中断处理过程如图 8-22 所示。

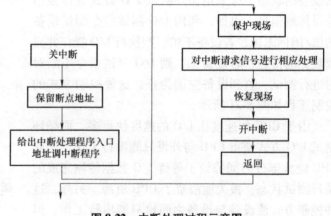

图 8-22 中断处理过程示意图

3. 中断处理方式的优缺点

优点：CPU 和 I/O 设备可并行工作，速度快，提高了资源的利用率。

缺点：I/O 操作依赖于 CPU，如果 I/O 处理频繁，CPU 也将很忙。特别是对字符设备，传送一个字符，就要响应一次中断处理；字符 I/O 设备很多、传输量很大时，CPU 可能完全陷入 I/O 处理中而不能自拔。

8.4.4　直接内存存取（DMA）方式

中断方式只能提高 CPU 的利用率，但在传送数据量大、速度高的情况下，它的处理效率就不理想了。

1. DMA 方式的基本概念

在 DMA 方式中，外部设备在 DMA 控制器支持下绕过 CPU 直接与内存交换数据，每次交换可以传送一个数据块，在每个数据块的传送期间无须 CPU 的干预。DMA 控制方式下的地址总线和数据总线以及一些控制信号线都是与 CPU 共用的。平时这些总线和控制信号线由 CPU 管理使用，当采用 DMA 进行直接内存数据交换时，DMA 采取挪用 CPU 工作周期和 DMA 控制器总线控制权的方法，由 DMA 控制器接管 CPU 所管理的总线，然后由 DMA 控制器控制外部设备与内存之间的成批数据传送，在所有数据传送完成后由 CPU 回收总线控制权，这是一种效率很高的传输方式。

DMA 控制方式具有以下 3 方面的特点。

1）内存与设备之间以数据块为单位进行数据传输，即每次至少传输一个数据块。

2）DMA 控制器获得总线控制权直接与内存进行数据交换，CPU 不介入数据传输事宜。

3）CPU 仅在数据块传送的开始和结束时进行干预，而数据块的传输和 I/O 管理均由 DMA 控制器负责。

为了实现在主机与 I/O 设备之间成块数据的直接交换，必须在 DMA 控制器中设置以下 4 类寄存器。

1）命令/状态寄存器（CR）：用于接收从 CPU 发来的 I/O 命令或控制信息，或者存放设备的状态。

2）内存地址寄存器（MAR）：在输入时（从设备传送到内存）存放数据在设备（如磁盘）的起始地址；在输出时（从内存传送到设备）存放数据在内存的源地址。

3）数据寄存器（DR）：用于暂存从设备到内存或从内存到设备的数据。

4）数据计数器（DC）：用于记录本次要读/写的字（字节）数。

2. DMA 控制方式的处理过程

DMA 控制方式传送数据的步骤如下：

1）申请阶段。进程请求 I/O 时，CPU 就向 DMA 控制器发出一条 I/O 命令，该命令被送至命令/状态寄存器。同时，CPU 挪用一个系统总线周期（工作周期），将准备存放输入数据的内存起始地址（或准备输出数据的内存源地址），以及要传送的字（字节）数分别存入内存地址寄存器和数据计数器，且将磁盘中的源地址（或目标地址）直接送入 DMA 控制器的 I/O 控制逻辑，然后启动 DMA 控制器进行数据传送。

2）响应阶段。CPU 将总线让给 DMA 控制器，由 DMA 控制器获得总线控制权来控制数据的传输。在 DMA 控制器控制数据传输期间，CPU 不使用总线。

3）数据传送阶段。DMA 控制器按照内存地址寄存器的指示，不断在设备与内存之间进行数据传输，并随时修改内存地址寄存器和数据计数器的值。当一个数据块传输完毕或数据计数器的值减到 0 时（所有数据都已传输完毕），传输停止并且向 CPU 发出中断信号。

195

4）传送结束阶段。CPU 响应 DMA 控制器的中断请求。如果数据传输完成，则转向相应的中断处理程序进行后续处理；如果还有数据需要传输，则按照相同方法重新启动剩余数据的传送。

3. DMA 控制方式和中断 I/O 控制方式的比较

DMA 控制方式与中断 I/O 控制方式相比，减少了 CPU 对 I/O 的干预，进一步提高了 CPU 与 I/O 设备之间的并行能力。DMA 控制方式是在一个数据块传输完毕后发出中断，而中断 I/O 控制方式则在每个单位（字或字节）数据传输结束后发出中断，显然 DMA 控制方式的效率要高得多。在 DMA 控制方式中，CPU 只是在每个数据块传输的开始和结束实施控制，在数据块的传输过程中则由 DMA 控制器控制，而中断 I/O 控制方式的数据传输则始终都是在 CPU 的控制下完成的。

在 DMA 方式下 I/O 操作处理速度快，但 DMA 方式只能完成简单的数据传输，不能满足更复杂的 I/O 操作要求，在大、中型计算机系统中，普遍采用 I/O 处理机来管理外部设备和主存之间的信息交换。

8.4.5 通道方式

1. 通道的基本概念

（1）通道定义

所谓通道指专门用来控制输入、输出设备的处理器，又被称为输入/输出（I/O）处理器。它是可以控制一台或多台外设与主机并行工作的一种硬件，是独立于 CPU 的专门负责数据输入、输出传输工作的处理器，对外部设备实现统一管理，代替 CPU 对输入/输出操作进行控制，从而使输入、输出操作可与 CPU 并行操作，能够执行通道程序。

（2）通道的作用

当主机要启动外部设备时，只要将启动信号以及一些必要的信息（如传输的字节数、需要传输的数据的起始地址等）送给通道，通道就可以独立地完成输入、输出的任务，而主机就不再干预，实现了主机和通道的并行操作。引入通道使 CPU 从 I/O 事务中解脱出来，同时提高了 CPU 与设备、设备与设备之间的并行工作能力。

2. 通道的硬件连接结构

主机要在一个设备上输入、输出，必须通过通道和设备的控制器来完成。通道和主机、控制器的连接一般有 3 种结构。

（1）单一通道 I/O 系统

单一通道 I/O 系统硬件连接方式如图 8-23 所示。从主机的内存到各设备之间，只有唯一的一个通路，例如，主机的内存到设备 E 只有一条通路 A—C—E；而到设备 F 也只有一条通路 B-D-F。

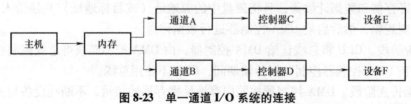

图 8-23 单一通道 I/O 系统的连接

在这种通路中，如果由于某种原因，控制器或通道暂时不能使用，此时主机就无法和该通路上的设备进行输入和输出。

（2）多重通道 I/O 系统

为了解决这个问题，以保护系统工作的可靠性，并且也为了减少通道和控制器使用的拥挤现象，可以允许每台设备连有多条通道，称为多重通道，如图 8-24 所示。

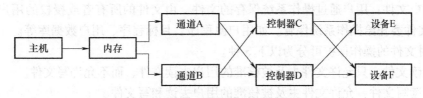

图 8-24 多重通道 I/O 系统的连接

在这个多重网络中，设备 E 可有四条通路：A—C—E，A—D—E，B—C—E，B—D—E。如果设备 F 的 I/O 使通道 A 和控制器 C 都处于忙碌状态，则可以通过通道 B 和控制器 D 为设备 E 服务。

（3）交叉连接 I/O 系统

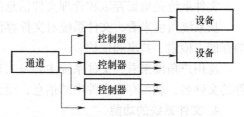

图 8-25 交叉连接 I/O 系统的连接方式

在主机与设备的通路中，如图 8-25 所示，有时一个通道可以同时连接多个控制器，一个控制器又可以连接多个设备，连接的方式有多种。一旦 CPU 发出指令，启动通道，则通道独立于 CPU 工作。一个通道可连接多个控制器，一个控制器可连接多个设备，形成树形交叉连接。这样启动外设时就提高了控制器的效率、可靠性和并行度。

通道相当于一个功能简单的处理器，包含通道指令（空操作、读操作、写操作、控制和转移操作），并可执行用这些指令编写的通道程序。

8.5 文件系统管理

前面介绍了对硬件资源的管理，本节介绍对软件资源的管理。由于软件资源是以文件形式存储，因此对软件资源的管理其实就是对文件系统的管理。文件系统管理是对各种系统程序（包括 OS 本身）、应用程序、库函数及用户程序、数据等进行组织、管理。

8.5.1 文件系统概述

文件管理的任务是把存储、检索、共享和保护文件的手段提供给操作系统本身和用户，以达到方便用户和提高资源利用率的目的。

1. 文件

计算机系统对系统中软件资源，无论是程序或数据、系统软件或应用软件都以文件方式来管理。文件是存储在某种介质上的（如磁盘、磁带等），在逻辑上具有完整意义并具有文件名的一组有序信息的集合，如各种源程序、报表等。

2. 文件的类型

按照文件性质与用途分可分为以下 3 种。

1）系统文件：由操作系统核心、系统应用程序和数据组成的文件，只允许用户通过系统调用或系统提供的专用命令来执行它们，不允许对其进行读写和修改。

2）库文件：允许用户对其进行读取和执行，但不允许对其进行修改，主要由各种标准子程序库组成。例如，C 语言的 ＊.LIB、UNIX 系统下的/lib、/usr/lib 目录下的文件。

3）用户文件：用户通过操作系统保存的文件，由文件的所有者或授权的用户使用，用户将这些文件委托给操作系统保管。如用户源程序、目标程序、用户数据库等。

按照对文件的操作保护可分为以下 3 种。

1）只读文件：只允许文件主及被核准的用户去读文件，而不允许写文件。

2）可读写文件：允许文件主及被核准的用户去读和写文件。

3）可执行文件：允许文件主及被核准的用户去调用执行文件而不允许读和写文件。

按照文件的保存时间可分为临时文件、永久文件、档案文件等。

除此之外，还有各种多媒体文件，如声音文件、图像文件、视频文件等。

3. 文件系统

文件系统是负责存取和管理文件信息的机构，又称为文件管理系统。

从系统角度来看，文件系统对文件存储器的存储空间进行组织、分配和回收，负责文件的存储、检索、共享和保护。

从用户角度来看，文件系统主要是实现"按名取存"，文件系统的用户只要知道所需文件的文件名，就可存取文件中的信息，而无须知道这些文件究竟存放在什么地方。

4. 文件系统的功能

一个完整的文件系统应具有如下功能：

1）使用户能建立、修改、删除一个文件。

2）使用户能在系统控制下共享其他用户的文件。

3）使用户能以方便其使用的方式来构造文件。

4）使用户能用符号名对文件进行访问。

5）转储和恢复文件的能力。

6）提供可靠的保护和保密措施等。

198

8.5.2　文件结构

文件结构指文件信息的组织形式，主要有逻辑结构和物理结构两种形式。

1. 文件的逻辑结构

文件的逻辑结构是从用户观点出发观察到的文件的组织结构，分为两大类。

（1）无结构文件

又称流式文件，是指对文件内信息不再划分单位，它是依次的一串字符流构成的文件，组成流式文件的基本信息单位是字节或字，其长度是所含字节数，如源程序、库函数等。

（2）有结构文件

由若干个相关的记录构成的文件，又称记录式文件。用户把文件内的信息按逻辑上独立的含义划分为信息单位，每个单位称为一个逻辑记录（简称记录），所有记录通常描述一个实体集，由多个数据项组成。例如，某班学生信息文件中的一个逻辑记录包括学号、姓名、成绩等数据项，每个记录表示一个学生的基本信息，多个记录则构成一个班级的学生信息文件。记录式的有结构文件则由程序设计语言或数据库管理系统提供。

2. 文件的物理结构

文件的物理结构又称为文件的存储结构，是指一个逻辑结构的文件在物理存储空间中的存放方法和组织关系，与存储介质的存储性能有关。通常以块为单位进行组织。

常用的物理结构有连续文件结构、链接文件结构和索引文件结构。

（1）连续文件结构

连续文件结构是最简单的物理文件结构，它把一个在逻辑上连续的文件信息依次存放到若干连续的物理块中。

（2）链接文件结构

用非连续的物理块来存放文件信息，其中每一个物理块设有一个指针，指向其后续物理块，从而使得存放同一文件的物理块链接成一个链表队列，如图 8-26 所示。

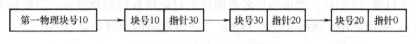

图 8-26　文件的链接结构

（3）索引文件结构

系统为每个文件建立一张索引表，表中每一项目指出文件信息所在的逻辑块号和与之对应的物理块号。索引表也以文件形式存于磁盘上。给出索引表的地址，就可查找与已知逻辑块号相应的物理块号。存放文件的各物理块不必占用连续外存空间，如图 8-27 所示。

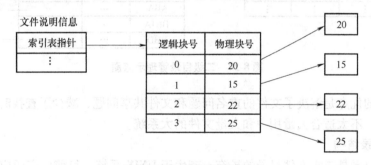

图 8-27　文件的索引结构

8.5.3　文件目录

文件目录存放每个文件的有关信息，用以标识用户和系统可以存取的全部文件。目录结构的组织关系到文件系统的存取速度，关系到文件的共享性和安全性。

1. 基本概念

文件控制块（FCB）是操作系统为管理文件而设置的数据结构，存放了为管理文件所需的有关信息（文件属性），是文件存在的标志。FCB 的内容主要包括文件名、文件号、用户名、文件地址、文件长度、文件类型、文件的建立日期等。把所有的 FCB 组织在一起，就构成了文件目录。为了实现对文件目录的管理，通常将文件目录以文件的形式保存在外存，这个文件称为目录文件。

2. 单级目录结构

最简单的目录结构是在整个文件系统中只建立一张目录表，每个文件占一个表目，称为单级目录。单级目录结构简单，能实现目录管理的基本功能：按名存取，但存在查找速度慢，不允许重名和不便于实现文件共享等缺点，适用于单用户环境，见表 8-11。

表 8-11　单级目录文件举例

文件名	记录长度	记录数	起始块号	其他
ABC	300	4	15	—
ZWJ	400	7	29	—
CMA	100	3	40	—

3. 二级目录结构

为改变一级目录文件的命名冲突，并提高对目录文件的检索速度，将目录分为两级，一级称为主文件目录（MFD），给出用户名及用户子目录所在的物理位置；二级称为用户文件目录（UFD），给出该用户所有文件的 FCB。二级目录结构如图 8-28 所示。

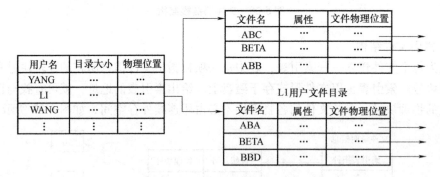

图 8-28　二级目录管理示意图

二级目录的优点是解决了文件的重名问题和文件共享问题，减少了查找时间。缺点是增加了系统开销，不太适合大量用户和大量文件的大系统。

4. 多级目录结构

多级文件目录是二级文件目录的扩充，产生于 UNIX 系统，目前已广泛应用于各种操作系统。它将目录和文件放在一起，将目录也做成文件，形成树形多层次的目录结构。在多级目录中要访问一个文件，必须指出文件所在的路径名，路径名从根目录开始到该文件的通路上所有各级目录名拼起来得到，各目录名之间与文件名之间可用分隔符隔开。

多级文件目录的优点是层次结构清晰，便于管理和保护；有利于文件分类；解决了重名问题；提高了文件检索速度；能进行存取权限的控制。缺点是查找一个文件要按路径名逐层检查，由于每个文件都放在外存，多次访问影响速度。

8.5.4　文件存储空间的管理

由于文件存储设备是分成若干个大小相等的物理块，并以块为单位来交换信息的，因此，文件存储空间的管理实质上是空闲块的组织和管理问题。

空闲块的管理有空闲文件项法、空闲区映像表法、空闲块链法、字位映像图法等。

（1）空闲文件项法

把每个连续的空闲区看成一个文件，并登记在文件目录中。其中各表目记录一个空闲文件的起始块号和空闲块数目，并按起始地址从小到大排列。分配时系统依次扫描整个标志为空闲的表目，比较其大小是否满足要求，若符合，则分配。当用户删除文件时，系统回收它所占用的物理块，并为之建立一个空闲文件。

（2）空闲区映像表法

把空闲区从目录中抽出来形成空闲区映像表文件。该文件在目录中占一个表目（空闲文件目录）。空闲区映像表文件为每个空闲区分配一个表目，通常包括空闲区大小、起始块地址。表按地址排列。

（3）空闲块链法

把所有空闲块链接在一起组成空闲块链（队列）。需要空闲块时，从链头摘取；删除文件时，把新回收的空闲块链入队尾。头指针指向第一个空闲块的位置（物理块号）。其优点是节省了空闲区映像表所占的空间，分配和释放时不用查目录表。

（4）字位映像图法

又称位示图法，由若干连续字节构成表，表中每一位对应一个物理块。用"位"的取值表示相应物理块是否分配，"1"表示该对应物理块已分配，"0"表示该对应物理块为空闲。位示图尺寸固定，可以放在内存中。

8.5.5 文件的共享和文件系统的安全

文件系统的一个重要功能是提供共享文件信息的手段，同时又要保证文件系统的安全。

1. 文件的共享

让同一个文件出现在属于不同用户的目录中就会给用户共享文件带来很大的方便。如图 8-29 所示，一个在 C 用户目录下的文件也出现在 B 用户目录下。但由此也带来一些问题，例如，如果文件的磁盘地址信息直接被存储于目录中，那么该图中的文件磁盘地址列表在 B 目录中就有一个备份。假设用户 B 和 C 分别向共享文件添加内容，新添加的块就只能在添加者各自的目录中见到，这就不是真正的共享。

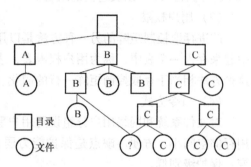

图 8-29 包含共享文件的文件系统

有两种办法解决这个问题：

第一种办法是不将磁盘地址信息直接存储于目录中，而是存储在另外一个数据结构中，目录项则指向这个数据结构，UNIX 就是采取这种办法。

另一种办法是当 B 需要共享 C 的一个文件时，就由系统创建一个类型为 LINK 的新文件置于 B 目录下，在这个新文件中只包含了被共享文件的路径名。当 B 需要存取该文件时，系统会发现这是一个 LINK 类型的文件，于是可以根据其中的文件路径名来找到共享文件。

2. 文件的保护和安全

文件系统对文件的保护常采用存取控制方式进行，存取控制与文件的共享、保护及保密紧密相关。文件保护指文件本身需要防止拥有者或其他用户破坏文件内容。文件保密指未经文件拥有者许可，任何用户不得访问该文件。这些问题实际上是用户对文件的使用权限，即读、写和执行的许可权问题。一般有下述几个方式来验证用户的存取操作。

（1）存取控制矩阵

理论上存取控制方法可用存取控制矩阵，它是一个二维矩阵，一维列出计算机的全部用户，另一维列出系统中的全部文件，矩阵中每个元素 $A_{i,j}$ 表示第 i 个用户对第 j 个文件的存取权限。通常存取权限有可读、可写、可执行以及它们的组合，见表 8-12。

表 8-12　存取控制矩阵

用户	文件 A	文件 B	文件 C	文件 D
用户甲	R-X	RWX	—	—
用户乙	RWX	—	R-X	R-X
用户丙	—	R-X	—	RWX

存取控制矩阵在概念上简单清楚，但实现起来却有困难。当一个系统的用户数和文件数很大时，二维矩阵要占很大的存储空间，验证过程也相当费时。

（2）存取控制表

存取控制矩阵由于太大而往往无法实现。一个改进的办法是按用户对文件的访问权限的差别对用户进行分类，由于某一文件往往只与少数几个用户有关，因此这种分类方法可使存取控制表大为简化。UNIX 系统就是使用存取控制表方法。它把用户分成 3 类：文件主（owner）、同组用户（group）和其他用户（other），每类用户的存取权限为可读（r）、可写（w）、可执行（x）以及它们的组合。

（3）用户权限

改进存取控制矩阵的另一种方法是以用户或用户组或文件为单位将用户可存取的文件集中起来存入一个表中，称为用户权限表，表中每个表目表示该用户对对应文件的存取权限。这种方法相当于存取控制矩阵一行的简化。

（4）口令方式

对文件系统和网络用户分组设置用户登录名（usemame）和口令（password）。优点是占用存储空间小、方便。缺点是保护能力弱，即可靠性差，口令易被窃取；存取控制不易改变；保护级别低。

（5）密码方式

对文件进行保护的另一项措施是密码技术。密码方式是指用户存储文件时用"密钥"对文件进行编码加密，读取时对其进行译码解密。加密方式除保密性强外，还具有节省存储空间优点，但编码解码工作须花费大量的时间，耗费系统开销。

8.6　本章小结

本章从资源管理的观点介绍了操作系统的有关概念与技术，主要内容如下：

1）介绍了操作系统的发展史、功能与任务。操作系统主要经历了手工操作阶段、批处理系统、操作系统和现代操作系统这几个阶段。操作系统的功能包括进程、处理器管理，存储器管理，设备管理，文件管理和用户接口 5 个方面。

2）进程是指一个具有一定独立功能的程序关于某个数据集合的一次运行活动。进程是程序的执行过程，具有一定的生命周期。一个进程活动至少划分为运行状态、就绪状态和等待状态。多个进程并发执行时，因无限等待对方占有的资源成为死锁。

3）设备管理指操作系统对计算机系统中除了 CPU 和内存以外的所有输入、输出设备实施的管理功能。CPU 与 I/O 设备的通信方式一般有 4 种：

① 程序查询方式。

② 中断处理方式。

③ 直接内存存取（DMA）方式。

④ 通道方式。

4）存储管理具有内存空间的分配与回收、实现地址转换、内存空间的共享与保护、内存空间的扩充 4 个基本功能。存储管理有以下几种方式：分区式存储管理、页式存储管理、段式存储管理和段页式存储管理。

5）操作系统对计算机系统中除了 CPU 和内存以外的所有输入、输出设备实施的管理功能为设备管理，完成设备管理功能的程序为输入/输出系统。设备管理具有状态跟踪、设备存取和设备分配等功能。CPU 与 I/O 的通信方式一般有程序查询、中断处理、直接内存存取和通道 4 种方式。

6）文件管理的任务是把存储、检索、共享和保护文件的手段提供给操作系统本身和用户，达到方便用户和提高资源利用率的目的。文件有逻辑结构和物理结构两种方式。

 习题

8-1　选择题

（1）操作系统的发展经历中第 3 个阶段是（　　　）。

　　A. 手工操作阶段　　　　　　　　　B. 批系统处理阶段

　　C. 现代操作系统　　　　　　　　　D. 操作系统阶段

（2）（　　　）的任务包括进程控制、进程同步、进程通信、死锁问题的处理。

　　A. 存储器管理　　　　　　　　　　B. 进程、处理器管理

　　C. 文件管理　　　　　　　　　　　D. 设备管理

（3）以下进程状态转变中,（　　　）转变是不可能发生的。

　　A. 运行→就绪　　　　　　　　　　B. 运行→阻塞

　　C. 阻塞→运行　　　　　　　　　　D. 阻塞→就绪

（4）当（　　　）时，进程从运行状态转变为就绪状态。

　　A. 进程被调度程序选中　　　　　　B. 时间片到

　　C. 等待某一事件　　　　　　　　　D. 等待的事件结束

（5）进程状态由就绪态转换为运行态是由（　　　）引起的。

　　A. 中断事件　　　　　　　　　　　B. 进程状态转换

　　C. 进程调度　　　　　　　　　　　D. 为程序创建进程

（6）一个进程被唤醒意味着（　　　）。

　　A. 该进程一定重新占用 CPU　　　　B. 它的优先级变为最大

　　C. 其 PCB 移至进程就绪队列的队首　D. 进程变为就绪状态

（7）价态重定位的时机是（　　　）。

　　A. 程序编译时　　B. 程序链接时　　C. 程序装入时　　D. 程序运行时

（8）采用动态重定位方式装入程序，其地址转换工作是在（　　　）完成的。

A. 程序装入时   B. 程序被选中时

C. 执行一条指令时   D. 程序在内存中移动时

(9) 最简单的进程生命周期模型由（   ）种状态构成？

    A. 1   B. 2   C. 3   D. 4

(10) 最简单的内存管理方式为（   ）。

    A. 分区式存储管理   B. 页式存储器管理

    C. 段式存储器管理   D. 页面置换管理

(11) 具有结构的二维地址空间，可以反映程序逻辑结构，但却不利于内存和外存的有效利用的是（   ）。

    A. 分段系统   B. 分页系统

    C. 段页系统   D. 存储系统

(12) 在段页式管理中，指令中的逻辑地址到内存物理地址的转换是由（   ）完成的。

    A. 地址转换机构   B. 控制寄存器

    C. 内存物理块   D. 页表

(13) 下面关于设备管理中设备分类的说法正确的是（   ）。

    A. 存储设备又称内存或辅助存储器，用于暂时保存用户信息

    B. I/O 设备包括输入设备和输出设备两部分

    C. 独占设备指在一段时间内允许多个用户同时访问的设备

    D. 共享设备指在一段时间内只允许一个用户访问的设备

(14) 下面关于中断的概念正确的是（   ）。

    A. 中断是随机的，中断是可恢复的，中断是自动处理的

    B. 在中断处理过程中，允许响应任何其他中断源的中断请求

    C. 对所有的中断请求进行处理的程序称为中断处理程序，是操作系统中与软件最接近的部分

    D. 处理中断方式时 CPU 和 I/O 设备不可并行工作

(15) 为了实现在主机与 I/O 设备之间成块数据的直接交换，必须在 DMA 控制器中设置命令/状态寄存器、内存地址寄存器、数据寄存器和（   ）4 类寄存器。

    A. 数据计数器   B. 通用寄存器   C. 标志寄存器   D. 指令寄存器

(16) 关于 DMA 方式和中断 I/O 控制方式的比较，下面错误的是（   ）。

    A. DMA 控制方式与中断 I/O 控制方式相比减少了 CPU 对 I/O 的干预

    B. DMA 控制方式与中断 I/O 控制方式相比提高了 CPU 与 I/O 设备之间的并行能力

    C. I/O 控制方式是在一个数据块传输完毕后发出中断，而 DMA 则在每个的单位数据传输结束后发出中断

    D. DMA 方式智能完成简单的数据传输，不能满足复杂的 I/O 操作要求

(17) 如果 I/O 设备与存储设备进行数据交换而不经过 CPU 来完成，那么这种数据交换方式是（   ）。

    A. 程序查询   B. 中断方式

    C. DMA 方式   D. 无条件存取方式

(18) 在采用 SPOOLing 技术的系统中,用户的打印数据首先被送到( )。

    A. 内存固定区域   B. 磁盘固定区域

    C. 终端   D. 打印机

8-2 简单题

(1) 什么是操作系统?它的基本特征、主要作用和功能是什么?

(2) 试比较批处理系统、分时系统和实时系统的特点。

(3) 什么是进程?进程的基本特征是什么?它与程序有什么区别?

(4) 存储管理的功能主要有哪些?

(5) 设备管理的任务有哪些?

(6) 在一个使用可变分区存储管理的系统中,按地址从低到高排列的内存空间大小是 10KB、4KB、20KB、18KB、7KB、9KB、12KB 和 15KB。对下列顺序的存储空间请求:

        ①12KB ②10KB ③15KB ④18KB ⑤12KB

分别使用首次适应算法、最佳适应算法、最差适应算法算法说明空间的使用情况,并说明对暂时不能分配情况的处理方法。

(7) 在一分页存储管理系统中,页的大小为 2048B,对应的页表见表 8-13。现有两逻辑地址为 0A00H 和 1F00H,经过地址变换后所对应的物理地址各是多少?

表 8-13 页表

页号	物理块号
0	5
1	10
2	4
3	7

第 9 章

数据库基础

9.1 数据、信息及数据处理

9.1.1 数据、信息与处理

1. 数据与信息概念

先看几个常用的概念和术语。

数据（Data）：数据是现实世界在头脑中的反映，以数字、文字、声音、图形、图像等形式进行记录的符号描述。

信息（Information）：信息是人们对客观物质世界的直接描述和反映，是描述客观事物有效的数据，并能被计算机程序识别和处理的符号的集合。

数据与信息关系：数据是信息的载体，是信息的具体表示形式，信息是数据的内涵，是对数据语义的解释；数据表示了信息，信息只有通过数据形式表示出来才能被人们理解和接受。

数据处理：数据处理是通过人力或计算机，将收集到的数据加以系统处理，归纳出有价值信息的过程。

一般来说，数据必须经过处理才能产生对人类有用的信息，常见的数据处理方式有数据的收集、存储、分类、排序、计算或加工、检索、传输、转换等。数据处理常被称为信息处理。

2. 信息存在的三大形态

现实生活中反映客观事物的信息是各种各样的，在计算机中都以二进制数据形式表示，就信息的存在形态而言，对信息的处理可以划分为 3 个阶段：现实（客观）世界、观念（信息）世界与数据世界。

现实世界：在现实世界中所反映的是所有客观存在的事物及其相互之间的联系，它们是处理对象最原始的表示形式。

观念世界：观念世界又称信息世界，在观念世界中所存在的信息是现实世界的客观事物在人们头脑中的反映，并经过一定的选择、命名和分类，在观念世界中的形成的对象是实体（Entity）。

实体是客观存在的事物在人们头脑中的反映。实体可以指人，如一个教师、一个学生、一个医生等；也可以指物，如一本书、一个茶杯等。实体不仅可以指实际的物体，还可以指抽象的事件，如一次演出、一次借书等；甚至还可以指事物与事物之间的联系，如"学生选课登记""教师任课记录"等。

数据世界：信息经过加工、编码后即进入数据世界，可以利用计算机来处理它们。因此，数据世界中的对象是数据，现实世界中的客观事物及其联系在数据世界中是用数据模型来描述的。

9.1.2 模型相关概念

1. 模型相关定义

人们把表示现实世界中的事物主要特征抽象地用一种形式化方法描述表示出来，模型方法就是这种抽象的一种表示，在信息领域中采用的这种模型称为数据模型。

模型是对现实世界进行抽象的工具。在数据库技术中用模型的概念来描述数据库的结构和语义，对现实世界进行抽象。能表示实体类型以及实体间联系的模型称为数据模型。

数据模型包括概念模型与逻辑模型。

概念模型：概念模型（也称信息模型）不涉及信息在计算机中的表示，是按用户的观点进行数据信息建模，强调语义表达能力。这种模型的概念比较清晰，易于被用户理解。

逻辑模型：逻辑模型是直接面向数据库的逻辑结构，称为逻辑数据模型（也称结构数据模型），如关系模型、层次模型、网状模型和面向对象模型等。

逻辑模型与数据在计算机中的存储结构密切相关。

2. 观念世界相关概念

概念模型是现实世界在头脑中反映后形成对象的实体世界以及实体之间的相互联系，把事物之间的联系分析、归类后才能进一步进行数据处理。

以下给出在观念世界中所涉及的几个基本概念。

1) **属性**：在观念世界中，属性是一个很重要的概念，所谓属性是指事物在某一方面的特性。例如，教师的属性有姓名、年龄、性别、职称等。

属性所取的具体值称为属性值。例如，某一教师的姓名为李明，这是教师属性"姓名"的取值；该教师的年龄为 45，这是教师属性"年龄"的取值。一个属性可能取的所有属性值的范围称为该属性的值域。例如，教师属性"性别"的值域为男、女；教师属性"职称"的值域为助教、讲师、副教授、教授等。

2) **实体**：若干属性的属性值的集合。例如，某一教师的姓名为李明，性别为男，年龄为 45，职称为副教授，这是教师的一个实体。

由此可知，每个属性是一个变量，属性值就是变量所取的值，而域是变量的变化范围。属性是表征实体的最基本的信息。

3) **实体型**：表征某一类实体的属性的集合。例如，姓名、年龄、性别、职称等属性是表征"教师"这一类实体的，因此，用这些属性所描述的是实体型"教师"。

4) **实体集**：同一类型实体的集合。例如，某一学校中的教师具有相同的属性，它们就构成了实体集"教师"。

在观念世界中，一般就用上述这些概念来描述各种客观事物及其相互之间的区别与联系。

3. 数据世界相关概念

与观念世界中的基本概念对应，在数据世界中也涉及一些基本概念。

1) **数据项（字段）（field）**：对应于观念世界中的属性。例如，实体型"教师"中的各个属性：姓名、年龄、性别、职称等就是数据项。

2）**记录（record）**：每一个实体所对应的数据。例如，对应某一教师的各属性值：李明、45、男、副教授等就是一个记录。

3）**记录型（record type）**：对应于观念世界中的实体型。

4）**文件（file）**：对应于观念世界中的实体集。

5）**关键字（key）**：能够唯一标识一个记录的字段集。

在数据世界中，就是通过上述这些概念来描述客观事物及其联系的。图 9-1 是"教师"记录型与"教师"文件内容的示意图。

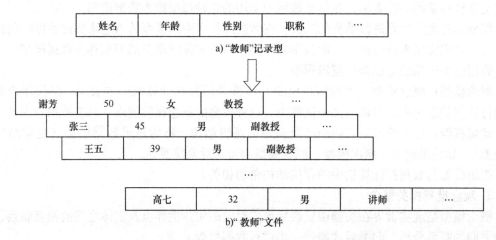

图 9-1 "教师"记录型与"教师"文件的示意图

描述信息是为了更好地处理信息，计算机所处理的信息形式是数据。因此为了用计算机来处理信息，首先必须将现实世界转换为观念世界，然后将观念世界中的信息数据化。

9.1.3 实体间联系与表示

客观事物相互之间存在着各种各样的联系，因此，在描述客观事物时不仅要描述客观事物本身，还要描述它们之间的联系。

1. 实体间联系的种类

客观事物之间的联系包括两个方面：一是实体内部的联系，它反映在数据模型中是记录内部的联系；二是实体与实体之间的联系，在数据模型中表现为记录与记录之间的联系。

实体之间各种各样的联系可以归结为三类：一对一的联系、一对多的联系、多对多的联系。

（1）一对一（1∶1）的联系

设有两个实体集 E_1 和 E_2，如果 E_1 和 E_2 中的每一个实体最多与另一个实体集中的一个实体有联系。则称实体集 E_1 和 E_2 的联系是一对一的联系。通常表示为"1∶1 的联系"。

例如，实体集"学校"与实体集"校长"之间的联系就是 1∶1 的联系。因为一个校长只领导一个学校，且一个学校也只有一个校长。

（2）一对多（1∶n）的联系

设有两个实体集 E_1 和 E_2，如果 E_2 中的每一个实体与 E_1 中的任意个实体（包括零个）有联系，而 E_1 中的每一个实体最多与 E_2 中的一个实体有联系，则称这样的联系为"从 E_2

到 E_1 的一对多的联系"，通常表示为"1：n 的联系"。例如，实体集"学校"与实体集"教师"之间的联系为一对多的联系。因为一个学校有许多教师，而一个教师只归属于一个学校。校长实体集与学生实体集之间的联系也是一对多的联系。**一对多的联系是实体集之间比较普遍的一种联系。**

（3）多对多（m：n）的联系

设有两个实体集 E_1 和 E_2，其中的每一个实体都与另一个实体集中的任意个（包括零个）实体有联系。则称这两个实体集之间的联系是"多对多的联系"，通常表示为"m：n 的联系"。例如，教师实体集与学生实体集之间的联系是多对多的联系。因为，一个教师要对许多学生进行教学，而一个学生要学习多个教师所讲授的课程。学生实体集和课程实体集之间的联系也是一种多对多的联系。**多对多的联系是实体集之间更具一般性的联系。**

由上述的叙述可以看出，一对一的联系是最简单的一种实体联系，它是一对多联系的一种特殊情况。一对多的联系是比较常见的一种实体联系，它又是多对多联系的一种特殊情况。

2. 实体间联系的 E-R 图

E-R 方法是描述现实世界概念结构模型（实体模型）的有效方法。用 E-R 方法建立的概念结构模型称为 E-R 模型，或称为 E-R 图。下面介绍 E-R 图的基本成分及其图形的表示方法。

（1）E-R 图的基本成分

E-R 模型中包含**实体、联系、属性**这 3 种基本成分。

1）**实体**：实体是现实世界中存在的可以区分的"对象"或"事物"。它可以是人，也可以是物，如学校、系、教师、学生、工厂、工人、产品、材料等。就数据库而言，实体往往指某类事物的集合。例如，学生实体可以表示全校的学生或全班的学生。实体有时可以指实体个体，如某一个学生。E-R 图基本成分的实体是指实体集，也称作实体型。E-R 图中用矩形框来表示实体型（对应实体集），并在框内写上实体名，如图 9-2a 所示。

图 9-2　E-R 模型的三种基本成分的图形表示

a）实体　　b）联系　　c）属性

2）**联系**：联系指实体之间的联系，例如，系属于学校，教师与学生属于系，厂长领导工人，工人生产产品，产品使用材料等。这里的"属于""领导""生产""使用"都表示实体之间的联系。

在现实世界中，联系有一对一、一对多、多对多等几种类型，它表明了各实体中实体个体之间相对应的联系类别。例如，学校和学院是一对多的联系，因为一个学校可以有多个学院，但任何学院只能隶属于一个学校。

在 E-R 图中，联系用菱形框表示，框内填写上联系的名称，如图 9-2b 所示。联系也可以用来表示同一实体集内部成员之间的联系，例如，一个部门的职工，其中有担任领导的，也有被领导的，这就构成了实体内部的联系。

3）**属性**：属性为实体或联系在某一方面的特性。例如，职工可能有职工号、职工姓名、性别、年龄等属性，产品可能有用途、产品名、产品型号、外观等属性。对于实体来说，存在某一属性或组合属性能唯一地标识实体个体，则该属性或组合属性为实体的标识。注意，不仅实体有属性，联系也可以有属性，例如，产品使用材料，某一产品对某种材料的用量是一定的。这里的"用量"既不是某产品的属性，因为该产品对每种材料都有一个用量，也不是某材料的属性，因为同一材料在不同产品中有不同的用量，只能是某种产品"使用"某种材料的联系的属性。当然，并不是所有的联系都必须有"属性"。属性在 E-R 图中用圆角柜形框表示，如图 9-2c 所示。

（2）E-R 图的图形表示

用无向边将联系的菱形框分别与有关"实体"的矩形框相连接，并把联系类型写在线旁，即构成 E-R 基本图解，如图 9-3 表示实体内部联系、两个实体之间的联系、多个实体之间的联系，图 9-4 则表示了实体与联系的属性。

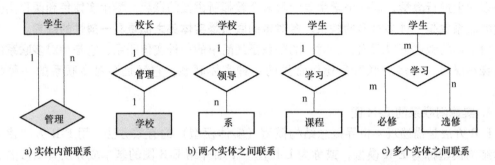

a) 实体内部联系　　　　　b) 两个实体之间联系　　　　　c) 多个实体之间联系

图 9-3　实体的联系（E-R 图）

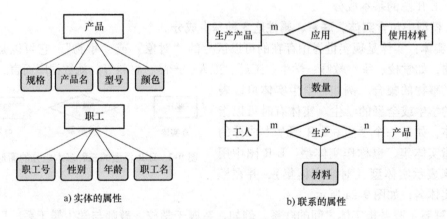

a) 实体的属性　　　　　　　　　　b) 联系的属性

图 9-4　实体与联系的属性

（3）E-R 模型设计策略

设计概念世界的 E-R 模型可采用如下 4 种策略：

1）**自顶向下**：首先定义全局概念结构 E-R 模型的框架，然后逐步细化。

2）**自底向上**：首先定义各局部应用的概念结构 E-R 模型，然后将它们集成，得到全局概念结构 E-R 模型。

3）**由里向外**：首先定义最重要的核心概念 E-R 模型，然后向外扩充，生成其他概念结构 E-R 模型。

4）**混合策略**：自顶向下和自底向上相结合的方法，用自顶向下的策略设计一个全局结构概念框架，以它为骨架集成自底向上策略中设计的各局部概念结构 E-R 图。

一般情况下采用自底向上设计策略，即先建立各局部应用的概念结构 E-R 模型，然后再集成为全局概念结构的 E-R 模型。

例如，图 9-5 所示为学校中关于教师、学生及课程 3 个实体间的关系。

此图表示一个学生可选多门课程，而一门课程又有多个学生选修，一个教师可讲授多门课程，一门课程只由一位教师讲授。

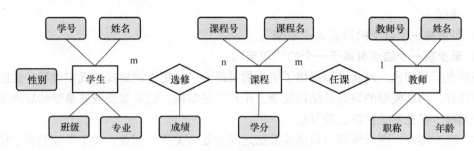

图 9-5　教学管理中的 E-R 图

9.1.4　数据模型分类

逻辑（数据）模型与数据在计算机中的存储结构密切相关，目前常用的数据模型有 3 种：层次模型、网状模型和关系模型。

1. 层次模型

层次模型是较早用于数据库技术的一种数据模型，它是按层次结构来表示实体类型及实体间联系的。层次结构也叫树形结构，树中的每一个结点代表一种实体类型，而树中各结点之间的连线表示它们之间的关系，这些结点满足以下条件：

1）**有且仅有一个结点无双亲（这个结点称为根结点）。**

2）**其他结点有且仅有一个双亲结点。**

在层次模型中，根结点处在最上层，其他结点都有上一级结点作为其双亲结点，这些结点称为双亲结点的子女结点，同一双亲结点的子女结点称为兄弟结点。双亲结点和子女结点表示了实体间的一对多的关系。

在实际应用中，许多实体之间的联系本身就是自然的层次关系。例如，一个学校下属有若干个学院、处和研究所；每个学院下属有若干个系和办公室，每个研究所下属有若干个科研组和办公室，每个处下属有若干个科室等。这样，一个学校的行政机构就明显地有着层次关系，可以用图 9-6 所示的层次模型将这种关系表示出来。

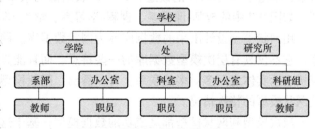

图 9-6　学校行政机构的层次模型

211

层次模型的特点是结点之间的联系通过指针来实现，查询效率较高。但层次模型有以下两个缺点：

1）只能表示一对多联系，虽然系统有多种辅助手段实现多对多联系但较为复杂，用户不易掌握。

2）由于层次顺序严格和复杂性，数据的查询和更新操作很复杂，因此应用程序编写也很复杂。

2. 网状模型

网状模型采用网状结构表示实体及实体之间的联系。网状结构的每一个结点代表一个记录类型，记录类型可包含若干字段，联系用链接指针表示，去掉了层次模型的限制，网状模型有以下特点：

1）可以有一个以上的结点无"双亲"。

2）至少有一个结点有多于一个的"双亲"。

与层次模型相比，网状模型提供了更大的灵活性，能更直接地描述现实世界，性能和效率也比较好。网状模型的缺点是结构复杂，用户不易掌握，记录类型或联系变动后涉及链接指针的调整，扩充和维护都比较复杂。

在实际应用中，网状模型可以描述数据之间的复杂关系，例如，关于学校的教学情况可以用图 9-7 所示的网状模型来描述教师所授课课程和学生学习课程后获得分数的实体进行关联。

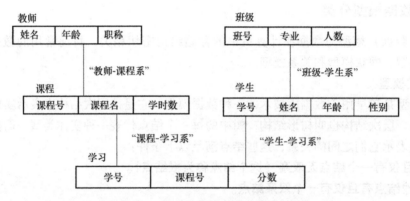

图 9-7　学校教学情况的网状模型

由于网状模型中所描述的数据之间的关系要比层次模型复杂得多，为了描述记录之间的联系，引进了系（set）的概念，每一种联系都用系来表示，并给以不同的名字以便互相区别，如图 9-7 中的教师-课程系、课程-学习系、学生-学习系和班级-学生系等。

用网状模型设计出来的数据库称为网状数据库。网状数据库是应用较为广泛的一种数据库，它不仅具有层次模型数据库的一些特点，而且能方便地描述较为复杂的数据关系，可以直接表示实体之间多对多的联系。可以看出，网状模型是层次模型的一般形式，层次模型则是网状模型的特殊情况。

层次模型和网状模型都是成功的数据模型，基于这些模型构造了一些成功的数据库管理系统，但网状模型和层次模型都属于格式化模型，这两种模型共同的缺点是在建立数据模型时，根据应用的需要要求事先将数据之间的逻辑关系固定下来，即先对数据逻辑结构进行设计使数据结构化，同时也要求用户在处理数据库中的数据时必须非常清楚数据之间的层次或网状联系。

网状模型的缺点是数据结构复杂和编程复杂，当用户需求发生变化时，就可能需要修改数据模型的结构，严重时可能需要修改整个系统，由于网状模型系统的天生缺点，从 20 世纪 80 年代中期起其市场已被关系模型产品所取代。

3. 关系模型

（1）关系模型的定义

关系模型是在层次模型和网状模型出现之后发展起来的。**目前大多数数据库管理系统都是关系型的。**关系模型是用二维表格结构来表示实体以及实体间联系的模型。

关系模型的数据结构是一个"**二维表框架**"组成的**集合**，每一张二维表被称为一个**关系**（relation）。例如，表 9-1 所示的二维表就是一个关系，表中的每一列称为一个属性，相当于记录中的一个数据项，对属性的命名称为属性名，表中的一行称为一个元组，相当于记录值。

对于一个表示关系的二维表，其最基本的要求是表中元组的每一个分量必须是**不可分的数据项**，即不允许表中再有表。

表 9-1 关系例子

学号 S#	学生姓名 SN	所属系 SD	…
S$_1$	WANG	MATH	…
S$_2$	MA	PHSY	…
…	…	…	…
S$_5$	ZHANG	CHEM	…

在格式化模型中，要事先根据应用的需要，将数据之间的逻辑关系固定下来。但在关系模型中，不需要事先构造数据的逻辑关系，只要将数据按照一定的关系存入计算机，也就是建立关系。当需要用这些数据作某种应用时，就将这些关系归结为某些集合的运算，如并、交、差以及投影等，从而达到在许多数据中选取所需数据的目的。

（2）关系模型的特点

1）描述的一致性，不仅用关系描述实体本身，而且也可用关系描述实体间的联系。

2）可直接表示多对多联系，例如，"学生选课关系"可以表示一个学生能够选修多门功课，而一门功课也可被多个学生选修。

3）关系的每个分量是不可分的数据项，这也导致关系模型结构简单、操作方便。

4）**关系模型是建立在数学概念的基础上的，有较强的理论根据。**关系模型是一种重要的数据模型，它有严格的数学基础以及在此基础上发展起来的关系数据理论。

（3）关系模型的优点

相较于结构化的层次模型、网状模型数据库，关系模型数据库具有以下显著优点：

1）使用简单，处理数据效率高。

2）数据独立性高，有较好的一致性和良好的保密性。

3）数据库的存取不依赖索引，可以优化。

4）数据结构简单明了，便于用户了解和维护。

5）可以配备多种高级接口。

关系模型、网状模型和层次模型是常用的 3 种数据模型，它们的区别在于表示信息的方式。在层次模型和网状模型中联系是用指针实现的，而在关系模型中基本的数据结构是二维表格。关系模型和层次模型、网状模型的最大的差别是**关系模型用关键码而不是指针导航数据**，其表格简单，用户易懂，用户只需用简单的查询语句就可以对数据库进行操作，并不涉及存储结构、访问技术等细节。

9.2　关系代数及其运算

9.2.1　关系的数学定义

E. F. Codd 把数学法则用于数据库领域，使关系模型成为数学化模型。关系是表的数学术语，表是一个集合，因此集合论、数理逻辑等知识可以引入到关系模型中来。

1. 域与基数的概念

域是值的集合，域又称之为值域。例如，整数、长度小于 10 的字符串的集合、$\{0,1,2\}$、实数等都可以是域。在关系中用域来表示属性的取值范围。域中所包含的值的个数称为域的基数，用 m 表示。例如：

$$D_1 = \{施伟,王军,李明\} \qquad m_1 = 3$$
$$D_2 = \{男,女\} \qquad m_2 = 2$$
$$D_3 = \{18,19,20\} \qquad m_3 = 3$$

其中，D_1、D_2、D_3 是域名；"赵伟，王军，李明""男，女"和"18，19，20"分别是 D_1、D_2、D_3 各域的值，3、2、3 分别是 D_1、D_2、D_3 各域的基数。

2. 笛卡儿积

给定一组任意集合 D_1，D_2，…，D_n（它们可以包括相同的元素），这 n 个集合的笛卡儿积为 $D_1 \times D_2 \times \cdots \times D_n = \{(d_1,d_2,\cdots,d_n) \mid d_i \in D_i, i=1,2,\cdots,n\}$。

笛卡儿积也是一个集合。其中，①D_i 称为域；②每一个元素 $(d_1,d_2,\cdots,d_n)$ 称为一个 n 元组（简称元组）；③元组中的每一个值，称为一个分量，它来自相应的域（$d_i \in D_i$）。

$D_i(i=1,2,\cdots,n)$ 为有限集，D_i 中的集合元素个数称为 D_i 的基数，用 $m_i(i=1,2,\cdots,n)$ 表示。则笛卡儿积 $D_1 \times D_2 \times \cdots \times D_n$ 的基数（元素 $d_1,d_2,\cdots,d_n$ 的个数）为所有域的基数的累乘乘积：$m = \prod\limits_{i=1}^{n} m_i$

注意：元组不是 d_i 的集合，元组的每个分量 d_i 是按序排列的，而集合中的元素是没有排列次序的。例如，元组 $(x,y,z) \neq (y,x,z) \neq (z,y,x)$。而集合 $(x,y,z) = (y,x,z) = (z,y,x)$。

笛卡儿积也可以用二维表的形式表示，如例 9-1。

【例 9-1】有两个域：$D_1 = \{1,2\}$ 和 $D_2 = \{x,y,z\}$，$D_1 \times D_2 = \{(1,x),(1,y),(1,z),(2,x),(2,y),(2,z)\}$，如图 9-8 所示（用二维表表示）。

从图 9-8 中可以看出，笛卡儿积实际上就是一个二维表，表的框架由域构成。表的任意一行就是一个元组。每一列数据来自同一个域，它的第一个分量来自 D_1，第二个分量来自 D_2。笛卡儿积就是所有这样的元组组成的集合。它的基数为 $m = \prod\limits_{i=1}^{2} m_i = 2 \times 3 = 6$，即 6 个元组。

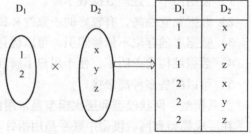

图 9-8　笛卡儿积的二维表表示

3. 关系的数学定义

笛卡儿积 $D_1 \times D_2 \times \cdots \times D_n$ 的任一个子集称为

定义在域 D_1，D_2，…，D_n 上的 n 元关系（relation），可用 $R(D_1, D_2, \cdots, D_n)$ 表示，其中，R 为关系名，n 称为关系的目或度。

同理，该子集元素是关系中的元组，通常用 r 表示。关系中的元组个数是关系的基数。

当 n=1 时，称为单元关系。

当 n=2 时，称为二元关系。

…

当 n=m 时，称为 m 元关系。

可把关系看做一个二维表，表的框架由 $D_i (i=1,2,\cdots,n)$ 构成，每一行对应一个元组，表的每一列对应一个域。由于域可以是相同的，为了加以区别，为每个列起一个名字，称为属性。n 目关系必有 n 个属性。属性的名字是唯一的，属性的取值范围 $D_i(i=1,2,\cdots,n)$ 称为值域。

例如，图 9-9 所示的二维表为一个三元关系，其关系名为 ER，关系模式（即二维表的表框架）为 ER(S#, SN, SD)，其中：S#, SN, SD 分别是这个关系中的 3 个属性的名字，$\{S_1, S_2, S_3, S_4, S_5\}$ 是属性 S#（即学号）的值域，$\{CHANG, WANG, LI, HU, MA\}$ 是属性 SN（即学生姓名）的值域，$\{MATH, EL, PHYS, COM, EL\}$ 是属性 SD（即所属系）的值域。

学号S#	学生姓名SN	所属系SD
S_1	CHANG	MATH
S_2	WANG	EL
S_3	LI	PHSY
S_4	HU	COM
S_5	MA	EL

图 9-9 关系 ER

4. 关系的性质

关系具有以下性质：

1）同一属性名下各属性值即同一列中必须是同一类型的数据，且必须来源于同一个域。

2）不同的属性可来自于同一个域，但属性的属性名必须是不相同的。属性名和对应的域名可同名，也可不同名。但在特定的情况下，出自同一个域的不同属性应起不同的名称，即在一个关系中的属性名是不允许有相同名称的，它在元组中可唯一标识一个属性。

3）关系中任意一个元组都是唯一的，即没有相同的元组。由于元组的集合就是一个关系体，因此在数学定义中规定"集合中没有重复的元素。"由此可得出集合元素的元组必定是唯一的。

4）元组的顺序可以随意排列，即元组（行）的次序可以任意交换。由于集合中的元素

215

是不排序的，故作为集合元素的元组当然也是不排序的。**因此在同一个关系中，对元组的不同排列将不会改变其关系**。但在实际应用中，可利用这一特性，按特定的检索需求，改变其元组的顺序，就可满足某种需要，例如，学生成绩单按学号排列，还可按成绩从高到低排列，从而满足了不同需求。

5）属性的顺序可以随意排列，即属性（列）的次序可以任意交换。由于属性的集合就是关系的结构，而集合元素不存在排序的问题，故作为属性也是非排序的。属性分为两个概念，一个是表示属性的名字，即属性名；一个是属性的值，即属性值。唯一标识属性的是属性名，而与其在关系中的位置无关。但在具体的特定应用中，总是会按某种需求从左向右排列，也正是由于上述特性，使得同一个列在相同或不同关系中都可以处于不同的位置，从而满足了数据处理中对灵活性和适应性的需求。

6）所有的属性都是原子。即每个元组中的每个属性都是属于原子的。**所谓原子即属性值是不可再分的数据项**。例如，二维表中某一行和某一列的交叉位置必定存在一个精确的值，而不是一个值的集合。当然这个值可以是有意义的字符串或数值，也可以是一些特殊的值，如"空"值等。

注意：在关系方法中只用规范化的关系，这是因为这种选择对所要求表示的内容并无实际限制，并且从数学的观点看，一个规范化关系比一个非规范化关系有更简单的数据结构，这将有益于一系列其他问题的简化。

9.2.2 关系与数据表相关术语

1. 关系与数据表相关术语对应

在用户看来，关系模型中数据的逻辑结构就是二维表格。这种表示方法与描述现实世界的概念模型所采用的实体—关系法类似，这种数据结构虽然简单，但能够表达丰富的语义，描述出现实世界的实体以及实体之间的各种联系。

（1）二维表相关术语

如图 9-10 所示的二维表中包括了**表头、行、列、键、值**等相关信息。

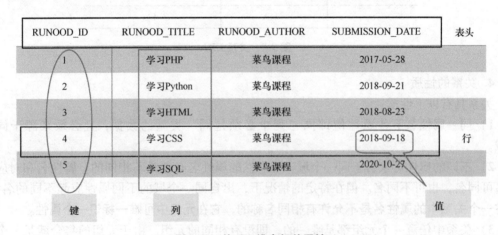

图 9-10 关系二维表相关属性

表头（header）：每一列的名称。

列（col）：具有相同数据类型的数据的集合。

行（row）：每一行用来描述某条记录的具体信息。

值（value）：行的具体信息，每个值必须与该列的数据类型相同。

键（key）：键的值在当前列中具有唯一性。

（2）关系模型中与二维表相关术语对应

关系模型中的术语与二维表中术语对应关系见表 9-2。

表 9-2 关系术语与表术语的对应关系

关系术语	数据库中表的术语	关系术语	数据库中表的术语
关系名	表名	属性	列
关系模式	表头（表格的描述）	属性名	列名
关系	二维表	属性值	列值
元组	记录或行	关键字	主关键字、外关键字

如表 9-3 所示的两张表，stores 表是关于所有书店的信息，也是书店信息的关系名称，书店的名称（stor_name）、编号（stor_number）、邮政编码（zip）等是书店的相关属性信息；sales 表是关于书的销售信息，属性值有店名（stor_number）、购买时间（ord_date）、购买书籍名称（title_id）、共销售了多少本（quantity）等信息。

2. 关系的主键

主键（primary key，PK） 指表中的某一列，该列的值唯一标识一行，如表 9-3 中 store 表中的 stor_number，stor_number 的每一个值都代表了每一个店的完整信息。stor_name 不能唯一地标识一个书店，这是因为书店名称有可能重名。

表 9-3 SQL 两个相关的表

	stores 表			
stor_number	stor_name	stor_add	city	zip
1	外文书店	王府井大街	北京	100001
2	科技书店	西单大街	北京	100020

	sales 表			
stor_number	ord_date	ord_number	title_id	quantity
1	2004. 1. 1	1001	AB001	500
2	2004. 2. 1	1002	CD002	800

主键实现实体完整性，即**每个表必有且仅有一个主键，每一个主键值必须唯一**，而且不允许为 NULL 或重复。建议尽量不要改变主键值。

3. 关系的外键

外键（fbreign key，FK） 指表 R 中含有与另一个表 S 的主键相对应的列组，那么该列组称为外键。例如，表 9-3 中 stores 表是 S 表，sales 表是 R 表，sales 表中的 stor_number 就是外键，从这个定义看出，外键也是由一个或多个列组成。

在关系数据库中，表之间的联系是通过相容（或相同）的列或列组来表示的，如果两个表中具有相容（或相同）的列或列组，这个列或列组就被称为这两个表的**公共键**（**common key**）。如果公共键是其中一个表的主键，那么这个公共键在另一个表中称为外键。一般把 S 表称为**父表（parent table）**，把 R 表称为**子表（child table）**。因为 S 表和 R 表其实是 1 对多的关系。

外键的作用是实现参照完整性。创建外键的优点如下：

1）提供了表之间的连接，如通过 sales 表的 stor_number 和 stores 表的 stor_number 将这两个表关联。

2）根据主键列的值来检查、参照该主键列的值以确定其合法性。例如，在向 sales 表输入销售信息时，必须保证 stor_number 存在于 stores 表中。如果要插入的 stor_number 不在表 stores 中，数据库管理系统将会报错。

3）保证了 FK 列的每个值都是一个有效的 PK 值而实现参照完整性。

外键对 sales 表有限制，可通过 sales 关联 stores 表，外键同时也对 stores 表有限制，如果在 sales 表中存在某个店的销售信息，如店 1，那么想在 stores 表中删除店 1 的信息时系统也会因为违反参照完整性而报错。

4. 关系实体完整性

实体完整性是指在任何关系的任何一个元组中，主键的值不能为空值，也不能取重复的值，这样的目的是用于保证数据库表中的每一个元组都存在且是唯一的。

例如，在关系学生表（学号，姓名，性别，出生日期）中，学号为主关键字且值不能为空和重复，这样才能唯一识别和区分出每位学生的相关信息。

5. 关系参照完整性

参照完整性指输入或删除记录时，为维持表之间已定义的关系而必须遵循的规则。**如果实施了参照完整性，则当主表中没有关联的记录时，数据库不允许将记录添加到相关表，或更改主表值以致相关表中记录没有对应项，也不会允许当相关表中有相关记录与之匹配时删除主表记录。**

参照完整性的规则保证了一对多和多对多的关系强迫在关系计划中。另外，有效值同样也被约束强迫。对于 Web 服务器应用程序来说，约束特别重要，因为 Web 服务器允许约束在数据库服务器检查中发生，因此它担当了校对约束的任务。

9.2.3 关系的多种运算

关系操作又称为关系运算。关系模型是以关系代数为理论基础的；数据库本质上就是一些数据的集合，所以对一个数据库的操作类似于对一些集合的操作。

关系运算的对象是关系，结果也是关系。关系的基本数据操作包括数据查询、数据插入、数据删除和数据修改。关系运算有两类：一类是传统的集合运算，包括合并、交集、求差、乘积等，这些运算主要是从二维表的行的方向来进行的；另一类是专门的关系运算，包括选择、投影、连接、除法等，这些运算主要是从二维表的列的方向来进行运算。有些查询需要几个基本运算的组合，经过若干步骤才能完成。

1. 集合关系运算

（1）并运算（union）

假设有 n 元关系 R 和 n 元关系 S，它们相应的属性值取自同一个域，则它们的并仍然是一个 n 元关系，它由属于关系 R 或属于关系 S 的元组组成，并记为 R∪S。

并运算满足交换律，即 R∪S 与 S∪R 是相等的。

【例 9-2】　设关系 R 和关系 S 分别如图 9-11a、b 所示，则关系 R∪S 如图 9-11c 所示。

A	B	C
a	b	c
d	e	f
x	y	z

a) 关系R

A	B	C
x	y	z
w	u	v
m	n	p

b) 关系S

A	B	C
a	b	c
d	e	f
x	y	z
w	u	v
m	n	p

c) 关系R∪S

图 9-11　关系的并运算例子

（2）差运算（difference）

假设有 n 元关系 R 和 n 元关系 S，它们相应的属性值取自同一个域，则 n 元关系 R 和 n 元关系 S 的差仍然是一个 n 元关系，它由属于关系 R 而不属于关系 S 的元组组成，并记为 R-S。

特别要注意的是，差运算不满足交换律，即 R-S 与 S-R 是不相等的。

【例 9-3】　设关系 R 和关系 S 分别如图 9-12a、b 所示，则关系 R-S 如图 9-12c 所示。

A	B	C
a	b	c
d	e	f
x	y	z

a) 关系R

A	B	C
x	y	z
w	u	v
m	n	p

b) 关系S

A	B	C
a	b	c
d	e	f

c) 关系R-S

图 9-12　关系的差运算例子

（3）交运算（intersection）

假设有 n 元关系 R 和 n 元关系 S，它们相应的属性值取自同一个域，则它们的交仍然是一个 n 元关系，它由属于关系 R 且又属于关系 S 的元组组成，并记为 R∩S。

交运算满足交换律，即 R∩S 与 S∩R 是相等的。

【例 9-4】　设关系 R 和关系 S 分别如图 9-13a、b 所示，则关系 R∩S 如图 9-13c 所示。

A	B	C
a	b	c
d	e	f
x	y	z

a) 关系R

A	B	C
x	y	z
w	u	v
m	n	p

b) 关系S

A	B	C
x	y	z

c) 关系R∩S

图 9-13　关系的交运算例子

219

特别要指出的是，在上面的三种运算中，都要求参加运算的两个关系具有相同的属性名，其运算结果也与它们具有相同的属性名。即它们的表框架是相同的。还要注意，并运算与交运算满足交换律，而差运算是不满足交换律的。

（4）笛卡儿积（Cartesian product）

设有 m 元关系 R 和 n 元关系 S，则 R 与 S 的笛卡儿积记为 R×S，它是一个 m+n 元组的集合（即 m+n 元关系），其中每个元组的前 m 个分量是 R 的一个元组，后 n 个分量是 S 的一个元组。R×S 是所有具备这种条件的元组组成的集合。在实际进行组合时，可以从 R 的第一个元组开始到最后一个元组，依次与 S 的所有元组组合，最后得到 R×S 的全部元组。显然，R×S 共有 m×n 个元组。

【例 9-5】 设关系 R 和 S 分别如图 9-14a、b 所示，则其笛卡儿积 R×S 如图 9-14c 所示。

A	B	C
1	2	3
4	5	6
7	8	9

a) 关系R

D	E
10	11
12	13

b) 关系S

A	B	C	D	E
1	2	3	10	11
1	2	3	12	13
4	5	6	10	11
4	5	6	12	13
7	8	9	10	11
7	8	9	12	13

c) 关系R×S

图 9-14　关系的笛卡儿乘积例子

笛卡儿积在下面要介绍的专门关系运算中的连接运算中是很有用的。

2. 专门关系运算

专门的关系运算包括选择、投影、联接和自然联接运算 4 种。选择和投影运算都是属于一目运算，它们的操作对象只是一个关系。连接运算是二目运算，需要两个关系作为操作对象。

（1）选择运算（selection）

选择运算是单目运算，它从一个关系 R 中选择出满足给定条件的所有元组，并同 R 具有相同的结构。选择运算是从关系 R 中选取使逻辑表达式 F 为真的元组，是从行的角度进行的运算，即在指定的关系中选取所有满足给定条件的元组，构成一个新的关系，而这个新的关系是原关系的一个子集，选择运算用公式表示为

$$R[g] = \{r | r \in R \text{ 且 } g(r) \text{ 为真}\}$$

其中，R 是关系名；g 为一个逻辑表达式，取值为真或假，g 由逻辑运算符 ∧ 或 and（与）、∨ 或 or（或）、¬ 或 not（非）联接各算术比较表达式组成；算术比较符有 =、≠、>、≥、<、≤，其运算对象为常量、属性名或简单函数。

【例 9-6】 设关系 R 如图 9-15 所示。如果要选择所在系（SD）为 COM 且所选课程（C#）为 C 的那些元组，则其运算为 $R[SD='COM' \wedge C\#='C_1']$，运算结果如图 9-16 所示。

在进行选择运算时，条件表达式中的各运算符的运算顺序为先算术比较符，后逻辑运算符。逻辑运算符的**运算顺序为 ¬（not）、∧（and）、∨（or）**。

S#	SN	SD	C#
S_1	MA	ELE	C_1
S_2	HU	COM	C_1
S_3	LI	MATH	C_3
S_4	CHEN	PHSY	C_4

图 9-15 关系 R

S#	SN	SD	C#
S_2	HU	COM	C_1

图 9-16 关系 R[SD = ' COM' ∧ C# = 'C$_1^1$]

（2）投影运算（projection）

投影运算是在给定关系的某些域上进行的运算。通过投影运算可以从一个关系中选择出所需要的属性成分，并且按要求排列成一个新的关系，而新关系的各个属性值来自原关系中相应的属性值。因此，经过投影运算后会取消某些列，而且有可能出现一些重复元组。

投影运算也是单目运算，它从一个关系 R 中按所需顺序选取若干属性构成新关系，由于在一个关系中的任意两个元组在各分量上不能完全相同，根据关系的基本要求，必须删除重复元组，最后形成一个新的关系，并给予新的名字。

给定关系 R 在其域列 SN 和 C 上的投影用公式表示为 R[SN,C]。

【例 9-7】 设关系 R 如图 9-17 所示。关系 R 在域 S#，SN 和 MAR 上的投影是一个新的关系，如果新的关系取名为 SNM，则其运算公式为

$$SNM = R[S\#,SN,MAR]$$

CLASS	S#	SN	SD	AGE	成绩
W_1	S_1	MA	PHSY	19	92
W_4	S_2	ZHU	MATH	20	87
W_2	S_5	HU	ELE	20	83
W_3	S_6	QI	COM	19	91
W_1	S_3	ZHOU	ELE	19	95

图 9-17 关系 R

运算结果如图 9-18 所示。

从这个例子可以看出，投影运算是在关系的列的方向上进行选择。当需要取出表中某些列的值的时候，用投影运算是很方便的。

（3）联接运算（join）

联接运算是对两个关系进行的运算，其意义是从两个关系的**笛卡儿积**中选出满足给定属性间一定条件的那些元组。

S#	SN	成绩
S_1	MA	92
S_2	ZHU	87
S_5	HU	83
S_6	QI	91
S_3	ZHOU	95

图 9-18 关系 SNM = R[S#,SN,MAR]

设 m 元关系 R 和 n 元关系 S，则 R 和 S 两个关系的联接运算用公式表示为

$$R|\times|S$$
$$[i]\theta[j]$$

运算的结果为 m+n 元关系。其中，|X|是联接运算符；θ 为算术比较符；[i] 与 [j] 分

221

别表示关系 R 中第 i 个属性的属性名和关系 S 中第 j 个属性的属性名，它们之间应具有可比性。

这个式子的意思是在关系 R 和关系 S 的笛卡儿积中，找出关系 R 的第 i 个属性和关系 S 的第 j 个属性之间满足 θ 关系的所有元组。比较符 θ 有以下 3 种情况：

1）当 θ 为 "＝" 时，称为等值联接。

2）当 θ 为 "＜" 时，称为小于联接。

3）当 θ 为 "＞" 时，称为大于联接。

【例 9-8】 设关系 R 和 S 如图 9-19 所示。则联接运算 R|×|S 的结果如图 9-20 所示。

其中联接运算的条件是 [3]=[1]，[3] 和 [1] 分别表示关系 R 中第 3 个属性和关系 S 中第 1 个属性。

销往城市	销售员	产品号	销售量
C_1	M_1	D_1	2000
C_2	M_2	D_2	2500
C_3	M_3	D_1	1500
C_4	M_4	D_2	3000

a) 关系R

产品号	生产量	订购数
D_1	3700	3000
D_2	5500	5000
D_3	4000	3500

b) 关系S

图 9-19 关系 R 和关系 S

销往城市	销售员	产品号	销售量	产品号	生产量	订购数
C_1	M_1	D_1	2000	D_1	3700	3000
C_2	M_2	D_2	2500	D_2	5500	5000
C_3	M_3	D_1	1500	D_1	3700	3000
C_4	M_4	D_2	3000	D_2	5500	5000

图 9-20 关系 R 和关系 S 联接运算 R|×|S 后的结果

（4）自然联接运算（Natural join）

自然联接运算是对两个具有公共属性的关系所进行的运算。设关系 R 和关系 S 具有公共的属性，则关系 R 和关系 S 的自然联接的结果是从它们的笛卡儿积 R|×|S 中选出公共属性值相等的那些元组，并去掉重复属性的元组集合，记为

$$R|×|S$$

自然联接运算分以下 3 步进行：

1）计算笛卡儿积 R×S。

2）选出同时满足 $R \cdot A_i = S \cdot A_i$（$A_i$ 为 R 和 S 的公共属性）的所有元组。

3）去掉重复属性。

例如，对如图 9-19 所示的两个关系 R 和关系 S 做自然联接，R|×|S 的结果如图 9-21 所示。

特别需要说明的是，两个关系的联接运算和自然联接运算虽然都是并表运算，但它们是有区别的，特别是联接运算中的等值联接与自然联接是不同的。**等值联接要求相等的分量不一定是公共属性，它只要求一个分量相等即可；而自然联接则要求相等的分量必须是公共属性，而且公共属性的个数可以多于一个。**此外，等值联接后不把重复的属性去掉，而自然联

销往城市	销售员	产品号	销售量	生产量	订购数
C_1	M_1	D_1	2000	3700	3000
C_2	M_2	D_2	2500	5500	5000
C_3	M_3	D_1	1500	3700	3000
C_4	M_4	D_2	3000	5500	5000

图 9-21　关系 R 和关系 S 自然联接运算 R $| \times |$ S 后的结果

接则要将重复的属性去掉。

　　自然联接是组合关系的有效方法，利用投影、选择和自然联接可以任意地分割和组合关系，这正是关系模型的数据操作语言具有各种优点的根本原因。

　　由上所述，利用关系代数运算可以方便地对一个或多个关系进行各种拆分和组装，在关系数据库中，正是通过这些运算对数据库中的数据进行各种操作。

9.3　数据管理与数据库系统

9.3.1　数据管理技术的发展阶段

　　数据管理技术是指对数据分类、组织、编码、存储、检索和维护的技术，其发展和计算机技术及其应用的发展是密不可分的。计算机进行数据处理的过程如图 9-22 所示。

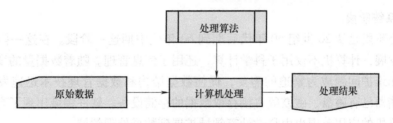

图 9-22　计算机进行数据处理的过程

　　数量处理时先将原始数据和对数据进行处理的算法输人到计算机中，然后再由计算机进行加工处理，最后输出。由于在数据处理过程中所遇到的数据是有组织的，相互之间存在一定的联系，因此数据处理的效率和方式与数据的实际组织形式具有密切的关系。**数据处理的水平是随着计算机硬件和软件技术以及应用需求的发展而不断发展的，大致经历了人工管理、文件管理以及数据库系统管理几个发展阶段。**

1. 人工管理阶段

　　20 世纪 50 年代中期之前，计算机的软硬件均不完善。硬件存储设备只有磁带、卡片和纸带，软件方面还没有操作系统，当时的计算机主要用于科学计算。这个阶段由于还没有软件系统对数据进行管理，程序员在程序中不仅要规定数据的逻辑结构，还要设计其物理结构，包括存储结构、存取方法、输人/输出方式等。当数据的物理组织或存储设备改变时，用户程序就必须重新编制。由于数据的组织面向应用，不同的计算程序之间不能共享数据，使得不同的应用之间存在大量的重复数据，很难维护应用程序之间数据的一致性。

该阶段计算机中的数据与应用程序一一对应，即一组数据对应一个程序，如图 9-23 所示。程序中要用到的数据由程序员通过程序自己进行管理，当计算机中的数据结构改变时，其程序也必须随之修改，即计算机中的数据与程序不具有独立性。

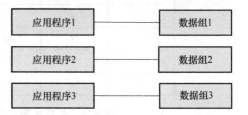

图 9-23　人工管理下程序与数据之间的关系

这个时期的数据管理有以下特点：

1）数据不保存在计算机内。因为计算机主要用于科学计算，一般不要求长期保存数据。每次计算机先将程序和数据输入主存，计算结束后，将结果输出，计算机不保存程序和数据。

2）没有专用的软件对数据进行管理。应用程序的设计者不仅要考虑数据的逻辑结构，还要考虑存储结构、存取方法以及输入/输出方式等。数据由程序员在程序中进行管理，存储结构改变时，应用程序必须改变。此时，由于程序直接面向存储结构，因此数据的逻辑结构与物理结构没有区别。

3）只有程序的概念，没有文件（file）的概念。数据的组织方式必须由程序员自行设计与安排。

4）数据面向程序。每个程序都有属于自己的一组数据，程序与数据相互结合成为一体，互相依赖。即一组数据对应一个程序。即使两个应用程序使用相同的数据，也必须各自定义数据的存储和存取方式，不能共享定义相同的数据。

5）数据大量冗余。各程序之间的数据不能共享，因此数据就会重复存储，冗余量很大。

2. 文件系统阶段

文件系统阶段是从 20 世纪 50 年代后期到 60 年代中期这一阶段。在这一阶段，由于计算机技术的发展，计算机不仅用于科学计算，还用于信息管理。随着数据量的增加，数据的存储、检索和维护问题成为紧迫的需要，促使数据结构和数据管理技术迅速发展起来。此时，外部存储器已有磁盘、磁鼓等直接存取数据的存储设备。软件领域出现了高级语言和操作系统，计算机的应用范围也由科学计算领域扩展到数据处理领域。

在这个阶段中，数据是以文件的形式存放在计算机中的，并且由操作系统中的文件系统来管理文件中的数据。借助操作系统中的文件系统，数据可以用统一的格式，以文件的形式长期保存在计算机系统中，并且数据的各种转换以及存储位置的安排，完全由文件系统来统一管理，从而使程序与数据之间具有一定的独立性。由于程序是通过操作系统中的文件系统与数据文件进行联系的，因此一个应用程序可以使用多个文件中的数据。不同的应用程序也可以使用同一个文件中的数据。程序与数据之间的关系如图 9-24 所示。

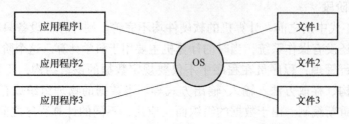

图 9-24　文件系统管理下程序与数据之间的关系

224

相对于数据的人工管理阶段，文件系统阶段的数据管理有以下特点：

1）数据可以以文件形式长期保存在计算机中，文件的组织方式由顺序文件逐渐发展到随机文件。由于计算机大量用于数据处理，即经常对数据进行查询、修改、插入和删除等操作，因此在文件系统中需要按一定的规则将数据组织为一个文件，存放在外存储器中长期保存。

2）数据的逻辑结构与物理结构有了区别，但比较简单。文件管理系统是应用程序与数据文件之间的一个接口。应用程序通过文件管理系统建立和存储文件。程序与数据之间具有"设备独立性"，即程序只需用文件名就可以与数据打交道，不必关心数据的物理位置，可用文件系统提供的读写方法去读写数据。

3）文件组织已多样化。因为有了直接存储设备，所以可建立索引文件、链接文件和直接存取文件等。对文件的记录可顺序访问或随机访问。文件之间是相互独立的，文件与文件之间的联系要用程序来实现。

4）数据不再属于某个特定的程序，可以重复使用，即数据面向应用。

5）对数据的操作以记录为单位。这是由于在文件系统中只存储数据本身，而不存储文件记录的结构信息。对于文件记录的建立、存取、查询、插入、删除和修改等所有操作，都要编写相应的程序来完成。

文件管理系统比人工管理系统有了很大的改进，但随着计算机应用的不断发展，管理的数据规模越来越大，文件系统对数据的管理仍有很多缺点：

1）数据的冗余度比较大。在文件管理阶段，由于数据还是面向应用的，数据文件是针对某个具体应用而建立起来的，因此文件之间互相孤立，不能反映各文件中数据之间的联系，即使所用数据有许多相同的部分，不同的应用还需要建立不同的文件。也就是说，数据不能共享，从而使数据大量重复。这不仅造成存储空间的浪费，而且使数据的修改变得十分困难，很可能使数据不一致，从而影响数据的正确性。

2）由于数据是面向应用的，因此程序与数据互相依赖。由于一个文件中的数据只为一个或几个应用程序所专用，因此为了适应一些新的应用，要对文件中的数据进行扩展是很困难的。一旦文件中数据的结构被修改，应用程序也必须做相应的修改。同样，如果在应用程序中对数据的使用方式发生了变化，则文件中数据的结构也必须随之做相应的修改。

3）文件系统对数据的控制没有统一的方法，而是完全靠应用程序自己对文件中的数据进行控制，因此使应用程序的编制很麻烦，而且缺乏对数据的正确性、安全性、保密性等有效且统一的控制手段。

因此，在文件管理阶段，还不能满足将大量数据集中存储、统一控制以及数据为多个用户所共享的需要。

3. 数据库系统管理阶段

20 世纪 60 年代后期，随着计算机在数据管理领域的普遍应用，人们对数据管理技术提出了更高的要求，希望面向企业或部门，以数据为中心组织数据，减少数据的冗余，提供更高的数据共享能力，同时要求程序和数据具有较高的独立性，当数据的逻辑结构改变时，不涉及数据的物理结构，也不影响应用程序，以降低应用程序研制与维护的费用。数据库技术正是在这样一个应用需求基础上发展起来的。从大型机到微型机，从 UNIX 到 Windows，推出了许多成熟的数据库管理软件，如 FoxBASE、FoxPro、Visual FoxPro、Oracle 和 SQL Server

等。今天，数据库系统已经成为计算机数据处理的主要方式。

在数据库系统管理下，程序与数据之间的关系如图 9-25 所示，此时应用程序通过基于 OS 系统上的数据库管理系统 DBMS 操作相应数据，DBMS 可以为多个用户、多个应用程序来提供数据管理服务。

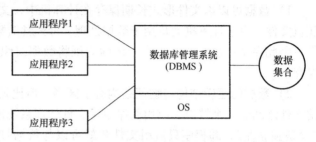

概括起来，数据库系统阶段的数据管理具有以下几个特点：

图 9-25　数据库管理阶段程序与数据之间的关系

1）采用数据模型表示复杂的数据结构。数据模型不仅描述数据本身的特征，还要描述数据之间的联系，这种联系通过存取路径表示。通过所有存取路径表示自然的数据联系是数据库与传统文件的根本区别。这样，数据不再面向特定的某个或多个应用，而是面对整个应用系统。例如，面向企业或部门，以数据为中心组织数据，形成综合性的数据库，为各应用共享。

2）由于面对整个应用系统，使得数据冗余小，易修改、易扩充，实现了数据共享。不同的应用程序根据处理要求，从数据库中获取需要的数据，这样就减少了数据的重复存储，也便于增加新的数据结构，便于维护数据的一致性。

3）对数据进行统一管理和控制，提供了数据的安全性、完整性以及并发控制。

4）程序和数据有较高的独立性。数据的逻辑结构与物理结构之间的差别可以很大，用户以简单的逻辑结构操作数据而无需考虑数据的物理结构。

5）具有良好的用户接口，用户可以方便地开发和使用数据库。

综上所述，可以说数据库是一个通用化的、综合性的数据集合，它可以为各种用户所共享，具有最小的冗余度和较高的数据与程序的独立性，而且能并发地为多个应用服务，同时具有安全性和完整性。因此，数据库系统是一个功能很强的复杂系统，数据库技术是计算机领域中最重要的技术之一。

4. 高级数据库技术阶段

高级数据库技术阶段大约是从 20 世纪 70 年代后期开始的。在这一阶段，计算机技术获得了更快地发展，并更加广泛地与其他科学技术相互结合和相互渗透，在数据库领域中诞生了很多高新技术，并产生了许多新型数据库，其中包括分布式数据库和面向对象数据库。分布式数据库的重要特征是数据分布的透明性，在分布式数据库系统中，个别节点的失效不会引起系统的瘫痪，而且多台处理器可以并行工作，提高了数据处理的效率。面向对象的数据库系统具有面向对象技术的封装性（把数据与操作定义在一起）和继承性（继承数据结构和操作）的特点，提高了软件的可重用性。

分布式数据库是逻辑上集中、地域上分散的数据集合，其部署架构如图 9-26 所示，数据可以部署在全球任何地域位置，通过高速网络技术进行互联，分散在各地的 DBMS1…DBMSi 通过 DDBMS（Distribute　DBMS）系统进行统一管理，实现数据的共享及应用。

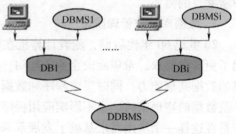

图 9-26　分布式数据库部署架构

9.3.2　数据库管理系统概述

1. 数据库系统的构成

数据库管理最本质的特点是实现数据的共享。为了实现数据的共享，保证数据的独立性、完整性和安全性，需要有一组软件来管理数据库中的数据，处理用户对数据库的访问，这组软件就是数据库管理系统（DBMS）。数据库管理系统与计算机系统内的其他软件一样，也在操作系统（OS）的支持下工作，它与操作系统的关系极为密切。操作系统、数据库管理系统与应用程序在一定的硬件支持下就构成了数据库系统，一个数据库系统一般包括计算机硬件系统、软件系统、数据和应用程序 4 个组成部分，具体组成如图 9-27 所示。

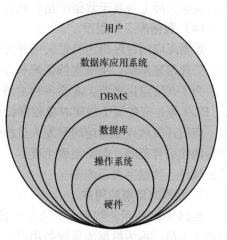

图 9-27　数据库系统组成

（1）硬件系统

硬件系统是数据库赖以存在的物理设备，这一部分包括中央处理器、内存、外存、输入/输出设备等硬件设备。在数据库系统中特别要关注内存、外存、I/O 存取速度、可支持终端数和性能稳定性等指标，还要考虑支持联网的能力和配备必要的后备存储器等因素。此外，随着数据库存储数据量的剧增，要求有足够大的外存储器相适应，同时还要求系统有较高的通道能力，以提高数据的传输速度。

（2）软件系统

软件系统指负责数据库存取、维护和管理的系统。这一部分包括操作系统、数据库管理系统（DBMS）、与数据库接口的高级语言及其编译系统，以及以 DBMS 为核心的应用开发工具。数据库系统中各类用户对数据库的各种操作请求都是由数据库管理系统来完成的，它是数据库系统的核心软件，需要在操作系统的支持下才能工作。DBMS 提供一种超出硬件层之上的对数据库系统进行观察的功能，并支持和表达用户的操作，使数据库用户不受硬件层细节的影响。

一般来讲，数据库系统的数据处理能力较弱，所以需要提供与数据库接口的高级语言及其编译系统，以便于开发相应的应用程序。

（3）数据

数据是数据库系统中集中存储的一批数据集合，即数据库，它是数据库系统的工作对象。数据库的体系结构可划分为两个部分：一部分是存储所需的数据，称为物理数据库部分；另一部分是描述部分，描述数据库的各级结构，这部分由数据字典管理。

为了把输入、输出或中间数据加以区别，通常把数据库数据分为存储数据、工作数据或操作数据，它们是某个特定应用环境中进行管理和决策所必需的信息。特别需要指出，数据库中的存储数据是集成的和共享的。

所谓集成，是指把某特定应用环境中的各种应用相关的数据及其数据之间的联系全部集中并按照一定的结构形式进行存储，或者说，把数据库看成为若干单个性质不同的数据文件的联合统一的数据整体，并且在文件之间局部或全部消除了冗余。这使数据库系统具有整体数据结构化和数据冗余小的特点。

所谓共享，是指数据库中的一块数据可为多个不同的用户所共享，即多个不同的用户，使用多种不同的语言，为了不同的应用目的，而同时存取数据库，甚至同时存取同一块数据。共享实际上是基于数据库是集成的这一事实的结果。

（4）数据库应用程序

数据库应用程序指为特定应用开发的数据库应用软件。例如，基于数据库的各种管理软件、管理信息系统、决策支持系统和办公自动化等都属于数据库应用系统。

为了开发应用系统，需要各种主语言，这些语言大都属于第三代语言范畴，如 COBOL、C、PL/I 等；有些属于面向对象程序设计语言，如 Visual C++、Java 等语言。

应用开发软件是为应用开发人员提供的高效率、多功能的交互式程序设计系统，一般属于第四代语言范畴，包括报表生成器、表格系统、图形系统、具有数据库访问和表格 I/O 功能的软件、数据字典系统等。

2. 数据库系统的用户

由图 9-27 所示，数据库系统还包括相应硬件、软件和数据的设计、管理、分析、维护的相关人员，称为数据库系统的用户，数据库系统主要有 3 类用户：数据库最终用户、数据库开发人员和数据库管理员。这些人员的职责和作用是不同的，因而涉及不同的数据抽象级别，有不同的数据视图。

（1）数据库最终用户

指通过应用系统的用户界面使用数据库的人员，即指从计算机联机终端存取数据库的人员，也可称为联机用户。这类用户使用数据库系统提供的终端命令语言或者菜单驱动器等交互式对话方式来存取数据库中的数据。所以，终端用户一般是不精通计算机和程序设计的各级管理人员、工程技术人员或各类科研人员。

（2）数据库开发人员

这是指负责设计和编制应用程序的人员，包括系统分析员、系统设计员和程序员。系统分析员负责应用系统的分析，他们和用户、数据库管理员相结合，参与数据库的设计；系统设计员负责应用系统设计和数据库的设计；程序员则根据设计要求进行编码。

这类用户通过设计和编写"使用及维护"数据库的应用程序来存取和维护数据库。他们通常使用高级语言以及数据库语言来设计和编写应用程序，以对数据库进行存取操作。这些应用程序可以是通常的批处理应用程序，也可以是联机终端应用程序。由此可知，应用程序员为最终用户准备应用程序，而最终用户是不必编写应用程序的用户。

（3）数据库管理员

数据库管理员（database administrator，DBA）指全面负责数据库系统的管理、维护和正常使用的人员，数据库管理人员是拥有最高特权的数据库用户，负责全面管理数据库系统。为保障数据库安全性，不同使用者拥有的操作权限可由 DBA 进行设置，数据库管理员可以是一个人或一组人，特别对于大型数据库系统，DBA 极为重要。数据库管理员要熟悉操作系统和数据库管理系统，同时还要熟悉有关的业务工作，担任数据库管理员，不仅要具有较高的技术专长，而且还要具备比较深的资历，并具有了解和阐明管理要求的能力。

DBA 的主要职责如下：

1）参与数据库设计的全过程，与用户、应用程序员、系统分析员紧密结合，设计数据库的结构和内容。

2）决定数据库的存储与存取策略，定义用户的存取权限，使数据的存储空间利用率和存取效率均比较优秀。

3）定义数据的安全性和完整性。

4）监督控制数据库的使用和运行，及时处理运行程序中出现的问题。一旦发生故障造成数据库系统破坏，DBA 应该能在最短时间内将数据库恢复到某一正确状态。

5）改进和重新构造数据库系统。DBA 通过各种日志和统计数字分析系统性能。当系统性能下降时，对数据库进行重组，同时根据用户的使用情况，不断改进数据库的设计，以提高系统性能，满足用户需求。

由此可见，数据库管理员在数据库系统中的职责和作用是非常重要的。

3. 数据库系统三级结构和二层映像

在数据库系统中，对于同一意义下的数据，如学生数据，从计算机中处理的二进制表示到用户处理的诸如学生的年龄、姓名等概念的数据之间，存在多个层次，进行了多层次的抽象和转换。

DBMS 支持把数据库从逻辑上分为三层，**即外层（external level），或称为外部级；概念层（conceptual level），或称为概念级；内层（internal level），或称为内部级**。这些通常称为数据库的三级结构，它反映了看待数据库的 3 种不同角度。

外层是靠近用户的一层，即与各个用户看待数据库方式有关的一层，所以称为个别用户视图，也称为外视图（external view）。它是数据库系统的用户层或称为用户级。其用户可以是应用程序员或联机终端用户。

内层是靠近物理存储的一层，即与实际存储数据方式有关的一层，所以称为存储视图，也称为内视图（internal view）。

概念层是介于内外两层之间的"中间层"。它是所有个别用户视图（或所有外视图）综合起来的用户共同视图，是所有外视图的一个最小并集，所以称为用户共同视图，也常称为概念视图。

在数据库系统中，外视图可有多个，而概念视图、内视图则只能各有一个。内视图是整个数据库系统实际存储的表示，而概念视图是整个数据库实际存储的抽象表示，外视图是概念视图的某一部分的抽象表示。

三级结构之间往往差别很大，1975 年，美国国家标准协会/标准计划和需求委员会（ANSI/SPARC）为数据库管理系统建立了三级模式结构，**即内模式、概念模式和外模式**，同时为实现这三个级别的联系和转换，DBMS 在三级结构之间提供两个层次的映像（mapping）：**模式/内模式映像和外模式/模式映像**，模式及映射如图 9-28 所示。

（1）模式/内模式映像

模式/内模式映像存在于概念级和内部级之间，用于定义概念模式和内模式之间的对应性。由于这两级的数据结构可能不一致，即记录类型、字段类型的命名和组成可能不一样，因此，需要这个映像说明概念记录和内部记录之间的对应性。模式/内模式映像一般是放在内模式中描述的。

（2）外模式/模式映像

外模式/模式映像存在于外部级和概念级之间，用于定义外模式和概念模式之间的对应性。由于这两级的数据结构可能不一致，即记录类型、字段类型的命名和组成可能不一样，因此，需要这个映像说明外部记录和概念记录之间的对应性。外模式/模式映像一般是放在外模式中描述的。

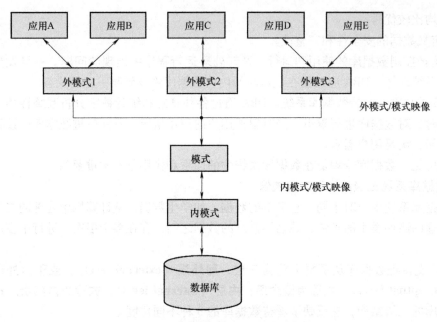

图 9-28　数据库系统的三级模式结构

数据库的模式/内模式映像、外模式/模式映像实现了数据库 3 个模式间的转换，保证了数据库在物理和逻辑上的独立性，数据库在物理上的独立性和逻辑上的独立性称为数据库系统的两级独立性。

1）物理独立性。物理独立性是指用户的应用程序与存储在磁盘上的数据库中的数据是相互独立的。当数据的物理存储改变时，应用程序不需要改变。物理独立性存在于概念模式和内模式之间的映像转换，说明物理组织发生变化时应用程序的独立程度。

2）逻辑独立性。逻辑独立性是指用户的应用程序与数据库中的逻辑结构是相互独立的。当数据的逻辑结构改变时，应用程序不需要改变。逻辑独立性存在于外模式和概念模式之间的映射转换，说明概念模式发生变化时应用程序的独立程度。

数据库系统的三级模式结构将数据库的全局逻辑结构同用户的局部逻辑结构和物理存储结构区分开，给数据库的组织和使用带来了方便。不同用户可以有自己的数据视图，所有用户的数据视图集中起来统一组织，消除冗余数据，得到全局数据视图。全局数据视图经数据存储描述语言定义和描述，得以在设备介质上存储。

数据库系统的三级结构是极为重要的概念，它对描述数据库系统的结构是非常重要的。当然也不是说所有的数据库系统都要照搬这个特定的结构，如微型机数据库系统并非所有方面都与这个特定的结构相一致。然而大多数数据库系统的基本结构大体上是符合上述结构的。

4. 数据库系统的工作过程

通过学习以上数据库系统组成、数据库系统工作模式等相关知识，下面以一个应用程序从数据库中读取一个数据记录的例子，来说明用户访问数据库中数据时的系统工作过程，同时也具体反映了各部分的作用以及它们之间的相互关系。图 9-29 所示为用户访问数据库中数据时的具体工作过程及主要步骤。

1）用户在应用程序中向 DBMS 发出读取记录的请求，同时给出记录名和要读取记录的

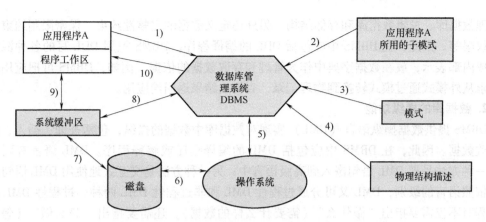

图 9-29　表示用户访问数据库中数据时的过程及主要步骤

关键字值。

2）DBMS 接到请求后，利用应用程序 A 所用的子模式来分析这一请求。

3）DBMS 调用模式，进一步分析请求，根据子模式与模式之间变换的定义，决定应读入哪些模式记录。

4）DBMS 通过物理模式将数据的逻辑记录转换为实际的物理记录。

5）DBMS 向操作系统发出读取所需物理记录的请求。

6）操作系统对实际的物理存储设备启动读操作。

7）读出的记录从保存数据的物理设备送到系统缓冲区。

8）DBMS 根据模式和子模式的规定，将记录转换为应用程序所需要的形式。

9）DBMS 将数据从系统缓冲区传送到应用程序 A 的工作区。

10）DBMS 向用户程序 A 发出本次请求执行情况的信息。

以上步骤是用户从数据库中读取数据的一般过程。对于不同类型的 DBMS 有可能在具体细节上稍有不同，但基本过程大体上是一致的。

DBMS 总是基于某种数据模型，因此可以把 DBMS 看成是某种数据模型在计算机系统上的具体实现。根据数据模型的不同，DBMS 可以分成层次型、网状型、关系型和面向对象型等。用户对数据库进行操作，是由 DBMS 把操作从应用程序带到外部级、概念级，再导向内部级，进而通过操作系统操纵存储器中的数据。同时，DBMS 为应用程序在内存中开辟了一个数据库的系统缓冲区，用于数据的传输和格式的转换。

9.3.3　数据库管理系统功能

数据库管理系统是数据库系统中实现各种数据管理功能的核心软件。它负责数据库中所有数据的存储、检索、修改以及安全保护等，数据库内的所有活动都是在其控制下进行的。数据库管理系统虽然依赖于操作系统的支持，但它作为一个管理数据的独立软件系统，较之计算机系统内的其他软件，有它自己的一些特点。例如，数据库管理系统具有一套独立于操作系统的存取数据的命令，数据存储空间的分配由数据库管理系统自己来完成。通常，DBMS 的主要功能包括以下四个方面。

1. 数据库的定义功能

DBMS 提供数据定义语言（DDL）来定义数据的结构、数据与数据之间的关联关系，定

231

义物理数据库、逻辑数据库和存储结构。另外还定义数据的完整性约束、保密限制约束和用户的权限等。因此，在 DBMS 中应包括 DDL 的编译程序。DBMS 把用 DDL 写的各种源模式翻译成内部表示，放在数据字典中作为管理和存取数据的依据。例如，DBMS 可把应用的查询请求从外模式通过模式转换到物理记录，查询出结果返回给应用。

2. 数据库的操纵功能

DBMS 提供数据操纵语言（DML）实现对数据库中数据的操纵，包括查询、插入、删除和修改数据。因此，在 DBMS 中应包括 DML 的编译程序或解释程序。DML 语言有两种用法：一种方法是把 DML 语句嵌入到高级语言中；另一种方法是交互式地使用 DML 语句。

依照语言的级别，DML 又可分成过程性 DML 和非过程性 DML 两种。过程性 DML 指用户编程时不仅需要指出"做什么"（需要什么样的数据），还需要指出"怎么做"（怎么获得这些数据）。非过程性 DML 是指用户编程时只需要指出"做什么"，不需要指出"怎么做"。

层次型的、网状 DML 都属于过程性语言，而关系型 DML 属于非过程性语言。非过程性语言易学且操作方便，深受广大用户欢迎。但非过程性语言增加了系统的开销，一般采用查询优化的技术来弥补。通常查询语言是指 DML 中的检索语句部分。

3. 数据库管理功能

已建立好的数据库，在运行过程中需要进行维护。DBMS 对数据库的管理通过以下五个方面来实现。

1）数据库的恢复。在数据库被破坏或数据不正确时，系统有能力把数据库恢复到正确的状态。

2）数据库的并发控制。在多个用户同时对同一个数据进行操作时，系统应能加以控制，防止数据库中的数据被破坏。

3）数据完整性控制。保证数据库中的数据及语言的正确性和有效性，防止任何对数据造成错误的操作。

4）数据安全性控制。防止未经授权的用户存取数据库中的数据，以免数据被泄露、更改或破坏。

5）运行监控与性能调优。提供数据载入、转换、转储等工作过程日志、改组以及性能监控，对数据库运行的性能进行优化。

4. 数据通信功能

在分布式数据库或提供网络操作功能的数据库中还必须提供数据的通信功能，具备与操作系统的联机处理、分时系统以及远程作业输入的相应接口。

以上是一般的 DBMS 所具备的功能。另外，应用程序并不属于 DBMS 应用。应用程序是用主语言和 DML 编写的，程序中的 DML 语句由 DBMS 执行，而其余部分仍由主语言编译程序完成。

9.4 本章小结

本书的数据库课程体系包括数据库基础知识、SQL 应用两部分，遵循从理论基础到应用层次逐步推进的体系编写，每个章节的内容编制也遵循先抽象后具体细化的理念进行编写。

本章节是数据库基础知识体系部分，主要包括以下内容。

1. 数据与信息

数据库系统处理的是数据，而数据又可以表示现实世界中的各种信息，数据是信息的载体，信息是数据的内涵，信息与数据两者相辅相成。

2. 概念模型与逻辑模型

自然界中的信息在处理过程中需要经过现实世界、观念世界、数据世界三个世界的转化，现实世界转化为观念世界形成概念模型，观念世界转化为数据世界形成逻辑模型。

概念模型是现实世界在头脑中反映后形成对象的实体世界以及实体之间的相互联系，涉及实体、属性、实体集等相关定义，实体与实体之间存在一对一、一对多、多对多 3 种联系，实体之间的联系可以用 E-R 图表示。

逻辑（数据）模型与数据在计算机中的存储结构密切相关，数据世界涉及数据项、记录、记录型、文件、关键字等相关定义。常用的数据模型有 3 种：层次模型、网状模型和关系模型，目前大多数数据库系统都是关系型的，关系模型是采用二维表格结构来表示实体以及实体间联系，本书数据库学习内容都基于关系数据库进行讲述。

3. 关系的相关术语与性质

关系是表的数学术语，表是一个集合，集合论、数理逻辑等知识可以引入到关系模型中来，关系和数据库表都存在相应术语，两类术语存在相应对应关系，例如，关系的元组对应表的记录或行、关系的属性对应表的列，关系的关键字对应表的主关键字、外关键字等，关系的属性、主键、外键以及关系的实体完整性、参照完整性约束等是关系数据库设计的理论基础。

4. 关系的各种运算

关系运算包括集合运算和关系专门的运算两部分，集合运算包括集合的并、交、差、笛卡儿乘积等计算，专门运算包括选择、投影、联接运算等，集合运算和专门运算是后续章节中 SQL 语句单表和多表关联 SELECT 查询的基础。

5. 数据管理技术及其发展阶段

数据管理技术是指对数据的分类、组织、编码、存储、检索和维护的技术，其发展阶段经历了人工管理阶段、文件系统阶段、数据库系统管理阶段、高级数据库技术 4 个阶段，数据库技术发展阶段是伴随着计算机技术及其应用而发展的。

6. 数据库管理系统概述

数据库管理系统一般包括计算机硬件系统、软件系统、数据和应用程序 4 个组成部分，其系统涉及 3 类用户：数据库最终用户、数据库开发人员和数据库管理员，不同角色人员的职责和作用是不同的。

本章节的学习要求掌握数据库的概念模型、逻辑模型的内涵、关系数据库中关系的各种性质和运算公式，这是后续数据库系统应用设计的基础，同时需要了解数据库系统的基本层次、模式转换以及数据库系统的基本功能，掌握数据库系统运行的机制，为后续数据库 SQL语句学习以及数据库的基本管理奠定基础。

 习题

9-1 选择题

（1）用树形结构表示实体之间联系的模型是（　　　）。

    A. 关系模型　　　　　B. 网状模型　　　　　C. 层次模型　　　　　D. E-R 模型

（2）用二维表格来表示实体及实体之间联系的数据模型是（　　）。

    A. 关系模型   B. 网状模型   C. 层次模型   D. E-R 模型

（3）在 E-R 图中，用来表示实体之间联系的图形是（　　）。

    A. 椭圆形   B. 矩形   C. 菱形   D. 平行四边形

（4）在关系数据库中，一个关系对应一个（　　）。

    A. 二维表格   B. 字段   C. 记录   D. 域

（5）在学生管理的关系数据库中，存取一个学生信息的数据单位是（　　）。

    A. 文件   B. 域   C. 字段   D. 记录

（6）一间宿舍对应多个学生，则宿舍和学生之间的联系是（　　）。

    A. 一对一   B. 一对多   C. 多对一   D. 多对多

（7）"商品"与"顾客"两个实体集之间的联系一般是（　　）。

    A. 一对一   B. 一对多   C. 多对一   D. 多对多

（8）下列说法中正确的是（　　）。

    A. 一个关系的元组个数是有限的

    B. 表示关系的二维表格中各元组的每一个分量还可以分成若干个数据项

    C. 一个关系的属性名称为关系模型

    D. 一个关系可以包含多张二维表格

（9）实施参照完整性后，可以实现的关系约束是（　　）。

    A. 任何情况下都不允许在子表的相关字段中输入不存在于父表主键中的值

    B. 任何情况下都不允许删除父表中的记录

    C. 任何情况下都不允许修改父表中记录的主键值

    D. 任何情况下都不允许在子表中增加新记录

（10）有两个关系 R、S 如下：

R

A	B	C
a	3	2
b	0	1
c	2	1

S

A	B
a	3
b	0
c	2

由关系 R 得到关系 S，则所使用的运算为（　　）。

    A. 选择   B. 投影   C. 除   D. 差

（11）有 3 个关系 R、S 和 T 如下：

R

A	B	C
a	1	2
b	2	1
c	3	1

S

A	B	C
d	3	2

T

A	B	C
a	1	2
b	2	1
c	3	1
d	3	2

其中关系 T 由关系 R 和 S 通过某种运算得到，该运算为（   ）。

  A. 选择   B. 投影   C. 交   D. 并

（12）数据库管理系统与操作系统、应用软件的层次关系从核心到外围依次是（   ）。

  A. DBMS、OS、应用软件   B. DBMS、应用软件、OS

  C. OS、DBMS、应用软件   D. OS、应用软件、DBMS

（13）数据库（DB）、数据库系统（DBS）、数据库管理系统（DBMS）之间的关系是（   ）。

  A. DB 包含 DBS 和 DBMS   B. DBMS 包含 DB 和 DBS

  C. DBS 包含 DB 和 DBMS   D. 没有任何关系

（14）在数据管理技术发展的 3 个阶段中，数据共享最好的是（   ）。

  A. 人工管理 B. 文件系统 C. 数据库系统 D. 3 个阶段相同

（15）在数据库系统中，用户所见的数据模式为（   ）。

  A. 概念模式 B. 外模式 C. 内模式 D. 物理模式

9-2 简答题

（1）数据库管理技术发展经历了哪几个阶段，各阶段技术具有哪些特点。

（2）数据库管理系统由哪几个组成部分，简要说明每个组成部分的内容。

（3）数据库系统包括哪些用户角色，每类用户的职责有哪些。

（4）简要说明数据库系统的三种模式、两层转换的具体内容。

第 10 章

SQL语言

SQL 是数据库系统的通用语言，是结构化查询语言（Structured Query Language）的缩写。**SQL 被美国国家标准化组织（American National Standards Institute，ANSI）确定为数据库系统的工业标准。**SQL 的历史与关系数据库的发展密切联系在一起。虽然不同厂商的 DBMS 对 SQL 的支持有细微不同，有些方面会有不同程度的扩充。但是利用 SQL，用户可以用几乎相同的语句在不同的数据库系统上执行同样的操作。

10.1 SQL 概述

10.1.1 SQL 语言发展历史

1970 年，美国 IBM 研究中心的 E. F. Codd 连续发表多篇论文，提出关系模型，1972 年，IBM 公司开始研制实验型关系数据库管理系统 SYSTEM R，配置的查询语言称为 SQUARE（specifying queries as relational expression）语言，在语言中使用了较多的数学符号。1974 年由 Boyce 和 Chamberlin 将 SQUARE 修改为 SEQUEL（structure English query language）语言。这两种语言在本质上是相同的，但后者去掉了一些数学符号，并采用英语单词表示和结构式的语法规则，看起来很像英语的句子，用户比较欢迎这种形式的语言。后来 SEQUEL 简称为 SQL，即"结构化查询语言"，现在 SQL 已经成为一个标准。

第一个 SQL 标准是 1986 年 10 月由美国国家标准化组织公布的，所以也称该标准为 SQL-86。1987 年国际标准化组织（ISO）也通过了这一标准。此后 ANSI 不断修改和完善 SQL 标准，并于 1989 年第二次公布 SQL 标准（SQL-89），1992 年又公布了 SQL-92 标准，SQL 的标准化工作一直在继续。1999 年 ISO 发布了标准化文件 ISO/IEC9075：1999《数据库语言 SQL》。这个标准有 1000 多页，人们习惯称这个标准为"SQL3"。

SQL 成为国际化标准，由于各种类型的计算机和 DBS 都采用 SQL 作为其存取语言和标准接口，从而使数据库世界有可能链接为一个统一的整体，这个意义十分重大。现在 SQL 标准对数据库以外的领域也产生了很大影响，有不少软件产品将 SQL 语言的数据查询功能与图形功能、软件工程工具、软件开发工具、人工智能程序结合起来。**SQL 已成为关系数据库领域中一个主流语言。**

10.1.2 SQL 主要功能

SQL 是与 DBMS 进行通信的一种语言工具，它与 DBMS 的其他组件组合在一起，使用户可以方便地进行数据库的管理以及数据的操作，为用户提供了很好的可操作性。

SQL 提供如下 6 种主要功能。

1）**数据定义**：SQL 能让用户自己定义所存储数据的结构以及数据之间的关系。

2）**数据更新**：SQL 提供了添加、删除、修改等数据更新操作。

3）**数据查询**：SQL 提供从数据库中按照需要查询数据的功能，不仅支持简单条件的检索操作，而且支持子查询、查询的嵌套、视图等复杂的检索。

4）**数据安全**：SQL 提供访问、添加数据等操作的权限控制，以防止未经授权的访问，可有效地保护数据库的安全。

5）**数据完整性**：SQL 可以定义约束规则，定义的规则将存在数据库内部，可以防止因数据库更新过程中的意外事件或系统错误导致的数据库崩溃。

6）**数据库结构的修改**：SQL 允许用户或应用程序修改数据库的结构。

10.1.3　SQL 特点

SQL 语言之所以能够成为国际标准，是因为它是一个综合的、功能强大的且又简捷易学的语言。SQL 集多种功能于一身，充分体现了以下方面的优点。

（1）功能强大

SQL 语言集数据定义语言、数据操纵语言以及数据控制语言的功能于一体，语言风格统一，可以独立完成数据库中的全部活动，包括定义关系模式，建立数据库，录入、查询、更新、维护数据，数据库重构，数据安全性控制等一系列操作，这就为数据库应用系统开发提供了良好的环境。例如，用户在数据库投入运行后，仍可根据需要随时修改模式，并不影响数据库的运行，从而使系统具有良好的可扩充性。

（2）高度非过程化

用户只要提出"做什么"，而无须指明"怎么做"，存取路径的选择以及 SQL 语言的操作过程由系统自动完成，不但大大减轻了用户负担，而且有利于提高数据的独立性。

非关系数据模型的数据操纵语言是面向过程的语言，用其完成某项请求，必须指定存取路径；而用 SQL 语言进行数据操作时，用户只需提出"做什么"，而不必指明"怎么做"。因此用户无须了解存取路径，存取路径的选择以及 SQL 语句的操作过程由系统自动完成。

（3）简单易用

SQL 语言十分简洁，实现核心功能一般只要用到下面 10 个命令动词，见表 10-1，因此容易学习和掌握。

表 10-1　SQL 操作符

功能	操作符
数据查询	SELECT
数据定义	CREATE、DROP、ALTER
数据操纵	INSERT、UPDATE、DELETE
数据控制	GRANT. REVOKE

（4）一套语法、两种使用方式

SQL 既是自含式语言，又是嵌入式语言。作为自含式语言，它能够独立地用于联机交互的使用方式，用户可以在终端上直接键入 SQL 命令对数据库进行操作；作为嵌入式语言，SQL 语句能够嵌入到别的高级语言中，供程序员设计程序时使用。在这两种不同的使用方式下，SQL 的语法结构基本上是一致的。这种以统一的语法结构提供两种不同的使用方式，为用户提供了极大的灵活性与便利性。

SQL 语句的一般格式如下：

<命令动词><操作的目的参数><操作数据的来源><操作条件><其他子句>

10.2 字段类型及存储

要了解一个数据库，首先要了解数据库中存放字段支持的数据类型、各种不同类型存储的空间信息等，不同数据库的字段类型略有差异，但一般都存在**数值类型、字符类串型、日期时间类型** 3 个基本的字段类型，具体字段类型可以参考图 10-1 所示。

字段类型在数据库中建立数据表的定义语句 Create Table 中进行应用，下面以 MySQL 数据库为例简要介绍下几种基本字段的数据类型。

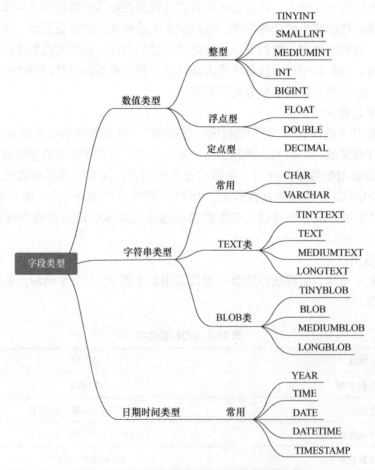

图 10-1 MySQL 数据库字段基本数据类型

10.2.1　数值型字段

1. 整型

整数根据数据范围又分多种类型，见表 10-2。

表 10-2　整型字段

字段类型	类型描述	存储大小	含义
tinyint	微整数	1 字节	范围（−128~127）
smallint	小整数	2 字节	范围（−32768~32767）
mediumint	中整数	3 字节	范围（−8388608~8388607）
int	整数	4 字节	范围（−2147483648~2147483648）
bigint	大整数	8 字节	范围（−9.22×10^{18}~9.22×10^{18}）

上面定义的都是有符号的，可以在字段类型前面加上 unsigned 关键字，定义成无符号的类型，这样对应的取值范围就会翻倍，例如，tinyint unsigned 的取值范围为 0~255。

2. 浮点型

浮点型字段见表 10-3。

表 10-3　浮点型字段

字段类型	类型描述	存储大小	含义
float(m,d)	单精度浮点型	4 字节	单精度浮点型，m 总个数，d 小数位
double(m,d)	双精度浮点型	8 字节	双精度浮点型，m 总个数，d 小数位
decimal(m,d)	字符串浮点	字符串	字符串的浮点数，m 总位数，d 小数位数

10.2.2　字符型字段

字符型字段又包含文本型和二进制两种，分别见表 10-4 和表 10-5。

1. 文本型字符

表 10-4　文本字符型字段

数据类型	类型说明	最长字符数
char(n)	固定长度，存储空间 n 个字符	最多 255 个字符
varchar(n)	可变长度，存储空间不超过 n 个字符	最多 65535 个字符
tinytext	可变长度	最多 255 个字符
text	可变长度	最多 65535 个字符

表 10-5　二进制字符型字段

数据类型	类型说明	最长字符数
TINYBLOB	不超过 255 个字符的二进制字符串	最多 255 个字符
BLOB	二进制形式的长文本数据	最多 65535 个字符

（续）

数据类型	类型说明	最长字符数
MEDIUMBLOB	二进制形式的中等长度文本数据	最多 16777215 个字符
LONGBLOB	二进制形式的极大文本数据	最多 4294967295 个字符

字符串类型的字段使用相关事项约定如下：

1）char(n) 和 varchar(n) 括号中的 n 代表字符的个数，并不代表字节个数，所以当使用了中文字符集（UTF8）时意味着可以插入 n 个中文，但是实际占用 n * 3 个字节。

2）char 和 varchar 最大的区别就在于 char 不管实际 value 都会占用 n 个字符的空间，而 varchar 只会占用实际字符应该占用的空间加存储字符串长度的占用字节数，当字符串长度小于 255 时，字符串实际空间+1 字节的长度存储字节≤n。

3）如果字符串超过 char 和 varchar 的 n 设置数值后，多出的字符串会被截断。

4）char 在存储的时候会截断尾部的空格，varchar 和 text 不会。

5）varchar 会使用 1~3 个字节来存储长度，而 text 类型字符串没有单独字节来存储长度。

2. 二进制字符

BLOB 是一个二进制大对象，可以容纳可变数量的数据。有 4 种 BLOB 类型：TINYBLOB、BLOB、MEDIUMBLOB 和 LONGBLOB。它们的区别在于可容纳存储范围不同。

10.2.3　日期型字段

日期型字段见表 10-6。

表 10-6　日期型字段

字段类型	类型描述	存储大小	含义
year	年份	1 字节	格式：2022
date	日期	3 字节	格式：2022-09-18
time	时间	3 字节	格式：08：42：30
datetime	日期时间	8 字节	格式：2022-09-18 08：42：30
timestamp	时间戳	4 字节	混合日期和时间值，表示自 UTC 时间始的秒数 格式：2022-09-18 08：42：30

日期型数据字段类型中，YEAR 表示年份，DATE 表示日期，TIME 表示时间，DATETIME 以及 TIMESTAMP 表示日期以及时间，但 TIMESTAMP 数值与时区相关，有自动更新的特性。

10.3　数据定义

10.3.1　数据定义概述

在了解了数据库中三大基本字段类型后，下面通过数据库定义 SQL 语句来看下各类数据字段在定义语句中是如何应用的。

先来模拟下与学生选课相关的三个关系表，本章所有的 SQL 语句操作案例都以下面 3 个关系表为样例进行讲解，表格具体内容见表 10-7。

3 个关系表的相关信息如下：

1）学生表：关系名 student，包括 7 个属性，即学号（STUNO#）、学生姓名（STU-NAME）、性别（SEX）、出生日期（BIRDT）、年龄（AGE）、班级编号（CLASSNO）、入学成绩（SCORE），其中学号（STUNO#）是 student 表的关键字。

2）课程表：关系名 course，包括 4 个属性，即课程编号（COUNO#），课程名（COUN-AME）、学分（CREDIT）、课时（PERIOD），其中课程编号（COUNO#）是 course 表的关键字。

3）学生选课表：关系名 stucourse，包括 3 个属性，即学生学号（STUNO#），课程编号（COUNO#）和成绩（GRADE），其中学号（STUNO#）是本表的外键，关联 student 表的学号（STUNO#）。

3 个表的样表及数据样例如下：

表 10-7 SQL 语句的 3 张数据样表

a）student（学生表）

STUNO	STUNAME	SEX	BIRDT	AGE	CLASSNO	SCORE
1901001	赵雷	男	2000-01-01	22	B1901	385
1902002	钱电	男	1999-12-21	23	B1902	356
1901033	孙风	女	2000-05-20	22	B1901	355
1902035	吴兰	女	2001-12-25	21	B1902	368
1901050	蒋元生	男	1999-07-30	23	B1901	342
1902038	孙甜甜	女	2000-12-23	22	B1902	372
1901052	张华	男	2001-09-21	21	B1901	390
1901058	吴瑕	女	1999-11-22	23	B1901	379

b）course（课程表）

COUNO	COUNAME	CREDIT	PERIOD
02801	计算机软件基础	4	64
02802	数据库系统	4	64
02805	操作系统	2	32
02810	工程项目管理	3	48
02812	软件设计	2	32

c）stucourse（学生选课表）

STUNO	COUNO	GRADE
1901001	02801	92
1902002	02802	83
1901033	02801	95
1902035	02802	60
1901050	02801	76
1902038	02802	87
1901052	02810	66
1901058	02805	75

按照表字段设计的"三大范式"规范，student 表中的年龄（AGE）属性其实是冗余的，年龄可以通过出生日期（BIRDT）属性进行相应的计算后得出，表中放入冗余字段的是为了演示后面函数相关应用知识以及学生信息查询统计的直观性使用的，相关内容可参考后续章节 SELECT 语句相关内容。

关系数据库的**基本对象是表、视图和索引**。因此，SQL 的数据定义语言就是针对这 3 类对象进行操作的，数据定义 SQL 语法见表 10-8。

表 10-8　数据定义

操作对象	创建	删除	修改
表	CREATE TABLE	DROP TABLE	ALTER TABLE
视图	CREATE VIEW	DROP VIEW	视图
索引	CREAT INDEX	DROP INDEX	索引

10.3.2　Create Table 语句

1. 建表 SQL 语法

创建基本表的命令格式为

```
CREATE TABLE <表名>
    (<列名><数据类型>[<列级完整性约束>]
    [,<列名><数据类型>[<列级完整性约束>],…]
    [,[<列级完整性约束>]][<其他参数>])
```

句中的中括号"[ ]"中的内容表示该行可选择，而竖线"|"表示项目内容之间可选其一。

该命令用于定义一个新的基本表的结构，指出基本表包括哪些属性，以及属性的数据类型和约束规则等，表格中相关信息说明如下：

表名：表名即关系表名称，如上面的 student 表、course 表等。

列名：关系表的属性值或字段名，如 student 表的学号（STUNO#）、性别（SEX）等。

数据类型：数据表字段对应的数据类型，对应上面的字符型、数字型、日期型等。

列级完整性约束：针对表内某个字段的相关约束，列约束的一般形式如下：

```
[CONSTRAINT 约束名][NULL |NOT NUIL |{UNIQUE |PRIMARY KEY}
|REFERENCES 表名[ (列名)]
```

对列约束主要关键字说明如下：

1）CONSTRAINT 由约束名标识一完整性约束。

2）NOT NUIL 说明一列不能包括空值。

3）DEFAULT 说明该列在插入数据时如果未提供对应数据，则采用默认数据写入。

4）UNIQUE 指定该列作为唯一码。

5）PRIMARY KEY 指定该列为表的主键。

6）REFERENCES 标识该主键或唯一码在引用完整性约束中为一外键所引用。

进一步对主要关键字约束进行简单说明：

1）NOT NULL 约束说明一列不能包含空值。为了满足该约束，表中的每一行在该列上必须包含一个值。

2）UNIQUE 约束指定一列或列的组合为唯一码。要满足 UNIQUE 约束，表中没有两行在唯一码上有同一值。

3）PRIMARY KEY 约束指定一列或一组列为表的主键。要满足 PRIMARY 约束，必须满足没有一个主键值出现在表的多个行中，同时主键中列不能取空值。而且一个表只能有一个主键。

表级完整性约束：针对表间字段间的相关约束，主要主从表的外键约束等，关键字为外码（foreign key），表约束的一般形式如下：

```
[CONSTRAINT 约束名]{UNIQUE |PRIMARY KEY}(列名[,列名]…)
|FOREIGN KEY(列名[,列名]…)REFERENCES  表名(列名[,列名]…)
```

对表约束的主要关键字说明如下：

1）关键字 CONSTRAINT、UNIQUE | PRIMARY KEY 等与列约束含义相同。

2）FOREICN KEY 标识子表中组成外键的列或组列，仅在定义外键的表约束时使用。

3）REFERENCES 标识主表及组成引用码列或组列。如果仅标识主表而没有列名，外键自动引用主表的主键。引用码的列数和数据类型同外键列相同。

进一步对外键的引用约束说明如下：

一个引用完整性约束指定一列或者组列作为一个外键，并在外键和一个指定的主键或唯一码（称为引用码）之间建立一联系。在这种联系中包含外键的表称为子表，包含引用码的表称为主表（parent table）。它们之间必须满足：

1）子表和主表必须在同一数据库中。

2）子表的每一行的外键值必须在一主表行的引用码中出现，即子表中行从属于主表的引用码。

3）在子表中定义一引用完整性约束，所引用的 UNIQUE 或 PRIMARY KEY 的约束在主表中必须已定义。

4）在一个表中可定义多个外键，一个列可能为多个外键的成分。

2. 建表实例

【例 10-1】 按以上建表语句规则创建本章三个样例表：student 表、course 表、stucourse 表，并按要求把每个表的关键字以及表间外码建好。

（1）**建立学生表**

```
create table student(
    STUNO char(10)primary key,
    STUNAME varchar(12)not null,
    SEX char(2)not null default '男',
    BIRDT date not null,
    AGE int(3)not null,
    CLASSNO char(10),
    SCORE int(4)not null
);
```

说明如下：

① 学号（STUNO#）是表的关键字。

243

② 性别（SEX）字段缺省为"男"，即插入数据时性别字段**不指定具体属性值时默认为男性**，在 insert 插入数据时具体讲解。

（2）建立课程表

```
create table course(
      COUNO char(10)primary key,
      COUNAME varchar(20)not null,
      CREDIT int(2)not null,
      PERIOD int(3)not null
);
```

课程表 course 建立的 SQL 语句相关说明如下：

① 课程号（COUNO#）是表的关键字。

② 所有字段都不允许有空值。

（3）建立学生选课表

```
create table stucourse(
     STUNO char(10)UNIQUE,
     COUNO char(10)not null,
     GRADE float(5,2)not null,
     CONSTRAINT stu_fk_1 FOREIGN KEY(STUNO)REFERENCES student(STUNO)
);
```

说明如下：

① STUNO 是外键，对应 student 表的学生号（STUNO）字段。

② stu_fk_1 是本表外键 CONSTRAINT 约束定义的名称。

10.3.3　Alter Table 语句

1. 修改表 SQL 语法

修改表操作，包括增加新列、增加新的完整性约束、修改原有的列定义、删除已有的完整性约束等，命令格式为

```
alter TABLE <表名>[ADD<新列名><数据类型>[<完整性约束>]
[DROP<完整性约束>]
[MODIFY<列名><数据类型>]
```

其中：

ADD 子句用于增加新列、定义新列的类型和新列的完整性约束。

DROP 子句用于删除指定的完整性约束。

MODIFY 子句用于修改原有的列定义，如修改列名、列的数据类型等。

2. 修改表实例

【例 10-2】　在课程表 course 中增加课程授课老师工号（TECHNO）和姓名（TECHNM）字段，并把学分（PERIOD）字段的定义由 INT 型修改成 CHAR 型。

```
alter TABLE   course ADD(TECHNO varchar(12)not null,TECHNM varchar(20)not null)
alter TABLE   course MODIFY(PERIOD char(10))
```

说明如下：

① ADD 添加的字段只能添加到原表的最后。

② 可以通过 MODIFY 和 DROP 对字段类型进行调整或删除。

10.3.4 Drop Table 语句

删除表的命令格式为

```
DROP TABLE <表名>;
```

例如，删除 course 表的操作如下：DROP TABLE   course

注意：**基本表一旦被删除，表中的数据和在此表上建立的索引都将被自动删除**，因此，执行删除基本表操作一定要格外小心。此外，当需要删除基本表时，必须在没有视图或约束引用基本表中的列时才能进行，否则删除操作将被拒绝。

10.3.5 Create Index 语句

1. 建立索引 SQL 语法

在表上建立索引是加快基本表数据查询速度的有效手段，可以根据需要在表上建立一个或多个索引，从而提高系统的查询效率。索引是通过建立索引文件来实现的，而索引文件实际上是基本表的投影，依附于基本表。

创建索引的命令格式为

```
CREATE[UNIQUE][CLUSTER]INDEX<索引名>ON<表名>
   (<列名>[<ASC |DESC>][,<列名[<ASC |DESC>],…])
```

其中：

<索引名>是将要建立的索引文件名或索引标识。

<列名>指明索引的关键字，可以建立在基本表的一列或多列上，列之间用逗号分隔。

<ASC | DESC>定义是升序还是降序，**ASC 为升序，DESC 为降序，默认为 ASC**。

UNIQUE 表示此索引的每一个索引值只对应唯一的数据记录。

CLUSTER 表示要建立的索引是聚簇索引。所谓聚簇索引是指索引项的顺序与表中记录的物理顺序一致的索引。在关键字上建立索引，会使得基本表按索引逻辑有序，而聚簇索引是将基本表按索引物理排序。

在**一个基本表上最多只能建立一个聚簇索引**，建立聚簇索引后，更新索引列的数据时，往往会导致表中记录的物理顺序的变更，因此，对于经常更新的列不宜建立聚簇索引。

此外，SQL 中的索引是非显式索引，也就是在索引创建以后，用户在索引删除前不会再用到该索引的名称，但是索引在用户查询时会自动起作用。

2. 建立索引实例

【例 10-3】 在学生表 student 中建立入学成绩（SCORE）的降序索引，便于成绩由高到低排序查询应用。

```
CREATE  INDEX idx_score  ON  student(SCORE DESC)
```

该命令在 student 表上建立了一个索引名为 idx_score 的索引，该索引基于 SCORE 字段进行降序排序，即按入学成绩由高到低进行排列。

3. 删除索引

创建索引是为了提高数据检索的速度，但是如果数据更新频繁，系统就需要花费时间来维护索引。因此当一些索引经常不用时，为减少系统的维护时间，可以删除这些索引。

删除索引的命令格式为

```
DROP INDEX<索引名>ON<表名>;
```

例如，删除 student 表上 idx_score 索引：DROP INDEX idx_score ON student。

10.4 数据查询

数据查询是关系运算理论在 SQL 中的主要体现。**在数据查询语句中既有关系代数的特点，又有关系演算的特点。**本节从 SELECT 语句的**基本语法、完整语法和各种限定**等三方面进行介绍，使用户对数据查询有一个完整的了解。在学习中，**应注意把 SELECT 语句和关系代数表达式联系起来考虑问题。**

本节 SELECT 语句具体操作以表 10-7 SQL 语句的 3 张数据样表的数据进行操作。

首先给出 SELECT 语句完整的语法，其一般形式如下所述：

```
SELECT[ALL |DISTINCT]<目标列表表达式>[,<目标列表表达式>]…
    FROM<表名或视图名>[,<表名或视图名>]…
    [WHERE<条件表达式>]
    [GROUP BY<分组列名>[HAVING<条件表达式>]]
    [ORDER BY<排序字段>[ASC |DESC]]
```

功能：根据 WHERE 子句的条件表达式，从 FROM 子句指定的基本表或视图中找出满足条件的记录；再按 SELECT 子句中的目标表达式，选出记录中的属性值，形成结果表。

部分关键字说明如下：

GROUP BY：按 GROUP BY 子句中指定列的值分组。

HAVING：如果 GROUP BY 子句还带有 HAVING 短语，则同时提取满足 HAVING 子句中组条件的表达式的那些组。

ORDER BY：按 ORDER BY 子句对输出的目标表进行排序，按附加说明 ASC 升序排列，或按 DESC 降序排列。

10.4.1 投影检索

1. 投影基本语法

在许多情况下，只想知道若干个列的信息，而不关心其他列上的数据。使用 SELECT 语句可以很容易地实现列的选取。这种对于列的选取就是关系数据库中所称的投影。

```
SELECT[ALL |DISTINCT]<列名或列表达式序列>|*
    FROM<表名>;
```

其中：

ALL 是 SELECT 子句的缺省值，表明用户在不明确地指定时，SELECT 命令将显示所有的行。

DISTINCT 使用后阻止了重复行的出现，即如果查询字段属性有重复的行，则只显示其中一行。

2. 投影应用实例

【例 10-4】　查询学生表 student 中的所有记录信息。

```
SELECT * FROM student
```

执行效果如下，student 表的所有信息全部显示出来了。

STUNO	STUNAME	SEX	BIRDT	AGE	CLASSNO	SCORE
1901001	赵雷	男	2000-01-01	22	B1901	385
1901033	孙风	女	2000-05-20	22	B1901	355
1901050	蒋元生	男	1999-07-30	23	B1901	342
1901052	张华	男	2001-09-21	21	B1901	390
1901058	吴瑕	女	1999-11-22	23	B1901	379
1902002	钱电	男	1999-12-21	23	B1902	356
1902035	吴兰	女	2001-12-25	21	B1902	368
1902038	孙甜甜	女	2000-12-23	22	B1902	372

【例 10-5】　查询学生表 student 中的学号（STUNO）、姓名（STUNAME）、入学成绩（SCORE）信息，并将字段的列标题显示为中文的"学号""姓名""入学成绩"。

SELECT STUNO AS 学号，STUNAME AS 姓名，SCORE AS 入学成绩 FROM student

执行效果如下：

学号	姓名	入学成绩
1901001	赵雷	385
1901033	孙风	355
1901050	蒋元生	342
1901052	张华	390
1901058	吴瑕	379
1902002	钱电	356
1902035	吴兰	368
1902038	孙甜甜	372

投影查询语句相关说明如下：

SELECT 语句中在列名后增加**"AS"关键字在查询结果中将列属性显示为 AS 指定的列标题**，默认显示的列标题是数据表的字段名。

10.4.2　条件查询

SELECT 语句的条件查询即是对 **WHERE 子句条件表达式**进行设置，从而允许按照某个指定的条件来筛选符合要求的数据记录，条件表达式包括布尔运算、字符匹配等。

1. 布尔运算符

（1）布尔运算表达式

布尔运算用于在 SQL 语句的 WHERE 子句中建立复合条件，复合条件是指含有两个或多个布尔运算符的条件。

布尔运算符包括 AND、OR 和 NOT。布尔逻辑运算符的语法如下：

```
SELECT[ALL |DISTINCT]<列名或列表达式序列> |*
FROM<表名>
WHERE NOT 条件 1 |<条件 1 AND |OR 条件 2>
```

其中：

WHERE：WHERE 子句通常告诉结果表中包含哪些元组。NOT 逻辑运算符用于指出被排除的列值。AND 及 OR 逻辑运算符可连接两个或两个以上的条件，是二目运算符，而 NOT 只能作用于一个条件，是一目运算符。

AND：AND 逻辑运算符用于连接 SELECT 语句的 WHERE 子句中的两个布尔条件。当执行这个 SQL 语句时，只能检索到同时满足这两个条件的行。

OR：OR 逻辑运算符也是用于连接 SELECT 语句的 WHERE 子句中的两个布尔条件。当执行这个 SQL 语句时，可检索到满足其中一个条件或两个条件都满足的行。

精心放置上述 3 个布尔运算符，就可以在 WHERE 子句中构成任意复合条件。优先级与其他程序设计语言相似，可以使用圆括号调整运算的顺序。

（2）**布尔运算运用案例**

【例 10-6】　查询学生表 student 中性别为女，并且入学成绩大于等于 368 分的学生的学号、姓名信息。

```
SELECT STUNO AS 学号,STUNAME AS 姓名,SCORE AS 入学成绩
FROM student
WHERE SEX="女" AND SCORE>=368
```

执行效果如下：

学号	姓名	入学成绩
1901058	吴瑕	379
1902035	吴兰	368
1902038	孙甜甜	372

2. 字符匹配运算

（1）**字符匹配用法**

前面所有检索元组的例子都是基于一列或 n 列的精确值进行匹配，但有时并不知道精确值，或想检索具有相似值的元组。**LIKE 逻辑运算符用于匹配指定的样式。**

SQL 为字符型的列提供了一个字符匹配机制。LIKE 逻辑运算符只能对字符串列发挥作用。可将 NOT、AND 和 OR 与 LIKE 组合，一起构成复合条件查询。LIKE 逻辑运算符的语法如下：

```
SELECT[ALL |DISTINCT]<列名或列表达式序列> |*
FROM<表名>
WHERE<列名 LIKE '匹配串' >;
```

包括在单引号内的匹配串可以利用通配符：百分号"%"及下画线"_"。**百分号"%"可被用于代表 0 个或多个泛指字符的字符串。**需要注意的是，引号内的匹配串区分字母的大小写。**下画线"_"通配符常用于代表任意一个字符。**当知道字符类型列的准确长度，并需要一个通配符数时，将其与字符列一起使用。

（2）**字符匹配应用案例**

【例 10-7】 查询学生表 student 中性别为女，姓"孙"的同学所有信息。

```
SELECT * FROM student
    WHERE SEX = "女" AND STUNAME LIKE "孙%"
```

执行效果如下：

STUNO	STUNAME	SEX	BIRDT	AGE	CLASSNO	SCORE
1901033	孙凤	女	2000-05-20	22	B1901	355
1902038	孙甜甜	女	2000-12-23	22	B1902	372

【例 10-8】 查询 student 表中性别为女，姓"孙"，并且姓名有 3 个字的同学信息。

```
SELECT * FROM student
    WHERE SEX = "女" AND STUNAME LIKE "孙__"
```

语句执行效果如下：

STUNO	STUNAME	SEX	BIRDT	AGE	CLASSNO	SCORE
1902038	孙甜甜	女	2000-12-23	22	B1902	372

3. 匹配列表中的值或范围值

（1）**匹配列表或范围值用法**

LIKE 条件常用于匹配指定的字符串。有时，可根据某个范围的值或某个指定列表中的值或者值范围来选择行。

范围值运算符的语法如下：

```
SELECT[ALL |DISTINCT]<列名或列表达式序列>|*
FROM<表名>
WHERE 列名 BETWEEN 低限值 AND 高限值;
```

BETWEEN 运算符：用 BETWEEN 标志可接受值的范围。为表示一个范围，必须指出一个低限值和一个高限值，并且应先指出低限值。被选择的值的范围包括低限值、高限值以及位于它们之间的任意一个值。

（2）**范围值匹配应用案例**

【例 10-9】 查询 student 表中入学成绩最高分不超过 385 分，最低分不低于 356 分的所有同学信息。

```
SELECT * FROM student
    WHERE SCORE BETWEEN 356 AND 385
```

语句执行效果如下：

STUNO	STUNAME	SEX	BIRDT	AGE	CLASSNO	SCORE
1901001	赵雷	男	2000-01-01	22	B1901	385
1901058	吴瑕	女	1999-11-22	23	B1901	379
1902002	钱电	男	1999-12-21	23	B1902	356
1902035	吴兰	女	2001-12-25	21	B1902	368
1902038	孙甜甜	女	2000-12-23	22	B1902	372

可使用 BETWEEN 运算符完成的功能通常可以使用布尔运算符 AND 或 OR 重复使用来完成，例如，以上 SQL 语句进行如下修改后能得到同样的运行效果，但有时使用 BETWEEN 会更方便。

```
SELECT * FROM student
    WHERE SCORE>=356 AND SCORE<=385
```

10.4.3 分组检索统计

1. 分组统计语法

分组统计在数据查询应用中十分普遍，可灵活按不同分组进行相应的数据统计，例如，统计学生的平均成绩，SELECT 语句分组统计的一般语法如下：

```
SELECT[ALL |DISTINCT]<列名或列表达式序列>|*
FROM<表名>
WHERE<条件表达式>
GROUP BY<分组列名>[HAVING<条件表述式>]
```

其中：

GROUP BY 将 SELECT 按筛选条件返回的记录行按 GROUP BY 的字段进行分组。

HAVING 子句用于限制选择的组，不满足该子句条件的组将进行剔除，不显示到查询结果数据记录中。

2. 分组统计函数

在数据表分组后进行相应的数据统计是非常有效的，例如，可以在学生表中查询学生的平均成绩、最高成绩等。分组函数有时也称为聚集函数，可以在 SELECT 的列表达式或 HAVING 表达式中使用分组函数，分组函数类型和参数见表 10-9。

表 10-9 分组统计函数说明

函数名	数据参数	返回值
AVG([DISTINCT|ALL]n)	n=列名	列 n 的平均值
COUNT([ALL]*)	无	查询范围内行数（包括重复值和空值）
COUNT([DISTINCT|ALL]n)	n=列名或表达式	该列或表达式为非空值的行数
MAX([DISTINCT|ALL]n)	n=列名或表达式	该列或表达式的最大值
MIN([DISTINCT|ALL]n)	n=列名或表达式	该列或表达式的最小值

3. 分组统计应用案例

【例 10-10】查询 student 表中班级号（CLASSNO）等于 B1901 的学生入学成绩的最高分、最低分和平均分。

```
SELECT MAX(SCORE)AS 最高分,MIN(SCORE)AS 最低分,AVG(SCORE)AS 平均分
    FROM student
    WHERE CLASSNO='B1901'
```

执行结果如下：

最高分	最低分	平均分
390	342	370.2

【例 10-11】　查询 student 表中各个班级学生的人数、入学成绩的最高分、最低分和平均分。

```
SELECT CLASSNO AS 班级号,COUNT(*)AS 人数,MAX(SCORE)AS 最高分,MIN(SCORE)AS 最低
分,AVG(SCORE)AS 平均分
FROM student GROUP BY CLASSNO
```

执行结果如下:

班级号	人数	最高分	最低分	平均分
B1901	5	390	342	370.2
B1902	3	372	356	365.33

【例 10-12】　查询 student 表中学生人数大于 3 的班级的入学成绩的最高分、最低分和平均分。

```
SELECT CLASSNO AS 班级号,MAX(SCORE)AS 最高分,MIN(SCORE)AS 最低分,AVG(SCORE)AS 平
均分
    FROM student
    GROUP BY CLASSNO HAVING COUNT(*)>3
```

执行结果如下:

班级号	最高分	最低分	平均分
B1901	390	342	370.2

10.4.4　排序查询

1. 排序查询语法

在 SELECT 语句中使用 ORDER BY 子句对查询选择的行进行排序,排序查询的一般语法如下:

```
SELECT[ALL|DISTINCT]<列名或列表达式序列>|*
FROM<表名>
    WHERE<条件表达式>
    ORDER BY<排序字段>[ASC|DESC]
```

在 ORDER BY 子句中可指定多个排序表达式,**首先根据第一表达式的值排序返回行,对于第一表达式具有相同值的行则按第二表达式的值排序,依此处理。空值在上升次序排序中处于最后,在下降次序排列中为最先。**

如果 ORDER BY 子句和 DISTINCT 操作符同时出现在 SELECT 语句中,那么 ORDER BY 子句不能引用不出现在选择列表中的列。

2. 排序查询应用案例

【例 10-13】　将 student 表中班级号(CLASSNO)等于 B1901 的学生按入学成绩分数由高到低排列后输出。

```
SELECT * FROM student
    WHERE CLASSNO='B1901'
    ORDER BY SCORE DESC
```

251

语句执行效果如下：

STUNO	STUNAME	SEX	BIRDT	AGE	CLASSNO	SCORE
1901052	张华	男	2001-09-21	21	B1901	390
1901001	赵雷	男	2000-01-01	22	B1901	385
1901058	吴瑕	女	1999-11-22	23	B1901	379
1901033	孙风	女	2000-05-20	22	B1901	355
1901050	蒋元生	男	1999-07-30	23	B1901	342

10.4.5 子查询

1. 子查询语法

在 SELECT 语句中可以嵌入 SELECT 查询语句，称为嵌套查询，内嵌的 SELECT 语句也被称为子查询，子查询的结果又成为父查询的条件。嵌套查询或子查询允许从表中检索数据，这些数据行满足 WHERE 条件，该条件取决于另一个 SELECT 语句返回的值。嵌套查询的通常语法是在一个 SELECT 语句内包含着另一个 SELECT 语句。

子查询必须在圆括号里，而且必须出现在外层查询的 WHERE 子句条件的右边。子查询嵌套最高可达到 16 层。不管子查询的嵌套数是多少，**执行的顺序总是从最内层的查询到最外层的查询。**

（1）单一行嵌套查询

从表中返回单一值的子查询称为单一行子查询。在最外层查询的 WHERE 子句的条件中使用的运算符称为单一行比较运算符，单一行比较运算符见表 10-10。

表 10-10　单一行比较运算符

比较运算符	意义	比较运算符	意义
=	相等	>=	大于等于
<>	不等或不相同	<	小于
>	大于	<=	小于等于

（2）多行嵌套查询

多行子查询返回一行或者多行数据，可以使用表 10-11 中的一个多行比较运算符将返回的行加入到外层查询的 WHERE 子句中。

表 10-11　多行比较运算符

比较运算符	意义
IN	等于子查询返回值中的任一值，则为 TRUE
NOT IN	不等于或不同于子查询返回值中的任一值，则为 TRUE
ANY | SOME	一个值与子查询返回值中的每一个值比较。只要有一个成立，则为 TRUE
ALL	一个值与子查询返回值中的每一个值比较。都成立时，则为 TRUE

2. 子查询应用案例

【例 10-14】 在 student 表中查询班级号（CLASSNO）等于 B1901，并且成绩大于入学平均成绩的学生信息。

```
SELECT * FROM student
    WHERE CLASSNO='B1901' AND SCORE>(SELECT AVG(SCORE)FROM student)
```

语句执行效果如下：

STUNO	STUNAME	SEX	BIRDT	AGE	CLASSNO	SCORE
1901001	赵雷	男	2000-01-01	22	B1901	385
1901052	张华	男	2001-09-21	21	B1901	390
1901058	吴瑕	女	1999-11-22	23	B1901	379

以上 SQL 语句可以按照两个 SQL 语句先后进行执行去理解。

1）执行　SELECT AVG（SCORE）FROM student 计算学生入学成绩平均分为 368.38 分

2）执行　SELECT * FROM student WHERE CLASSNO='B1901' AND SCORE>368.38 后返回最终的数据集。

【例 10-15】　查询出 stucourse 表还没有登记课程成绩的课程代码和名称，即在 course 表中查询哪些课程代码还未出现在 stucourse 表中。

```
SELECT * FROM course
    WHERE COUNO NOT IN(SELECT DISTINCT COUNO FROM stucourse)
```

语句执行效果如下：

COUNO	COUNAME	CREDIT	PERIOD
02812	软件设计	2	32

以上 SQL 语句也可以按照两个 SQL 语句先后进行执行去理解。

1）执行 SELECT DISTINCT COUNO FROM stucourse，得到学生选课表中已经存在的课程代码信息，采用 DISTINCT 关键字是剔除重复的课程代码信息，具体执行结果如下：

COUNO
02801
02802
02810
02805

2）执行 SELECT * FROM course

```
                        WHERE COUNO NOT IN('02801','02802','02810','02805')
```

后返回最终的数据集。

10.4.6　表关联查询

1. 表关联查询语法

SELECT 语句中可以直接连接多个数据表进行关联查询，关联操作可在 FROM 子句中以直接的形式指出，**连接分内连接和外连接两种，分别用 INNER、OUTER 关键字区分**，本文只介绍表内连接相关知识。

SELECT 语句中的表内连接分为隐式内连接和显式内连接，隐式内连接在 WHERE 中直接使用两表字段相等的条件表达式，而显式内链接需要使用 INNER JOIN…ON 关键字。

隐式内连接的一般语法格式如下（下面以两个表的自然连接为例进行说明）：

```
SELECT<别名1.字段名1>|<别名2.字段名1>…
    FROM<表名1><别名1>,<表名2><别名2>
    [WHERE<表别名1.字段名>=<表别名2.字段名>]
```

显式内连接的一般语法格式如下（以下以两个表的自然连接为例进行说明）：

```
SELECT<别名1.字段名1>|<别名2.字段名1>…
    FROM<表名1><别名1>INNER JOIN<表名2><别名2>
    ON<表别名1.字段名>=<表别名2.字段名>
```

其中：

1）在联接操作中，要使用关系名作前缀，为简单起见，SQL 允许在 FROM 短语中为关系名定义别名，命令格式为

```
<关系名><别名>
```

2）表示两个关系执行自然连接操作，即对两个关系的公共属性做等值连接，运算结果中公共属性只出现一次。

3）若连接操作是 INNER JOIN，未提及连接条件，那么这个操作等价于笛卡儿积，SQL 把此类操作定义为 CROSS JOIN 操作。

2. 表关联应用案例

【例10-16】　在学生选课表 stucourse 中增加课程的名称信息，使得查看学生具体课程考试成绩直观一些。

```
SELECT stu.STUNO,stu.COUNO,cou.COUNAME,stu.GRADE
    FROM stucourse stu,course  cou
    WHERE   stu.COUNO=cou.COUNO
```

或者采用以下显式内连接的 SQL 语句进行查询。

```
SELECT stu.STUNO,stu.COUNO,cou.COUNAME,stu.GRADE
    FROM stucourse stu  INNER JOIN  course  cou
    ON stu.COUNO=cou.COUNO
```

语句执行效果如下，在输出的表中增加了课程名称，查看学生具体每门课程的成绩更方便了。

STUNO	COUNO	COUNAME	GRADE
1901001	02801	计算机软件基础	92
1901033	02801	计算机软件基础	95
1901050	02801	计算机软件基础	76
1902002	02802	数据库系统	83
1902035	02802	数据库系统	60
1902038	02802	数据库系统	87
1901058	02805	操作系统	75
1901052	02810	工程项目管理	66

大家可以把将以上 SQL 语句中的 WHERE 条件去掉试验下运行效果，即执行以下 SQL 语句看下最后效果：

```
SELECT stu.STUNO,stu.COUNO,cou.COUNAME,stu.GRADE
    FROM stucourse stu,course  cou
```

结果就能看到两个关系集合明显的笛卡儿积效果，数据集有 40 条记录，相关记录在表中出现了 5 次。

10.4.7　SQL 函数

数据库系统一般都提供内部函数，这些内部函数可以帮助用户更加方便地处理表中的数据，数据库中的**函数包括数学函数、字符串函数、日期和时间函数、系统信息函数**等，SELECT 语句及其条件表达式都可以使用这些函数。同时，INSERT、UPDATE 和 DELECT 语句及其条件表达式也可以使用这些函数。通过内置函数对表中数据进行相应的处理，以便得到用户希望得到的数据。这些函数使数据库的功能更加强大。

数学函数：这类函数主要用于处理数字。这类函数包括绝对值函数、正弦函数、余弦函数和获取随机数的函数等。

字符串函数：这类函数主要用于处理字符串。其中包括字符串连接函数、字符串比较函数、将字符串的字母都变成小写或大写字母的函数和获取子串的函数等。

日期和时间函数：这类函数主要用于处理日期和时间。其中包括获取当前时间的函数、获取当前日期的函数、返回年份的函数和返回日期的函数等。

下面以日期函数为例介绍下数据库系统中内置函数的使用。

1. 常用日期函数

常用的日期函数见表 10-12。

表 10-12　常用的日期函数

名称	功能
NOW( )	返回当期时间
YEAR(d)	返回指定日期对应的年份
MONTH(d)	返回指定日期对应的月份
WEEK(d)	计算指定日期是本年的第几个星期，范围 0-53
DAYOFYEAR(d)	计算指定日期是本年的第几天
DAYOFWEEK(d)	计算指定日期是星期几
ADDATE(d, n)	计算起始日期 d 加上 n 天后的日期
SUBATE(d, n)	计算起始日期 d 减去 n 天前的日期
DATEDIFF(d1, d2)	计算日期 d1->d2 之间相隔的天数

255

2. 日期函数应用举例

【例 10-17】　表 10-7 SQL 语句的 3 张数据样表中的 student 表中的年龄（AGE）字段是冗余字段，实际可以通过出生日期（BIRDT）字段计算出来，而且随着年份变化年龄自动增长。

```
SELECT STUNO,STUNAME,BIRDT,AGE,(YEAR(NOW( ))-YEAR(BIRDT))AS  计算年龄
    FROM  student
```

执行结果如下：

STUNO	STUNAME	BIRDT	AGE	计算年龄
1901001	赵雷	2000-01-01	22	22
1901033	孙风	2000-05-20	22	22
1901050	蒋元生	1999-07-30	23	23
1901052	张华	2001-09-21	21	21
1901058	吴瑕	1999-11-22	23	23
1902002	钱电	1999-12-21	23	23
1902035	吴兰	2001-12-25	21	21
1902038	孙甜甜	2000-12-23	22	22

可以看到，每位学生计算出来的年龄与存储在数据表中的年龄完全一致，而且随着新的一年开始，原先存储在数据表中的数据将不再正确。

【例 10-18】 假如当前月份为 2022 年 11 月，请检索 student 表中本月或下月生日的学生信息。

```
SELECT STUNO,STUNAME,BIRDT,AGE,' 1' AS 生日
    FROM  student
    WHERE(MONTH(BIRDT)=MONTH(NOW( ))OR MONTH(BIRDT)-1=MONTH(NOW( )))
```

语句执行效果如下：

STUNO	STUNAME	BIRDT	AGE	生日
1901058	吴瑕	1999-11-22	23	1
1902002	钱电	1999-12-21	23	1
1902035	吴兰	2001-12-25	21	1
1902038	孙甜甜	2000-12-23	22	1

10.5 数据操纵

SQL 数据库操纵功能是通过 SQL DML 语句完成的，它主要包括记录插入（INSERT）、记录删除（DELETE）和记录更新（UPDATE）这 3 种语句。

10.5.1 记录插入

1. INSERT 语法

INSERT 语句可以完成对表或视图的数据插入。其语法的一般形式如下：

```
INSERT INTO<表名 |视图名>[ (<列名>[,<列名>]…) ]
    VALUES(expr[,expr]…)|子查询;
```

关键字和参数说明如下：

表名、视图名：为要追加行的表名或视图名。

VALUES：指定要插入到表或视图的一行值，必须为列表中的每一列指定值。

子查询：为一 SELECT 语句，其返回的行插入到表。子查询的选择表的列数必须与 IN-SERT 语句中的列表的列数相同。

2. 插入记录应用案例

【**例 10-19**】 在 student 表中插入学号 1902002 的学生相关信息。

STUNO	STUNAME	SEX	BIRDT	AGE	CLASSNO	SCORE
1902002	钱电	男	1999-12-21	23	B1902	356

```
insert into student
    values(' B1902002' ,' 钱电' ,' 男' ,' 1999-12-21' ,23,' B1902' ,356);
```

以上记录插入，还可以采用指定列名的方式进行操作，具体如下：

```
insert into  student(STUNO,STUNAME,BIRDT,AGE,CLASSNO,SCORE)
    values(' B1902002' ,' 钱电' ,' 1999-12-21' ,23,' B1902' ,356  );
```

由于在建立 student 表时对性别（SEX）字段定义了默认值"男"，**INSERT 语句中可以不对此字段设定数据，记录插入时默认以"男"填入。**

INSERT 语句操作时关键字和参数说明如下：

1）当 INSERT 语句具有 VALUES 子句时，将单行追加到表中，该行包含由 VALUES 子句所指定的值。列名列表中的列名顺序不一定要和建表时列定义的顺序一致。当指明列名列表时，VALUES 子句值的排列顺序必须和列名列表中的列名排列顺序一致，个数相等，数据类型一一对应。

2）如果 INSERT 语句具有子查询语句，将子查询返回的行追加到表中，其中子查询可引用表或视图。

3）在指定视图时，将数据行追加到视图的基表中。

4）一般数据库系统中，对文字、字符型数据和日期型数据的插入需用单引号括起。

10.5.2 记录删除

1. DELETE 语法

可以使用 DELETE 语句将数据表中不需要的记录删除。使用 DELETE 删除记录是有条件的删除。其语法一般形式如下：

```
DELETE FROM<表名 |视图名>[别名]
[WHERE<条件>];
```

关键字和参数说明如下：

别名：为表指定别名，在该命令的条件中使用。

WHERE：指定删除行所满足的条件，它可引用表和包含一个子查询。如果忽略该子句，则删除表中全部行。

2. 删除记录应用案例

【**例 10-20**】 在 student 表中删除学号 1901001，姓名为赵雷的学生信息。

```
DELETE FROM student  WHERE STUNO='1901001'
```

删除完毕后执行：SELECT * FROM student 查看数据如下：

STUNO	STUNAME	SEX	BIRDT	AGE	CLASSNO	SCORE
1901033	孙凤	女	2000-05-20	22	B1901	355
1901050	蒋元生	男	1999-07-30	23	B1901	342
1901052	张华	男	2001-09-21	21	B1901	390
1901058	吴瑕	女	1999-11-22	23	B1901	379
1902002	钱电	男	1999-12-21	23	B1902	356
1902035	吴兰	女	2001-12-25	21	B1902	368
1902038	孙甜甜	女	2000-12-23	22	B1902	372

赵雷相关记录已经不存在。

注意：

1）删除的行将释放表和索引空间。

2）要从视图中删除行，该视图定义的查询中必须不包含下列结构：连接、集合操作、GROUP BY 子句、组函数和 DISTINCT 操作符。

10.5.3　记录更新

1. UPDATE 语法

使用 UPDATE 语句可以实现对表的记录的更新，可以修改表或视图的基表中的值。其语法的一般形式如下：

```
UPDATE<表名|视图名>[别名]
    SET<列名>[,<列名>]…=<查询>|<列名>=expr|子查询|
    [WHERE 条件];
```

关键字和参数说明如下：

别名：可在该命令的子句中引用。

列名：要修改的列的名字。在 SET 子句中没有被包含的表列，其列值保持不变。

expr：表达式，是赋给相应列的新值。

子查询：是一个 SELECT 语句，其返回的值赋给相应的列。

WHERE：指定修改行应满足的条件，对条件为 TRUE 的行进行修改。当忽略该子句时，将修改表或视图的全部行。

SET 子句：决定哪些列被修改，存储什么值。将等号（=）操作符右边的表达式的值赋给等号左边的列，在行修改时计算表达式。

2. 更新记录应用案例

【例 10-21】　将 student 表中学号 1901052 的学生的入学分数由 390 分修改成 388 分

```
UPDATE student SET SCORE=388  WHERE STUNO='1901052'
```

注意：

1）可修改数据的视图，不能包含下列结构：连接、集合操作、GROUP BY 子句、组函数和 DISTINCT 运算符。

2）如果 SET 子句中包含一子查询，它对每一修改行正确地返回一行，子查询结果中的每一值相应地赋给列。如果子查询没有返回行，那么该列赋给空值。

3）在 SET 子句中，可将赋值表达式和子查询混合使用。

10.6　数据控制

数据控制包括数据的权限控制和并发控制等。

数据库的权限控制，即规定不同用户对于不同数据对象的操作权限。操作权限是由 DBA 和表的所有者根据具体情况决定的，DBA 和表的所有者有权定义与收回这种权力。

并发控制是指当多个用户并发地对数据库进行操作时，应对操作加以控制、协调，以保证并发操作能正确执行，并保持数据库的一致性。

下面简要介绍数据库的权限管理功能。

存取权限控制语句包括授权语句（GRANT）和收权语句（REVOKE），授权语句是使某个用户具有某些权限，收权语句是收回已授予用户的权限。只有被授予了某项操作权限的用户才能对数据库系统进行相应的操作，用户对数据的存取操作包括 INSERT、DELETE、UP-DATE、SELECT。

10.6.1　授予权限

1. 授予权限语法

功能：将指定操作对象的指定操作权限授予指定的用户。

```
GRANT<权限>[,<权限>]…
    [ON<对象类型><对象名>]
    TO<用户>[,<用户>]…
    [WITH GRANT OPTION];
```

用户对象可以是一个或多个用户，如指定了 WITH GRANT OPTION 子句，则获得某种权限的用户还可以把这种权限再授予给别的用户；授予关于属性列的权限时必须明确指出相应的属性列名。

2. 授予权限应用案例

【例 10-22】　把 student 表的 SELECT、INSERT 权限以及对学生姓名（STUNAME）字段的更新权限授予给用户 user1。

```
GRANT SELECT,INSERT,UPDATE(STUNAME)ON TABLE  student TO  user1;
```

10.6.2　收回权限

1. 收回权限语法

授予的权限可以由 DBA 或其他授权者用 REVOKE 语句收回，命令格式为

```
REVOKE<权限>[,<权限>]…
    [ON<对象类型><对象名>]
    FROM<用户>[,<用户>];
```

2. 收回权限应用案例

【**例 10-23**】 把用户 user1 在 student 表的 SELECT 和 INSERT 和对姓名字段的 UPDATE 权限收回。

```
REVOKE SELECT,INSERT,UPDATE(STUNAME)ON TABLE  student FROM  user1;
```

10.7 本章小结

本章节讲授了 SQL 语句完整知识体系，从 SQL 语句规范标准的发展、SQL 操作的字段类型以及 SQL 具体操作语句进行了全面讲解，使用户对 SQL 的体系和操作命令有了完整了解。

SQL 是数据库系统的通用语言，SQL 被 ANSI 确定为数据库系统的工业标准。不同厂商的 DBMS 对 SQL 的支持有细微不同，但利用 SQL，用户可以用几乎相同的语句在不同的数据库系统上执行同样的操作。

本章节以 MySql 数据库为例按照初学者学习数据库的顺序介绍了相关 SQL 语句，即先介绍数据库中建立数据表、定义字段，然后再介绍数据库的操纵、控制等语句，在 SQL 语句操作案例的数据选择方面，本课程选择了与课程学习密切相关的学生信息表、课程信息表以及学生选课表 3 个基本表进行讲解，在 SQL 语句具体介绍方面，本课程把 SQL 命令和执行结果进行对应说明，利于初学者更好理解 SQL 指令，便于他们掌握 SQL 命令。

在讲授具体 SQL 语句时也遵循由浅入深、逐步推进的策略进行讲授，例如，在 SELECT 语句讲解中先讲解 SELECT 中不带任何条件的最基本语句，并结合案例语句给学生展示执行效果，有利于学生掌握和了解，再讲解 SELECT 基本用法后逐步增加条件查询、分组查询、排序查询、子查询和关联查询等扩展查询 SQL 语句，使初学者能由浅入深地进行系统性学习。

除了常规 SQL 语句学习外，针对数据库进阶学习和灵活应用，本课程还重点介绍了数据库中的内置函数，包括数学函数、字符串函数、日期和时间函数、系统信息函数等，这些内置函数可以帮助用户更加方便地处理表中的数据，使数据库的 SQL 功能更加强大，针对数据库的系统管理员，章节最后也介绍了数据库控制类 SQL 语句，即赋予权限和回收权限的用法，使学习者可以初步了解数据库管理员的相关操作。

本章节所有的实例都在 MySql 5.1 应用环境中实证测试通过，学习者可以在 MySql 命令执行窗口或相关工具中输入相应 SQL 语句，并观察命令执行效果，加强对 SQL 语句的了解和熟悉。

学习完本章节后用户应该能掌握 SQL 语句的基本字段类型，熟悉 SELECT、INSERT、DELETE 语句的各种用法，结合上一章节中关系的各种运算法则深入理解 SELECT 语句中的投影、映射、关联以及集合运算的操作规则等，并对数据库中的各类内置函数、数据库 DBA 基本管理功能有初步了解，为后续全面掌握数据库管理及灵活使用 SQL 语句奠定基础。

 习题

10-1 选择题

（1）在数据库中可以创建和删除表、视图、索引，可以修改表，这是因为数据库系统提供了（　　　）。

    A. 数据定义功能　　　　　　　　　　B. 数据操纵功能

    C. 数据维护功能　　　　　　　　　　D. 数据控制功能

（2）数据库管理系统中实现对数据库中数据的查询、插入和删除的功能称为（　　　）。

    A. 数据定义　　　　　　　　　　　　B. 数据控制

    C. 数据操纵　　　　　　　　　　　　D. 数据维护

（3）下列关于视图的说法错误的是（　　　）。

    A. 视图是从一个或多个基本表导出的表，它是虚表

    B. 某一用户可以定义若干个视图

    C. 视图一经定义就可以和基本表一样被查询、删除和更新

    D. 视图可以用来定义新的视图

（4）关于数据库的索引，下列叙述中错误的是（　　　）。

    A. 索引是使数据表中记录有序排列的一种技术

    B. 一张表中可以建立多个索引

    C. 索引可以加快表中数据的查询速度

    D. 索引可以改变记录的物理顺序

（5）下列关于数据库中表的主键描述，错误的是（　　　）。

    A. 表的主键值可以重复　　　　　　　B. 表的主键可以是自动编号类型的字段

    C. 表的主键值不能为空值　　　　　　D. 表的主键可以由一个或多个字段组成

（6）数据库中对数据表进行筛选操作的结果是（　　　）。

    A. 只显示满足条件的记录，将不满足条件的记录从表中删除

    B. 显示满足条件的记录，并将这些记录保存到一个新表中

    C. 只显示满足条件的记录，不满足条件的记录被隐藏

    D. 将满足条件的记录和不满足条件的记录分为两张表进行显示

（7）SQL 语言中，删除一个表 XXXX 的命令是（　　　）。

    A. delete table XXXX　　　　　　　B. drop table XXXX

    C. clear table XXXX　　　　　　　　D. remove table XXXX

（8）SQL 语句中修改表结构的命令是（　　　）。

    A. MODIFY TABLE　　　　　　　　B. MODIFY STRUCTURE

    C. ALTER TABLE　　　　　　　　　D. ALTER STRUCTURE

（9）SQL 语言中，用 GRANT/REVOKE 语句可以实现数据库的（　　　）。

    A. 并发控制　　　　　　　　　　　　B. 完整性控制

    C. 一致性控制　　　　　　　　　　　D. 安全性控制

（10）在成绩表中要查找成绩≥80 且成绩≤90 的学生信息，正确的条件表达式是（　　　）。

    A. ［成绩］Between 80 And 90　　　　B. ［成绩］Between 80 To 90

    C. ［成绩］Between 79 And 91　　　　D. ［成绩］Between 79 To 91

（11）学生表有学号、姓名、性别和成绩等字段，执行下面的 SQL 命令后的结果是（　　　）。

    Select Avg（入学成绩）From 学生表 Group By 性别

    A. 计算并显示所有学生的平均入学成绩

    B. 计算并显示所有学生的性别和平均入学成绩

C. 按性别顺序计算并显示所有学生的平均入学成绩

D. 按性别分组计算并显示不同性别学生的平均入学成绩

（12）如果需要查询字段 dname 的内容中倒数第三个字母是 W，并且此字段至少包含 4 个字母的所有记录，则查询条件子句应写成：where dname like（　　）。

    A. '＿＿W＿%'　　　B. '＿%W＿＿'　　　C. '＿W＿＿'　　　D. '＿W＿%'

（13）要查找姓名为两个字并且姓"张"的学生，则在"姓名"字段列"条件"行输入（　　）。

    A. Like"张"　　　　　　　　　　B. 姓名＝"张"

    C. Like"张?"　　　　　　　　　D. Left（[姓名],1)="张"

（14）在查找表达式中使用通配符通配一个文本字符，应选用的通配符是（　　）。

    A. *　　　　　　B. ?　　　　　　C. !　　　　　　D. #

（15）在 SQL 中，对嵌套查询的处理原则是（　　）。

    A. 内、外层交替处理　　　　　　B. 从外层向内层处理

    C. 从内层向外层处理　　　　　　D. 内、外层同时处理

10-2　实验题（根据要求编写 SQL 语句）

已知学生管理数据库中有 3 张基本表：S（学生表）、SC（选课表）和 C（课程表）。S 表包含字段 Sno、Sname、Ssex、Sage 和 Sdept，分别表示学生的学号、姓名、性别、年龄和系名；SC 表包含字段 Sno、Cno 和 Score，分别表示学号、课程编号和成绩；C 表包含字段 Cno、Cname、Ccredit、Cteacher 分别表示课程编号、课程名、学分和任课教师。

（1）写出创建 S 表的 SQL 语句，各字段设置要求如下：

字段名称	数据类型	字段大小	NULL 值
Sno	字符	10	主键，not null
Sname	字符	8	not null
Ssex	字符	2	
Sage	数字	整型（int）	
Sdept	字符	10	

（2）写出在 S 表中插入一条学生信息记录的 SQL 语句。

06051001	张三	男	19	005

（3）写出 C 表中"数字电路"课程的学分增加 1 的 SQL 语句。

（4）写出 SC 表中成绩不及格的记录删除的 SQL 语句。

（5）写出基于 S 表，查询年龄大于 18 岁的学生信息的 SQL 语句。

（6）写出基于 S 表，查询所有"工商管理系"学生的学号和姓名的 SQL 语句。

（7）写出基于 SC 表，统计每门课程的学生选修人数，要求输出课程号和选修人数的 SQL 语句。

（8）写出基于 S 表，统计各院系男女生人数。要求输出系名、性别和人数的 SQL 语句。

（9）写出基于 S 表和 SC 表查询成绩不及格的学生信息，要求输出学号、姓名、课程编号和平均成绩的 SQL 语句。

（10）写出基于 S 表和 SC 表查询每个学生的总分，要求输出学号、姓名和总分，并按总分降序排序的 SQL 语句。

（11）写出基于 S 表和 SC 表查询，查询大于平均成绩的学生的学号、姓名和成绩的SQL 语句。

第 11 章

应用软件设计与开发技术

在飞速发展的计算机科学领域，新的技术和应用层出不穷，信息技术和信息产业已直接影响到人类的生活和国家的实力。作为信息技术有力支撑的软件设计，在功能和应用范围上发生了很大的变化，其功能日益强大，应用领域日益扩展，这些变化对软件的开发模式和开发思想产了巨大的影响。优秀的软件首先要有良好的设计，但要把设计变成现实的软件，就需要软件开发者相互合作，共同完成。只有以一个正规的流程协同工作，才能高效率、高质量地完成整个软件开发工作。

软件工程就是研究用工程化方法构建和维护有效和高质量的软件的一门学科。特别是对于大中型项目，开发者必须要以软件工程的思想贯穿整个项目的分析、设计、开发等全过程，这是确保项目能获得成功的必备因素。

11.1 软件工程概述

11.1.1 软件危机

在软件需求不断增长和生产方式不断进步的推动下，软件设计从最初的程序设计发展成为一种工程化的产品，软件工程的概念和方法也随之诞生了。在早期的计算机系统中，大多数软件都是用户自主设计、开发、使用和维护。当时软件的规模很小，没有文档和大量数据，仅仅依靠程序员个人进行的软件开发，并没有出现较为明显的弊端。随着软件规模的日益扩大，这种仅仅依靠个人开发软件和后期维护升级的做法带来的弊端逐渐显露出来，由于缺少文档，软件开发质量难以得到保证，这为软件开发埋下了"危机"。随着计算机技术的继续发展，程序规模不断膨胀，软件的开发也由个人编程转向了由多人分工合作完成，软件的开发角色也从用户自身逐渐转向用户委托专业开发软件人员。由于开发软件的重任依然落在少数开发者身上，面对软件需求的急剧增长，用户需求和环境的不断变化，软件开发的质量难以控制，周期长、难修改等问题不断加剧，使得"软件危机"日益严重。

概括地说，软件危机是指在计算机软件开发和维护过程中所遇到的一系列严重问题和矛盾，主要包括了两方面的问题：一个是如何满足日益增长的软件需求，另一个是如何对现有软件进行后期的维护。**软件危机的具体表现如下：**

1）对软件开发成本和进度的估计常常很不准确。

2）用户对"已完成的"软件系统不满意的现象经常发生。

3）软件产品的质量往往靠不住。

4）软件常常是不可维护的。

5）软件没有完整的文档资料，导致矛盾在后期开发中集中暴露，为整个开发过程带来毁灭性的后果。

6）软件成本在计算机系统总成本中所占的比例逐年上升。

7）软件开发生产率提高的速度，远远跟不上计算机应用的速度。

8）缺乏完整规范的资料，软件测试不充分，造成软件质量与效率低下，运行中出现大量问题。

对上述表现进行分析，得出产生软件危机的原因如下：

1）用户对软件需求的描述不精确，可能有遗漏、有二义性、有错误，甚至在软件开发过程中，用户还提出修改软件功能、界面、支撑环境等方面的要求。

2）软件开发人员对用户需求的理解与用户的本来愿望有差异，这种差异必然导致开发出来的软件产品与用户的要求不一致。

3）大型软件项目需要组织一定的人力共同完成，多数管理人员缺乏开发大型软件系统的经验，而多数软件开发人员又缺乏管理方面的经验。各类人员的信息交流不及时、不准确，有时还会产生误解。

4）软件项目开发人员不能有效地、独立自主地处理大型软件的全部关系和各个分支，因此容易产生疏漏和错误。

5）缺乏有力的方法学和工具方面的支持，过分地依靠程序设计人员在软件开发过程中的技巧和创造性，加剧软件产品的个性化。

6）软件产品的特殊性和人类智力的局限性，导致人们无力处理"复杂问题"。

解决软件危机必须从软件开发的工程化方法入手，使用现代工程的概念、原理、技术和方法去指导软件的开发、管理和维护，这就是软件工程的思想和方法。

11.1.2 软件工程的概念

1. 软件工程的定义

软件工程是用工程、科学和数学的原则与方法，研究、维护计算机软件的有关技术及管理方法，是研究用工程化方法构建和维护有效、实用和高质量的软件的一门学科。

2. 软件工程的组成三要素

1）方法：为软件开发提供"如何做"的技术，它包括多方面的任务，如项目计划与估算、需求分析、总体设计、编码、测试以及维护等。

2）工具：为软件工程方法提供自动的或半自动的软件支撑环境。

3）过程：定义了方法使用的顺序、要求交付的文档资料、保证质量和协调变化所需的管理，以及软件开发各个阶段完成的里程碑。

3. 软件工程的基本原理

1）用分阶段的生存周期计划严格管理。

2）坚持进行阶段评审，以确保软件产品质量，不能等编码结束后再进行质量检测。

3）实行严格的产品控制（如评审批准后才能改），以适应软件规格的变更。

4）采用现代程序设计技术。

5）结果应能清楚地审查。

6）开发小组的人员应该少而精。

7）承认不断改进软件工程实践的必要性，积极主动地采纳新技术、不断总结经验教训。

因此，可以看出，软件工程技术具有规范化和文档化两个明显特点。

11.1.3　软件生命周期

软件和其他的事物一样，具有一个孕育、出生、成长、成熟、消亡的生存过程。软件的生命周期包括软件定义（问题定义、可行性研究、需求分析）、软件开发（总体设计、详细设计、编码和测试、综合测试）、软件运行与维护 3 个阶段。在软件生命周期的不同阶段，完成的任务是不同的，下面分阶段逐一介绍。

1. 软件定义阶段

软件定义就是确定软件的总体目标、可行性、成本估计、制定进度表，又称系统分析。这些工作一般由系统分析员完成。软件定义阶段又包括了问题定义、可行性研究和需求分析 3 个子阶段。

（1）问题定义阶段

在问题定义阶段要确定将开发的软件系统的总目标，此阶段必须回答的关键问题是**要解决的问题是什么？**如果不知道问题是什么就试图解决这个问题，显然是盲目的，最终得出的结果很可能是毫无意义的。

通过对客户的访问调查，系统分析员扼要地写出关于问题性质、工程目标和工程规模的书面报告，经过讨论和必要的修改之后这份报告要得到客户的确认。

（2）可行性研究阶段

在可行性研究阶段，首先要通过调研，提出问题的性质、工程目标和软件规模，给出功能、性能、可靠性以及接口等方面的要求，形成初步需求报告。然后开发者根据用户确认的初步需求报告，结合实际情况，探讨解决问题的可能方案，从技术、操作、经济、法律等方面，形成可行性报告。最后制订出初步的项目开发计划。

可行性研究的任务不是解决问题，而是确定问题是否可解，是否值得去解。

（3）需求分析阶段

此阶段必须回答的关键问题是**目标系统必须做什么？**主要是确定目标系统必须具备哪些功能。

掌握用户的要求和所能提供的条件。接下来根据掌握的情况，对软件系统的功能、性能和环境约束进行分析研究，与用户取得一致的认识。在此基础上，编制软件需求规格说明和软件系统的确认测试准则和用户手册概要，并要求用户确认。

2. 软件开发阶段

开发阶段是具体设计和实现在前一个阶段定义的软件，它是整个软件项目实施的关键时期，它通常由下述 5 个阶段组成：总体设计、详细设计、编码和单元测试、综合测试、确认测试。

（1）总体设计

总体设计又称概要设计，这个阶段必须回答的问题是应该怎样实现目标系统？

进行软件开发时首先要进行概要设计。概要设计阶段需要完成总体结构设计、接口设计、数据结构设计、约束条件说明以及编制概要文档等 5 项工作。根据软件需求规格说明建立系统的总体结构和模块间的关系，以结构设计和数据设计开始，建立程序的模块结构，定义接口并创建数据结构。此外，要使用一些设计准则来判断软件的质量。

在概要设计阶段的最后，需要将整个概要设计过程进行总结并编写文档，概要设计文档中应包括概要设计说明书、数据库和数据结构说明书和组装测试计划等文件。

（2）详细设计

在概要设计结束后，便进入了详细设计阶段。这个阶段主要进行各模块的详细设计和详细规格说明书的编制。模块详细设计包括对模块的详细功能、所用算法、采用的数据结构和模块间的接口信息等进行设计，并拟订模块测试方案，为源程序编写打下基础。模块的详细规格说明实际上是将模块详细设计的结果进行汇总，最终实现文档化的模块详细规格说明书。

（3）编码和单元测试

在概要设计和详细设计后，软件开发正式进入编写代码阶段，它是基于模块详细规格说明书的编码过程，即将详细设计转化为程序代码，写出的程序应当是结构良好、清晰易读，且与设计相一致，一般由程序员完成。

一般在编码的同时还要进行单元测试，及时查找各模块在功能和结构上存在的问题并加以纠正，验证模块功能及接口与详细设计文档的一致性，并要完成单元测试报告。

（4）综合测试

单元测试后便可以将各个单元进行组装和测试，也就是要根据概要设计中各功能模块的说明及制订的组装测试计划，将经过单元测试的模块逐步进行组装和测试。最终将通过组装测试的软件按概要设计的要求，生成可运行的系统源程序并编写组装测试报告。

（5）确认测试

在软件开发时期，最后一个阶段是确认测试。在这个阶段要根据软件需求规格说明定义的全部功能和性能要求，用软件确认测试准则对软件系统进行总体测试，并且要向用户提供以确认测试报告为主的有关文档，包括系统操作手册、源程序清单和项目开发总结报告等。最后由专家、用户、软件开发人员组成的软件评审小组对软件的确认报告、测试结果和软件进行评审，并将得到确认的软件产品交付用户使用。

在每个测试步骤之后，要进行调试，以诊断并纠正软件的故障。

确认测试一般由软件开发人员和用户共同参与，在用户确认后再进行下一个阶段。

3. 软件运行与维护阶段

软件使用维护阶段，软件将被安装在特定用户本地的运行环境中，以发挥其应有的作用。在软件使用过程中可能会出现测试中没有遇到的缺陷或者条件变化的需求，这时要对软件产品进行修改或根据软件需求变化作出响应，并对所有进行的维护记录写出维护报告。

软件的维护是为了改正错误、适应环境变化及增强功能而进行的一系列修订活动。与软件维护相关联的任务取决于所要实施维护的类型。

一般软件维护包括 3 种类型：

1）改正性维护：运行中发现了软件中的错误需要修正。

2）适应性维护：为了适应变化了的软件工作环境，需做适当变更。

3）完善性维护：为了增强软件的功能需做变更。

软件维护有时也分为 6 个部分：项目计划、需求分析、软件设计、程序编码、软件测试、软件维护。一次软件维护可以看成是一个软件开发过程，只有当软件完成其使命，停止使用时，对它的支持才会结束。

根据应该完成的任务的性质，把软件生命周期划分成几个阶段，也可以使用生命周期模型简洁地描述软件过程，因此，也称为过程模型。

在实际从事软件开发工作时，软件规模、种类、开发环境及开发时使用的技术方法等因素，都会影响阶段的划分。事实上，承担的软件项目不同，应该完成的任务也有差异，没有一个适用于所有软件项目的任务集合。适用于大型复杂项目的任务集合，对于小型简单项目而言往往就过于复杂了。目前有若干种软件生存周期模型，如瀑布模型、快速原型模型、增量模型、螺旋模型、喷泉模型、演化模型和基于知识的模型等。下面主要介绍在软件开发过程中使用较多的瀑布模型和快速原型模型两种。

11.1.4 瀑布模型

瀑布模型又称生命周期模型，它规定了各项软件工程活动，包括了可行性研究与计划、需求分析、系统设计、软件开发实现、软件测试以及使用和维护等 6 个阶段。在瀑布模型中，根据软件生命周期各阶段的任务进行阶段性的变化，其结构图如图 11-1 所示。

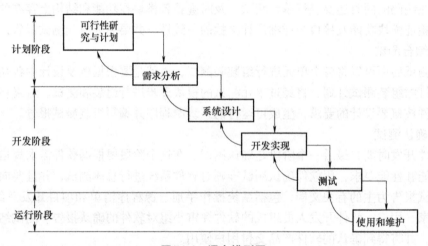

图 11-1　瀑布模型图

1. 瀑布模型的优缺点

瀑布模型有许多优点，主要有如下几点：

1）强调开发的阶段性，并严格地规定了每个阶段必须提交的文档。

2）降低了软件开发的复杂程度，而且提高了软件开发过程的透明性和可管理性。

3）强调早期计划及需求调查。

4）可强迫开发人员采用规范的方法（如结构化技术）。

5）要求每个阶段交出的所有产品都必须经过质量保证小组的仔细验证。

瀑布原型的缺点是缺乏灵活性、无法通过开发活动明确尚未确定的软件需求。在可运行的软件产品交付给用户之前，用户只能通过文档来了解产品。但是，仅仅通过写在纸上的静态的规格说明，很难全面正确地认识动态的软件产品。事实上，要求用户不经过实践就提出完整准确的需求，在许多情况下都是不切实际的。总之，由于瀑布模型几乎完全依赖于书面的规格说明，因此很可能导致最终开发出的软件产品不能真正满足用户的需要。

2. 存在的问题

使用瀑布模型开发软件主要存在的问题如下：

1）阶段和阶段划分完全固定，阶段间产生大量的文档，极大地增加了工作量。

2）依赖于早期进行的需求调查，不能适应需求的变化，模型的风险控制能力较弱。

3）模型缺乏灵活性，特别是无法解决软件需求不明确或不准确的问题。

3. 适用使用瀑布模型开发的项目

1）有稳定的产品定义和很容易理解的技术解决方案。

2）技术风险低且业务复杂的项目，需要按顺序的方法来解决复杂的问题。

3）项目开发队伍经验不足。

4. 不适合使用瀑布模型开发的项目

1）开发初始系统没有明确需求的大中型项目。

2）系统需求呈动态变化或者风险性较高的项目。

5. 瀑布模型的局限

尽管传统的瀑布模型曾经给软件产业带来了巨大的进步，部分缓解了软件危机，但这种模型本质上是一种线性顺序模型，因此存在着比较明显的缺点。各阶段之间存在着严格的顺序性和依赖性，特别强调预先定义需求的重要性，但是实际项目很少是遵循着这种线性顺序进行的。虽然瀑布模型也允许迭代，但这种改变往往对项目开发带来混乱。在系统建立之前很难只依靠分析就能确定出一套完整、准确、一致、有效的用户需求，这种预先定义需求的方法更不能适应用户需求不断变化的情况。

11.1.5　快速原型模型

1. 快速原型法的基本思想

1）投入大量的人力、物力之前，在限定时间内，用最经济的方法构造一个系统原型，然后将原型交给用户使用，使用户尽早看到未来系统的概貌。

2）通过用户的使用原型，启发用户进一步明确需求，在系统原型的实际运行中与用户一起发现问题，据此对原型进行修改。

3）这样不断完善修改，直至最后完成一个满足用户需求的系统。

2. 一般根据原型的不同作用，将原型模型分为三类：

（1）探索型

这种类型的原型模型是将原型用于开发的需求分析阶段，主要目的是要明确用户的需求，确定所期望的特性，并探索各类方案的可行性。它主要针对的目标是开发目标模糊，用户与开发者对项目都缺乏相应经验的情况，通过对原型的开发来明确用户的真实需求。

（2）实验型

这种原型主要在设计阶段使用，测试实现方案是否合适，能否可以实现。对于一个大型系统，开发团队对设计方案没有把握时，可以使用这种原型用来证实设计方案的正确性。

（3）演化型

这种原型主要用于初始向用户提交一个原型系统，该原型系统可以包含系统的框架，也可以包含系统的主要功能，在得到用户的认可后，将原型系统不断扩充演变为最终的软件系统。它将原型的思想扩展到软件开发的全过程。

3. 原型法的开发步骤

1）调查用户的基本需求（不是全部需求）。

2）按基本需求快速开发一个"系统原型"。

3）将原型交用户使用，启发用户提出新的要求。

4）按新的要求改进原型，然后再将原型交给用户使用。

反复迭代第3）、第4）两个步骤，直到满足用户的所有要求。原型开发法的流程图如图11-2所示。

4. 快速原型技术的优点

原型法的主要优点在于它是一种支持用户的方法，使得用户在系统生命周期的设计阶段就能起到积极的作用；它能减少系统开发的风险，特别是在大型项目的开发中，由于对项目需求的分析难以一次完成，应用原型法效果更为明显。原型法的概念既适用于系统的重新开发，也适用于对系统的修改。原型法可以与传统的生命周期方法相结合使用，这样会扩大用户参与需求分析、初步设计及详细设计等阶段的活动机会，加深对系统的理解。近年来，快速原型技术的理念也被应用于产品的开发活动中。

5. 快速原型技术的使用场合

该技术特别适合软件产品需求大量的用户交互、产生大量的可视输出、设计一些复杂的算法等场合。目前绝大多数软件都适合于快速原型技术。除非由于问题相当复杂，致使快速开发原型可以获得的支持太少、所冒的风险太大时，不宜采用。但对于其中的某些子问题，尤其是用户界面，还可以采用快速原型技术进行局部分析。

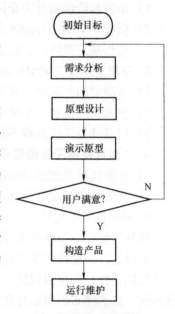

图 11-2 快速原型模型图

11.2 软件总体设计

在经过问题定义阶段后，就进入总体设计阶段，该阶段的基本目的就是回答"系统应该如何实现"这个问题。

总体设计过程首先寻找实现目标系统的各种不同的方案，然后分析员从这些供选择的方案中选取若干个合理的方案，为每个合理的方案都准备一份系统流程图，列出组成系统的所有物理元素，进行成本/效益分析，并且制定实现这个方案的进度计划。分析员应该综合分析比较这些合理的方案，从中选出一个最佳方案向用户和使用部门的负责人推荐。如果用户和使用部门的负责人接受了推荐的方案，分析员应该进一步为这个最佳方案设计软件结构，通常设计出初步的软件结构后还要多方改进，从而得到更合理的结构，进行必要的数据库设计，确定测试要求并且制定测试计划。

11.2.1 设计过程

典型的总体设计过程包括下述9个步骤。

1. 设想供选择的方案

在总体计阶段分析员应该考虑各种可能的实现方案，并且力求从中选出最佳方案。一旦选出了最佳方案，将能大大提高系统的性价比。

2. 选取合理的方案

应该从前一步得到的一系列供选择的方案中选取若干个合理的方案，通常至少选取低成本、中等成本和高成本的 3 种方案。参考问题定义和可行性研究阶段确定的工程规模和目标来判断哪些方案合理，同时可能还需要进一步征求用户的意见。

对每个合理的方案，分析员都应该准备下列 4 份资料。

1）系统流程图。

2）组成系统的物理元素清单。

3）成本/效益分析。

4）实现这个系统的进度计划。

3. 推荐最佳方案

分析员应该综合分析对比各种合理方案的利弊，推荐一个最佳的方案，并且为推荐的方案制定详细的实现计划。

用户和有关的技术专家应该认真审查分析员所推荐的最佳系统，如果该系统确实符合用户的需要，并且是在现有条件下完全能够实现的，则应该提请使用部门的负责人进一步审批。在使用部门的负责人也接受了分析员所推荐的方案之后，将进入总体设计过程的下一个重要阶段——结构设计。

4. 功能分解

对程序（特别是复杂的大型程序）的设计，通常分为两个阶段完成：首先进行结构设计，然后进行过程设计。结构设计确定程序由哪些模块组成，以及这些模块之间的关系；过程设计确定每个模块的处理过程。结构设计是总体设计阶段的任务，过程设计是详细设计阶段的任务。

为确定软件结构，首先需要从实现角度把复杂的功能进一步分解。分析员结合算法描述仔细分析数据流图中的每个处理，如果一个处理的功能过分复杂，必须把它的功能适当地分解成一系列比较简单的功能。一般说来，经过分解之后应该使每个功能对大多数程序员而言都是明显易懂的。

5. 设计软件结构

通常程序中的一个模块完成一个适当的子功能。应该把模块组织成良好的层次系统，顶层模块调用它的下层模块以实现程序的完整功能，每个下层模块再调用更下层的模块，从而完成程序的一个子功能，最下层的模块完成最具体的功能。

6. 设计数据库

对于需要使用数据库的那些应用系统，软件工程师应该在需求分析阶段所确定的系统数据需求的基础上，进一步设计数据库。

7. 制定测试计划

在软件开发的早期阶段考虑测试问题，能促使软件设计人员在设计时注意提高软件的可测试性。11.4 节将仔细讨论软件测试的目的和设计测试方案的各种技术方法。

8. 书写文档

应该用正式的文档记录总体设计的结果，在这个阶段应该完成的文档通常有下述几种。

1）系统说明，主要内容包括系统构成方案、组成系统的物理元素清单、成本/效益分析、软件结构、各个模块的算法、模块间的接口关系等。

2）用户手册根据总体设计阶段的结果，修改在需求分析阶段产生的初步的用户手册。

3）测试计划包括测试策略、测试方案、预期的测试结果、测试进度计划等。

4）详细的实现计划。

5）数据库设计结果。

9. 审查和复审

最后应该对总体设计的结果进行严格的技术审查，在技术审查通过之后再由客户从管理角度进行复审。

11.2.2 设计原理

这里所说的设计原理是指在软件设计过程中应该遵循的基本原理和相关概念。

1. 模块化

模块化就是把程序划分成独立命名且可独立访问的模块，每个模块完成一个子功能，把这些模块集成起来构成一个整体，可以完成指定的功能满足用户的需求。例如，高级语言中的过程、函数、子程序等都可作为模块。

模块化是软件的一个重要属性。模块化的特性提供了处理复杂问题的一种方法，同时也使得软件能够被有效地管理。但也不是说模块数越多越好，如图 11-3 所示，当模块数目增加时每个模块的规模将减小，开发单个模块需要的成本（工作量）确实减少了，但是随着模块数目增加，设计模块间接口所需要的工作量也将增加。根据这两个因素，得出了图中的总成本曲线。每个程序都相应地有一个最适当的模块数目 M，使得系统的开发成本最小。

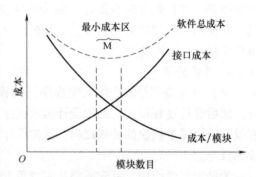

图 11-3　模块化和软件成本的关系曲线

模块化带来的好处：

1）采用模块化原理可以使软件结构清晰，不仅容易设计也容易阅读和理解。

2）因为程序错误通常局限在有关的模块及它们之间的接口中，所以模块化使软件容易测试和调试，因而有助于提高软件的可靠性。

3）因为变动往往只涉及少数几个模块，所以模块化能够提高软件的可修改性。

4）模块化也有助于软件开发工程的组织管理，一个复杂的大型程序可以由许多程序员分工编写不同的模块，并且可以进一步分配技术熟练的程序员编写困难的模块。

2. 抽象

在考虑问题时集中考虑和当前问题有关的方面，而忽略和当前问题无关的方面，这就是抽象。或者说抽象就是找出事物的本质特性而暂时不考虑它们的细节。

软件工程过程的每一步，都是对软件解法的抽象层次的一次细化。在可行性研究阶段，软件被看作是一个完整的系统部分；在需求分析期间，使用在问题环境中熟悉的术语来描述软件的解法；当由总体设计阶段转入详细设计阶段时，抽象的程度进一步减少；最后，当源程序写出来时，也就达到了抽象的最低层。

3. 逐步求精

求精实际上是细化过程。从在高抽象级别定义的功能陈述（或信息描述）开始，该陈述仅仅概念性地描述了功能或信息，但是并没有提供功能的内部工作情况或信息的内部结构。求精要求设计者细化原始陈述，随着每个后续求精（即细化）步骤的完成而提供越来越多的细节。

抽象与求精是一对互补的概念。抽象使得设计者能够说明过程和数据，同时却忽略了低层细节。事实上，可以把抽象看作是一种通过忽略多余的细节同时强调有关的细节，而实现逐步求精的方法。求精则帮助设计者在设计过程中逐步揭示出低层细节。这两个概念都有助于设计者在设计演化过程中创造出完整的设计模型。

4. 信息隐蔽和局部化

信息隐蔽原理认为模块所包含的信息（过程和数据）对于其他模块来说应该是隐蔽的。也就是说，模块应当被这样规定和设计，使得包含在模块中的信息（过程或数据）对于其他不需要这些信息的模块来说，是不能访问的，或者说是"不可见"的。

信息隐蔽对于软件的测试与维护都有很大的好处。因为对于软件的其他部分来说，绝大多数数据和过程都是隐蔽的，这样，在修改期间由于疏忽而引入的错误所造成的影响就可以局限在一个或几个模块内部，不至波及到软件的其他部分。

11.2.3　模块独立性

开发具有独立功能而且和其他模块之间没有过多的相互作用的模块，使得每个模块完成一个相对独立的特定子功能，并且和其他模块之间的关系很简单。

模块的独立性是软件质量的关键：

1）模块化程度较高的软件容易开发。

2）模块化程度较高的软件也比较容易测试和维护。

模块的独立程度可以由两个定性标准度量，这两个标准分别称为耦合和内聚，下面分别详细阐述。

1. 耦合

耦合是对一个软件结构中各个模块之间相互关联程度的度量。

在软件设计中应该追求尽可能松散耦合的系统。模块间的耦合程度强烈影响着系统的可理解性、可测试性、可靠性和可维护性。

如果两个模块中的每一个都能独立地工作而不需要另一个模块的存在，那么它们彼此完全独立，这意味着模块间无任何连接，耦合程度最低。但是在一个软件系统中不可能所有模块之间都没有任何连接。

模块间常见的耦合关系有 7 种，如图 11-4 所示，模块间耦合性越高，则模块的独立性越弱。

图 11-4　模块的耦合性和独立性的关系

（1）内容耦合

当出现下列情况之一时为内容耦合：

1）一个模块直接访问另一个模块的内部数据。

2）一个模块不通过正常入口转到另一个模块内部。

273

3）两个模块有一部分程序代码重叠。

4）一个模块有多个入口。

在内容耦合的情形中，被访问模块的任何变更，或者用不同的编译器对它再编译，都会造成程序出错。这种耦合是模块独立性最弱的耦合。

（2）公共耦合

若一组模块访问同一个公共数据环境，如公共数据结构、通信区、内存的公共覆盖区等，则为公共耦合。如图 11-5 所示，A 和 B 两个均访问 common 数据区。

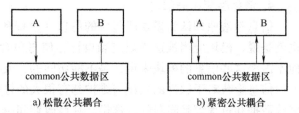

a) 松散公共耦合   b) 紧密公共耦合

图 11-5　公共耦合

（3）外部耦合

一组模块都访问同一全局简单变量而不是同一全局数据结构，而且不是通过参数表传递该全局变量的信息。同（2）类似，但又不同。

（4）控制耦合

一个模块通过传递开关、标志、名字等控制信息，明显地控制性选择另一模块中的功能。如图 11-6 所示，A 将 Flag 传递给 B，从而选择 B 中的不同功能。

这种耦合的实质是在单一接口上选择多功能模块中的某项功能。因此，对被控制模块的任何修改，都会影响控制模块。另外，控制耦合也意味着控制模块必须知道被控制模块内部的一些逻辑关系，这些都会降低模块的独立性。

（5）标记耦合

一组模块通过参数表传递记录信息。事实上，这组模块共享了某一数据结构的子结构，而不是简单变量。要求这些模块都必须清楚该记录的结构，并按结构要求对记录进行操作。

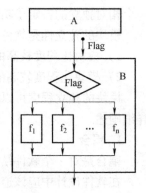

图 11-6　控制耦合

（6）数据耦合

一个模块访问另一个模块时，彼此之间是通过数据参数来交换输入、输出信息的。它是松散耦合，模块间的独立性较强。如 $Max(x,y)$ 函数。

（7）非直接耦合

两个模块之间没有直接关系，它们之间的联系完全是通过主模块的控制和调用来实现的，这就是非直接耦合。这种耦合的模块独立性最强。

模块之间的连接越紧密，联系越多，耦合性就越高，而其模块独立性就越弱。总之，耦合是影响软件复杂程度的一个重要因素。应该采取下述设计原则：尽量使用数据耦合，少用控制耦合，限制公共耦合的范围，避免使用内容耦合。

2. 内聚

内聚：模块内各个元素彼此结合的紧密程度的度量。内聚程度高的模块应当只做一件事。

设计时应该力求做到高内聚，通常中等程度的内聚也是可以采用的，而且效果和高内聚相差不多。内聚和耦合是密切相关的，模块内的高内聚往往意味着模块间的松耦合。

模块内常见的内聚关系也有 7 种，如图 11-7 所示，模块间内聚性越高，则模块的独立性越强。

图 11-7　模块的内聚性和独立性的关系

（1）巧合内聚（偶然内聚）

巧合内聚又称偶然内聚，几个模块内凑巧有一些程序段代码相同，又没有明显地表现出独立的功能，而把这些代码独立出来建立的模块即为巧合内聚模块。

巧合内聚模块存在的问题：

1）由于模块内没有实质性的联系，很可能在某种情况下一个调用模块需要对它修改而别的模块不需要，这时就很难处理。

2）同时这种模块的含义也不易理解，甚至难以为它合理命名。

3）巧合内聚的模块也难于测试。

巧合内聚是最差的内聚情况，一般是不采用的。

（2）逻辑内聚

这种模块把几种相关的功能组合在一起，每次被调用时，由传送给模块的控制型参数来确定该模块应执行哪一种功能。

例如，对某一个数据库中的数据可以按各种条件进行查询，这些不同的查询条件所用的查询方式也不相同，设计时，不同条件的查询放在同一个"查询"模块中，这就是逻辑内聚。

逻辑内聚存在的问题：

1）修改困难，调用模块中有一个需要改动，还要考虑到其他调用模块。

2）模块内需要增加开关，判断是谁调用。

3）实际上每次调用只执行模块中的一部分，其他部分也被装入了内存，因而效率不高。

（3）时间内聚

又称经典内聚，这种模块大多为多功能模块，但模块的各个功能必须在同一时间段内执行，如初始化模块。通常，各部分可以以任意的顺序执行。

（4）过程内聚

如果一个模块内的各个处理元素是相关的，而且必须按固定的次序执行，这种内聚就称为过程内聚，这种内聚往往表现为次序的流程。

（5）通信内聚

一个模块内各功能部分都使用了相同的输入数据（同一数据项，数据区或文件），或产生了相同的输出数据，则称之为通信内聚模块。

通信内聚的各部分是借助共同使用的数据联系在一起的，故有较好的可理解性，通信内聚和过程内聚属于中内聚度型模块。

（6）顺序内聚

若一个模块内的各处理元素关系密切，必须按规定的处理次序执行，则这样的模块为顺序内聚型，在顺序内聚模块内，后执行的语句或语句段往往依赖先执行的语句或语句段，以先执行的部分为条件，由于模块内各处理元素间存在着这种逻辑联系，所以顺序内聚模块的可理解性很强，属于高内聚型模块。

（7）功能内聚

模块中各个部分都是为完成一项具体功能而协同工作、紧密联系、不可分割的，则称该模块为功能内聚模块。功能内聚模块是内聚性最强的模块。

一个模块内部各个元素之间的联系越紧密，则它的内聚性就越高，相对地，它与其他模块之间的耦合性就会减低，而模块独立性就越强。

因此，独立性比较强的模块应是高内聚低耦合的模块。

11.2.4 启发式规则

人们在开发计算机软件的长期实践中积累了丰富的经验，总结这些经验得出了一些启发式规则。在许多场合能给软件工程师以有益的启示，帮助他们找到改进软件设计、提高软件质量的途径。下面介绍几条启发式规则。

1. 改进软件结构提高模块独立性

通过模块分解或合并，力求降低模块的耦合性和提高模块的内聚性。

例如，多个模块共有的一个子功能可以独立成一个模块，由这些模块调用；有时可以通过分解或合并模块以减少控制信息的传递及对全程数据的引用，并且降低接口的复杂程度。

2. 模块规模应该适中

一个模块的规模不应过大，最好不超过 60 行语句。当一个模块包含的语句数超过 30 以后，模块的可理解程度迅速下降。

过大的模块往往是由于分解不充分造成的，但是进一步分解必须符合问题结构，一般说来，分解后不应该降低模块独立性。

过小的模块开销大于有效操作，而且模块数目过多将使系统接口复杂。因此过小的模块有时不值得单独存在，特别是只有一个模块调用它时，通常可以把它合并到上级模块中去而不必单独存在。

3. 深度、宽度、扇出和扇入都应适当

深度：表示软件结构中控制的层数，它往往能粗略地标志一个系统的大小和复杂程度。如果层数过多，则应该考虑是否有许多管理模块过分简单了，能否适当合并。

宽度：是软件结构内同一个层次上的模块总数的最大值。一般说来，宽度越大系统越复杂。对宽度影响最大的因素是模块的扇出。

扇出：是一个模块直接控制（调用）的模块数目，扇出过大意味着模块过分复杂，需要控制和协调过多的下级模块；扇出过小（如总是 1）也不好。经验表明，一个设计得好的典型系统的平均扇出通常是 3 或 4（扇出的上限通常是 5~9）。

扇出太大一般是因为缺乏中间层次，应该适当增加中间层次的控制模块。扇出太小时可以把下级模块进一步分解成若干个子功能模块，或者合并到它的上级模块中去。

扇入：一个模块的扇入表明有多少个上级模块直接调用它，扇入越大则共享该模块的上级模块数目越多，这是有好处的。

4. 模块的作用域应该在控制域之内

模块的控制域：该模块以及所有直接或间接从属于他的模块的集合。图 11-6 中模块 A 的控制域是 A、B、C、D、E、F 等模块的集合。

模块的作用域：一个模块所能影响的其他模块的集合。图 11-8 中，模块 A 如果能影响模块 G，则它的作用域就超出了控制域。此时有两种修改软件结构的方法，使作用域是控制域的子集：

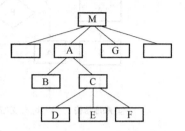

图 11-8　模块的作用域和控制域

1）把模块 A 中影响 G 的部分转移到它们的上级模块 M 中。

2）把模块 G 移到模块 A 的下面，使 G 成为 A 的直属下级模块。

5. 力争降低模块接口的复杂程度

模块接口复杂是软件发生错误的一个主要原因。应该仔细设计模块接口，使得信息传递简单并且和模块的功能一致。

例如，求一元二次方程的根的模块 QuadRoot（Tbl，X），其中用数组 Tbl 传送方程的系数，用数组 X 回送求得的根。这种传递信息的方法不利于对这个模块的理解，不仅在维护期间容易引起混淆，在开发期间也可能发生错误。下面这种接口可能是比较简单的：

```
QuadRoot(a,b,c,Root1,Root2)
```

其中，a、b、c 是方程的系数；Root1 和 Root2 是计算得到的两个根。

6. 设计单入口单出口的模块

当从顶部进入模块并且从底部退出来时，软件是比较容易理解的，因此也是比较容易维护的。

7. 模块功能应该可以预测

模块的功能应该能够预测，但也要防止模块功能过分局限。

如果一个模块可以当做一个黑盒子，也就是说只要输入的数据相同就产生同样的输出，这个模块的功能就是可以预测的。

以上列出的启发式规则多数是经验规律，对改进设计和提高软件质量，往往有重要的参考价值，但是它们既不是设计的目标也不是设计时应该普遍遵循的原理。

11.3　软件详细设计

为了在详细设计阶段清楚地表达设计思想，可以借助一定的工具，如图形、表格和过程设计语言。不论开发者使用哪类工具，对这类工具的基本要求都是能提供对设计无歧义、清晰的描述，也就是它能指明程序设计中的控制流程、处理函数功能、数据结构组织以及其他方面的细节，从而在编码阶段能将前期的设计描述直接"翻译"成程序执行代码。

11.3.1　程序流程图

程序流程图又被称为程序框图，它的主要优点是对控制流程的描绘很直观，初学者便于理解掌握。因此，程序流程图至今仍是软件开发者最为普遍采用的一种设计工具。程序流程

图一般有 5 种基本控制结构，如图 11-9 所示。

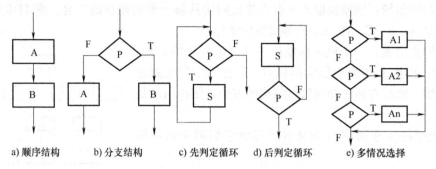

a) 顺序结构　　　b) 分支结构　　　c) 先判定循环　　d) 后判定循环　　　e) 多情况选择

图 11-9　流程图的基本控制结构

流程图被人们普遍采用是因为它具有一些特有的优点。例如，它能把程序执行的控制流程顺序表达得十分清楚，看起来也比较直观。但随着结构化程序设计的普及，流程图在描述程序逻辑时的随意性与灵活性恰恰变成了它的缺点，流程图的缺点如下。

1）流程图本质上不支持随着软件开发而不断的完善设计，从而使程序员在早期会过度地考虑程序控制细节，而忽略了软件整体结构。

2）流程图中的流线转移方向任意，缺少对程序员必要的限制，这并不符合结构化程序设计的要求，有的甚至可能破坏完整程序结构，如单输入，单输出结构。

3）流程图不能清晰的表示数据结构和模块调用关系。

4）对于大型软件而言，流程图过于琐碎，不容易阅读和修改。

任何复杂的程序流程图都应由图 11-9 中这 5 种基本控制结构组合或嵌套而成。特别需要强调的是在任何程序流程图中，只能使用定义了的符号，不允许出现其他任何符号，同时必须限制在流程图中只能使用上述的 5 种基本控制结构。

11.3.2　N-S 图

N-S 图又称盒图，这种表达方式取消了流程线，使得其设计出来的程序流程更加符合结构化程序设计原则。在 N-S 图中为了表示 5 种基本控制结构，规定了 5 种图形构件，如图 11-10 所示，其中 F 是取假值的情况，T 是取真值的情况，e 代表条件。

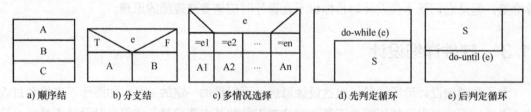

a) 顺序结　　　b) 分支结　　　c) 多情况选择　　　d) 先判定循环　　　e) 后判定循环

图 11-10　N-S 图的基本控制结构

与软件流程图相比盒图有以下几个特点：

1）N-S 图所有的程序结构均用方框表示，程序结构的作用域比程序流程图清晰（如循环、选择的作用域）。

2）程序只有一个入口、一个出口，完全满足单入口单出口的结构化程序设计要求，控制不能任意转移（例如，不能描述 GOTO 语句）。

3）嵌套、层次结构清晰，易于确定局部和全局的数据工作区。

4）盒图形象直观，具有良好的可见度。例如，循环的范围、条件语句的范围等都是一目了然的。因此，设计意图容易理解，这就为编程、复查、选择测试用例、维护带来了方便。

5）容易确定局部数据和全局数据的作用域。

6）盒图简单，易学易用。

7）对于复杂处理的绘制不如流程图方便、灵活。

11.3.3 问题分析图（PAD）

PAD 是 problem analysis diagram 的缩写，问题分析图（PAD）是继流程图和 N-S 图之后又一种主要用于描述软件详细设计（即软件过程）的图形表达工具。问题分析图的基本设计原理是采用自顶向下、逐步细化和结构化设计的原则，力求将模糊问题解的概念逐步转换为确定的和详尽的可执行过程，使之最终可以采用计算机直接进行处理。它使用二维树图形来表示程序流程，是一种改进的图形描述方式。PAD 也设置了 5 种基本控制结构，如图 11-11 所示，并允许递归使用。

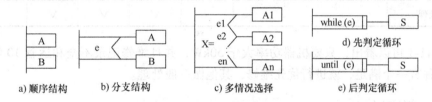

图 11-11 PAD 的基本控制结构

问题分析图与其他的详细设计描述工具相比，具有以下优点：

1）PAD 表达的程序过程呈树状结构，这种树形图可以较为顺利的翻译成程序代码。

2）用 PAD 表达程序逻辑，清晰明了，开发者易读、易懂、易记。

3）PAD 描绘的程序结构清晰度和结构化程度都很高，PAD 设计出的程序必定是结构化的程序。

4）PAD 图示是程序的第一层结构，程序中的层数就是 PAD 中的纵线数。

5）PAD 可以描述程序，也可以描绘数据结构。

6）PAD 完全支持自顶向下、逐步求精的结构化方法。

7）利用软件工具可以将问题分析图转换成高级语言程序，进而提高软件的可靠性和生产率。

11.3.4 判定表

在有些情况下数据流图中的某一组动作依赖于多个逻辑条件的取值，这时用自然语言或结构化语言都不易清楚地描述出来，而用判定表就能够清楚地表示复杂的条件组合与应做的动作之间的对应关系，判定表又称决策表。

判定表由 4 部分组成，用双线分割开 4 个区域，分别用于描述条件是什么，以及在该条件下，要做的动作是什么。

1）判定表左上部列出所有条件。

2）左下部是所有可能做的动作。

3）右上部是表示各种条件组合的一个矩阵，其中每一列表示一种可能组合。

4）右下部是与每种条件组合相对应的动作。

下面以维修站的维修决策为例，说明判定表的组织方法。

【例11-1】 某维修站对"功率大于50kW"的且"维修记录不全"或"已运行10年以上"的机器应给予优先维修，否则做一般处理，请绘制判定表。

解：按题意，共有3个条件，因此最多有8个组合，得到如表11-1所示的决策表。

表11-1 维修站决策判定表

决策规则号	1	2	3	4	5	6	7	8
功率>50kW	T	T	T	T	F	F	F	F
维修记录不全	T	T	F	F	T	T	F	F
运营>10年	T	F	T	F	T	F	T	F
优先维修	√	√	√	√				
一般处理					√	√	√	√

从表11-1可以看出，只要机器功率大于50kW，并且维修记录不全和运营10年以上这两个条件种有一个满足，就进行优先维修，其他做一般处理。

11.3.5 判定树

判定表虽然能清晰地表示复杂的条件组合与应做的动作之间的对应关系，但其含义却不是一眼就能看出来的，初次接触这种工具的人理解它需要有一个简短的学习过程。此外，当数据元素的值多于两个时，判定表的简洁程度也将下降。判定表不能描述循环的处理特性。

判定树是判定表的变种，它也能清晰地表示复杂的条件组合与应做的动作之间的对应关系。判定树的优点在于，它的形式简单到不需做任何说明，一眼就可以看出其含义，因此易于掌握和使用。多年来判定树一直受到人们的重视，是一种比较常用的系统分析和设计的工具。

下面以航空行李托运的行李费计算为例，说明判定树的组织方法。

【例11-2】 假设某航空公司规定，乘客可以免费托运重量不超过30kg的行李。当行李重量超过30kg时，对头等舱的国内乘客超重部分每公斤收费4元，对其他舱的国内乘客超重部分每公斤收费6元，对外国乘客超重部分每公斤收费比国内乘客多一倍，对残疾乘客超重部分每公斤收费比正常乘客少一半。用判定树可以清楚地表示与上述每种条件组合相对应的计算行李费的算法，如图11-12所示。

从图11-12可以看出，虽然判定树比判定表更直观，但简洁性却不如判定表，数据元素的同一个值往往要重复写多次，而且越接近树的叶端重复次数越多。此外还可以看出，画判定树时分枝的次序可能对最终画出的判定树的简洁程度有较大影响，在这个例子中如果不是把行李重量做为第一个分枝，而是将它作为最后一个分枝，则画出的判定树将有16片树叶而不是只有9片树叶。显然判定表并不存在这样的问题。

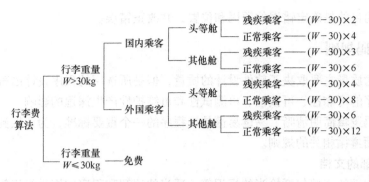

图 11-12 用判定树表示计算行李费的算法

11.3.6 过程设计语言（PDL 语言）

PDL 是一种用于描述功能模块的算法设计和加工细节的语言，是所有非正文形式的过程设计工具的统称，一般叫作设计程序用语言，是一种伪码。通常伪码的语法规则分为外语法和内语法，外语法应当符合一般程序设计语言与语法规则，具有严格的关键字外部语法，常用于定义控制结构和数据结构；而内语法可以用语句中一些简单的句子、短语加通用的数学符号，用于描述程序应该执行的功能，较为灵活自由，可以适应各种工程项目的需要。PDL 用正文形式表示数据和处理过程的设计工具，是一种"混杂语言"，它使用一种语言的词汇（通常就是某种自然语言，如中文、英语），同时却使用另一种语言（某种结构化的程序设计语言，如 PHP、C 语言）的语法。使用 PDL 语言，可以做到逐步求精：从一开始比较概括和抽象的 PDL 程序起，最后逐步写出详细、精确的设计描述。

PDL 具有以下特点：

1）PDL 虽然不是严格的程序设计语言，但是它与高级程序设计语言非常类似，设计者只要对 PDL 描述稍加变换就可编写出源程序代码。因此，它是详细设计阶段很受欢迎的表达工具。

2）用 PDL 写出的程序，既可以很抽象，又可以很具体。因此，容易实现自顶向下、逐步求精的设计原则。

3）PDL 描述同自然语言很接近，易于理解。

4）PDL 描述可以直接作为注释插在源程序中，成为程序的内部文档，这对提高程序的可读性是非常有益的。

5）PDL 描述同程序结构相似，因此利用自动产生程序比较容易。

6）PDL 不使用专业的工具，仅仅用普通的正文编辑程序或文字处理系统就能很方便地完成 PDL 的书写和编辑工作。

PDL 的缺点是不如图形描述形象直观，因此人们常常将 PDL 描述与一种图形描述结合起来使用。

11.4 编码、测试与调试技术

所谓编码就是把软件设计结果翻译成用某种程序设计语言书写的程序。作为软件工程过程的一个阶段，编码是对设计的进一步具体化。软件测试的目的是尽可能多地发现程序中的错误，而调试的目的是确定错误的原因和位置，并改正错误。

11.4.1　编码规则

虽然程序的质量主要取决于软件设计的质量，但是所选用的程序设计语言的特点及编码风格也将对程序的可靠性、可读性、可测试性和可维护性产生深远的影响。

源程序代码逻辑简明清晰、易读易懂是好程序的一个重要标准，为了做到这一点，应该在以下几个方面遵循相关的规则。

1. 程序内部的文档

所谓程序内部的文档包括恰当的标识符、适当的注解和程序的视觉组织等。

（1）标识符

选取含义鲜明的名字，并和相关的实体相对应，以便于理解程序，若使用缩写，缩写规则应一致。

（2）注解

注解是程序员和程序读者通信的重要手段，它有助于对程序的理解。

1）通常在每个模块开始处有一段注解，简要描述模块的功能、接口、重要数据、开发简史等。

2）插在程序中间与一段程序代码有关的注解，主要解释包含这段代码的必要性。

（3）程序清单的布局

程序清单的布局对程序的可读性有很大影响，阶梯形式（缩进格式）使程序的层次结构清晰明显。

2. 数据说明

1）数据说明的次序应该标准化（例如，按照数据结构或数据类型确定说明的次序）。有次序就容易查阅，因此能够加速测试、调试和维护的过程。

2）当多个变量名在一个语句中说明时，应该按字母顺序排列这些变量。

3）如果设计时使用了一个复杂的数据结构，则应该用注解说明用程序设计语言实现这个数据结构的方法和特点。

3. 语句构造

构造语句时应该遵循的原则是每个语句都应该简单而直接，为此应遵循以下规则：

1）不要为了节省空间而把多个语句写在同一行。

2）尽量避免复杂的条件测试。

3）尽量减少对"非"条件的测试。

4）避免大量使用循环嵌套和条件嵌套。

5）利用括号使逻辑表达式或算术表达式的运算次序清晰直观。

4. 输入输出

在设计和编写程序时应该考虑下述有关输入输出风格的规则。

1）对所有输入数据都进行检验。

2）检查输入项重要组合的合法性。

3）保持输入格式简单。

4）使用数据结束标记，不要要求用户指定数据的数目。

5）明确提示交互式输入的请求，详细说明可用的选择或边界数值。

6）当程序设计语言对格式有严格要求时，应保持输入格式一致。

7）设计良好的输出报表。

8）给所有输出数据加标志。

5. 效率

效率主要指处理机时间和存储器容量两个方面，编程时应考虑下述规则：

1）写程序之前先简化算术的和逻辑的表达式。

2）仔细研究嵌套的循环，以确定是否有语句可以从内层往外移。

3）尽量避免使用多维数组。

4）尽量避免使用指针和复杂的表。

5）使用执行时间短的算术运算。

6）不要混合使用不同的数据类型。

7）尽量使用整数运算和布尔表达式。

8）在效率是决定性因素的应用领域，尽量使用有良好优化特性的编译程序，以生成高效目标代码。

9）提高执行效率的技术通常也能提高存储器效率，提高存储器效率的关键同样是"简单"。

10）简单清晰同样是提高人机通信效率的关键。

11）如果"超高效的"输入输出很难被人理解，则不应采取这种方法。

11.4.2　测试的概念

测试贯穿整个实现阶段，包括单元测试、综合测试和确认测试，甚至在维护阶段也要进行各种测试。具体地说，软件测试是根据软件开发各阶段的规格说明和程序的内部结构而精心设计出一批测试用例，并利用测试用例来运行程序，以发现程序错误的过程。

1. 测试的目的

1）测试是为了发现程序中的错误。

2）好的测试方案是极可能发现迄今为止尚未发现的错误的测试方案。

3）成功的测试是发现了至今为止尚未发现的错误的测试。

因此，应力求设计出最能暴露错误的测试方案。

2. 测试的三个重要特征

（1）挑剔性

测试的目的是为了发现错误，一个好的测试在于能发现至今未发现的错误。

（2）完全测试的不可能性

很多情况下，不可能穷举所有情况的所有案例进行测试，即不可能做到完全测试。

（3）测试的经济性

为了保证质量而又不能进行完全测试，所以应该在重要性及用途和测试所花的代价之间进行权衡。

3. 软件测试的准则

为了能设计出有效的测试方案，软件工程师必须深入理解并正确运用指导软件测试的基本准则。下面讲述主要的测试准则。

1）所有测试都应该追溯到用户需求。从用户的角度看，最严重的错误是导致程序不能满足用户需求的那些错误。

2）应该在测试之前就制定出测试计划。在软件的设计阶段就可以开始设计详细的测试方案。因此，在编码之前就可以对所有测试工作进行计划和设计。

3）80%的错误是由 20%的模块造成的。将 Pareto 原理应用到测试中，测试发现的错误中 80%很可能是由程序中 20%的模块造成的。

4）应该从小规模逐步到大规模测试。一般从单元测试开始，逐步扩大到集成和综合测试，也是从小规模到大规模的测试。

5）穷举测试是不可能的。由于受时间、人力以及其他资源的限制，在测试过程中不可能执行每个可能的路径。因此，测试只能证明程序中有错误，不能证明程序中没有错误。

6）应该由独立的第三方从事测试工作。开发软件的工程师并不是完成全部测试工作的最佳人选，通常他们主要承担单元测试工作。

7）测试用例应该由两部分组成——输入数据与预期的输出数据。

8）测试用例不仅应该选用合理的输入数据，还要特别选择"不合理"的输入数据。

9）检查程序是否完成预定完成的任务，还应该检查程序是否做了它不应该做的事。

10）应该制定测试计划并按照计划严格执行，排除随意性。

11）测试用例长期保留。

12）对发现错误较多的程序段，应进行进一步的测试。

4. 软件测试的流程

中、大型软件一般都是由若干个子系统组成，每个子系统又由许多模块组成，因此这类软件的测试过程如图 11-13 所示。

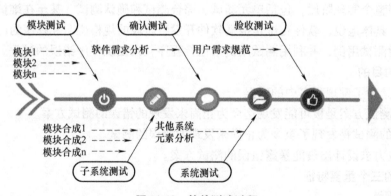

图 11-13　软件测试过程

（1）模块测试

在设计优秀的软件系统中，每个模块应该完成一个清晰定义的子功能，而且这个子功能和同级其他模块的功能之间相互独立。因此，每个模块可以作为一个单独的实体来测试，可以较为容易设计检验模块正确性的测试方案。模块测试的目的是保证每个模块作为一个单元能够正确运行，所以模块测试通常又称为单元测试。在这个测试步骤中所发现的问题一般是编码和详细设计中的错误。

（2）子系统测试

子系统测试是指把经过单元测试后的模块聚合形成一个子系统来进行测试。主要测试模块相互间的协调和通信，因此这个步骤着重测试各模块之间的接口。

（3）确认测试

确认测试根据软件需求、规格、说明、定义的全部功能和性能要求以及软件确认测试准则对软件系统进行总体测试，确认测试一般由软件开发人员和用户共同完成。

（4）系统测试

系统测试是把经过测试的子系统装配成一个完整的系统来进行测试。在这个过程中不仅应该发现设计和编码的错误，还应该验证系统是否能够实现需求说明书中指定的功能，而且系统的动态特性也符合预定要求。在这个测试步骤中发现的往往是软件设计中的错误，也可能发现需求说明中的错误。

（5）验收测试

验收测试是把软件系统作为单一的实体进行测试，测试内容与系统测试基本类似，但是它是在用户积极参与下进行的，而且可能主要使用实际数据进行测试。验收测试的目的是验证系统确实能够满足用户的需要，在这个测试步骤中发现的问题一般是系统需求说明书中的错误。

（6）平行运行

关系重大的软件产品在验收之后一般不会立即投入生产性运行，而是要经过一段平行运行的考验。所谓平行运行就是同时运行新开发的系统与将被它取代的原来运行的旧系统，以便比较新旧两个系统的运行效果。

11.4.3　测试方法

软件测试方法一般分为两大类：白盒测试与黑盒测试。

1. 白盒测试

白盒测试又称为结构测试或逻辑测试，即把程序看成装在一个透明的白盒子里，测试者完全知道程序的结构和处理算法。把测试对象看作一个打开的盒子，测试人员要了解程序的内部结构和处理过程，以检查处理过程的细节为基础，对程序中尽可能多的逻辑路径进行测试，检验内部控制结构和数据结构是否有错，实际的运行状态与预期的状态是否一致。白盒测试的被测对象基本上是源程序。

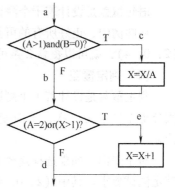

图 11-14　被测试模块的流程图

逻辑覆盖法是白盒测试方法中比较实用的测试用例设计方法。使用这一方法要求测试人员对程序的逻辑结构有清楚的了解，甚至要能掌握源程序的所有细节。

图 11-14 所示为某一算法片断的程序流程图，共有 4 条路径。（注：下面各路径的测试用例中的 3 个数分别代表变量 A、B、X 的取值）

（1）L1（a→c→e）

条件：$\{(A>1) \text{ and } (B=0)\}$ and $\{(A=2) \text{ or } (X/A>1)\}$

测试用例：（2,0,4）

（2）L2（a→b→d）

条件：not$\{(A>1) \text{ and } (B=0)\}$ and not$\{(A=2) \text{ or } (X>1)\}$

测试用例：（1,1,1）

（3）L3（a→b→e）

条件：not｛（A>1）and（B=0）｝ and ｛（A=2）or（X>1）｝

测试用例：（2,1,1）

（4）L4（a→c→d）

条件：｛（A>1）and（B=0）｝ and not｛（A=2）or（X/A>1）｝

测试用例：（3,0,3）

下面通过图 11-14 所示的流程图，来介绍几种逻辑覆盖技术。

为了讨论方便，先将后面介绍的各种覆盖技术中用到的测试用例的运行情况写入表 11-2 中，表中的"—"表示未执行。

表 11-2　图 11-14 中的测试用例运行情况表

用例编号	A	B	X	路径	A>1	B=0	（A>1）and（B=0）	X=X/A	A=2	X>1	（A=2）or（X>1）	X=X+1
1	2	0	4	L1：ace	T	T	T	2	T	T	T	3
2	2	0	4	L1：ace	T	T	T	0	T	F	T	1
3	1	1	1	L2：abd	F	F	F	—	F	F	F	
4	1	1	2	L2：abd	F	F	F	—	T	T	T	3
5	2	1	1	L3：abe	T	F	F	—	T	F	T	2
6	1	0	3	L3：abe	F	T	F	—	F	T	T	4
7	3	0	3	L4：acd	T	T	T	1	F	F	F	—

（1）语句覆盖

语句覆盖是设计若干个测试用例，运行被测程序，使得每个可执行语句至少执行一次。

在图例中，正好所有的可执行语句都在路径 L1 上，所以选择路径 L1 上的测试用例，如（2,0,4），就可以覆盖 2 条可执行语句。

（2）判定覆盖

判定覆盖是设计若干个测试用例，运行被测程序，使得程序中每个判断的取真分支和取假分支至少经历一次，从而使程序的每一个分支至少都通过一次。判定覆盖又称为分支覆盖。

对于图例，如果选择路径 L1 和 L2 上的测试用例，如（2,0,4）和（1,1,1），就可满足测试要求。其中（2,0,4）使得判定①和判定②均为真，（1,1,1）使得判定①和判定②均为假；每个分支都执行了一次。

（3）条件覆盖

条件覆盖是指设计足够的测试用例，使得判定表达式中每个条件的各种可能的值至少出现一次，且每个语句也至少执行一次。

对于图例，选择（2,0,4）和（1,1,1）就可满足测试要求。其中（2,0,4）分别使得判定①和判定②中的 4 个条件均为真，（1,1,1）分别使得判定①和判定②中的 4 个条件均为假；每个分支都执行了一次。

当然也可选择（2,0,1）和（1,1,2）作为测试用例，请读者朋友自己分析。

（4）判定/条件覆盖

该覆盖标准指设计足够的测试用例，使得判定表达式中的每个条件的所有可能取值至少出现一次，并使每个判定表达式所有可能的结果也至少出现一次。

对于图例，选择（2，0，4）和（1，1，1）就可满足测试要求。其中（2，0，4）分别使得判定①和判定②以及它们中的 4 个条件均为真，（1，1，1）使分别使得判定①和判定②以及它们中的 4 个条件均为假；每个分支都执行了一次。

（5）条件组合覆盖

条件组合覆盖是比较强的覆盖标准，它是指设计足够的测试用例，使得每个判定表达式中条件的各种可能的值的组合都至少出现一次。

对于图 11-14，共有 2 个判定，每个判定 2 个条件，即每个判定有 4 种条件组合，共 8 种条件组合。

对于第一个判定有：

① $A>1$，$B=0$

② $A>1$，$B\neq0$

③ $A\not>1$，$B=0$

④ $A\not>1$，$B\neq0$

对于第二个判定有：

⑤ $A=2$，$X>1$

⑥ $A=2$，$X\not>1$

⑦ $A\neq2$，$X>1$

⑧ $A\neq2$，$X\not>1$

下面的 4 组测试数据可以使上面列出的 8 种条件组合每种至少出现一次。

（2，0，4）：覆盖条件组合①和⑤

（2，1，1）：覆盖条件组合②和⑥

（1，0，3）：覆盖条件组合③和⑦

（1，1，1）：覆盖条件组合④和⑧

显然，满足条件组合覆盖标准的测试数据，也一定满足判定覆盖、条件覆盖和判定/条件覆盖标准。因此，条件组合覆盖是上述几种覆盖标准中最强的。但是，满足条件组合覆盖标准的测试数据并不一定能使程序中的每条路径都执行到，例如，上述 4 组测试数据都没有测试到路径 L4：acd。

（6）路径覆盖

路径覆盖是指设计足够的测使用例，覆盖被测程序中所有可能的路径。

对于图例，共有 4 条路径，如表 12-2 中的 L1～L4 各选一个作为测试用例即可：

（2,0,4）、（1,1,1）、（2,1,1）和（3,0,3）

语句覆盖发现错误能力最弱。判定覆盖包含了语句覆盖，但它可能会使一些条件得不到测试。一般情况条件覆盖的检测能力较判定覆盖强，但有时达不到判定覆盖的要求，判定/条件覆盖包含了判定覆盖和条件覆盖的要求。条件组合覆盖发现错误能力较强，凡满足其标准的测试用例，也必然满足前四种覆盖标准。路径覆盖根据各判定表达式取值的组合，使程序沿着不同的路径执行，查错能力强。但由于它是从各判定的整体组合出发设计测试用例，因此可能使测试用例达不到条件组合覆盖的要求。在实际的逻辑覆盖测试中，一般以条件组合覆盖为主设计测试用例，然后再补充部分测试用例，以达到路径覆盖测试标准。

2. 黑盒测试

黑盒测试法又称功能测试，即把程序看作一个黑盒子，完全不考虑程序的内部结构和处理过程，如图 11-15 所示。用这一方法进行测试时，测试者只能依靠程序需求规格说明书，从可能的输入条件和输出条件中确定测试数据，也就是根据程序的功能或程序的外部特性设计测试用例。

黑盒测试力图发现以下类型的错误：

① 功能不正确或遗漏了功能。

② 界面错误。

③ 数据结构错或外部数据库访问错。

④ 性能错误。

⑤ 初始化或终止错误。

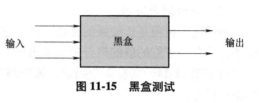

图 11-15　黑盒测试

设计黑盒测试方案时，应该考虑下述问题：

① 怎样测试功能的有效性。

② 哪些类型的输入可构成好的测试用例。

③ 系统是否对特定的输入值敏感。

④ 怎样划定输入类的边界。

⑤ 系统能承受怎样的数据率和数据量。

⑥ 数据的特定组合将对系统运行产生什么影响。

由于黑盒测试不可能使用所有可以输入的数据，因此只能从中选择一部分具有代表性的输入数据，以期用较小的代价暴露出较多的程序错误。黑盒测试法一般有等价类划分、边界值分析、错误推测、因果图 4 种常用测试法。

（1）等价类划分

等价类划分是把所有可能的输入数据划分成若干个等价的子集，使得每个子集中的一个典型值在测试中的作用与这一子集中所有其他值的作用相同。

对于等价类的划分，人们经常从有效和无效的角度对输入数据进行划分。有效等价类是指对于程序的规格说明书来说是合理的、有意义的数据构成的集合。使用它可以检查程序是否实现了规格说明书确定的功能。无效等价类是指对于程序的规格说明书来说是不合理的、无意义的数据构成的集合。使用它可以检查程序是否实现了与规格说明书不相符的功能。

例如：输入的数据范围是 1~999，可以划分为 3 类：x<1，1≤x≤999，x>999。

在进行等价类划分时，也有一些启发式规则可以参考。

① 如果规定了输入值的范围，则可划分出一个有效的等价类和两个无效的等价类。

② 如果规定了输入数据个数，则可划分出一个有效的等价类和两个无效的等价类。

③ 如果规定了输入数据的一组值，而且程序对不同输入值做不同的处理，则每个允许的输入值是一个有效的等价类，此外还有一个无效的等价类。

④ 如果规定了输入数据必须遵循的规则，则可以划分出一个有效的等价类（符合规则）和若干个无效的等价类（从各种不同角度违反规则）。

⑤ 如果规定了输入数据为整型，则可以划分出正整数、零和负整数等 3 个有效类。

⑥ 如果程序的处理对象是表格，则应该使用空表，以及含一项或多项的表。

（2）边界值分析

实践经验表明，程序往往在处理边界情况时发生错误。边界情况指输入等价类和输出等价类边界上的情况，因此检查边界情况的测试用例是比较高效的，可以查出更多的错误。

例如，在进行工资划分时，工龄超过 10 年的岗位工资是 2000（含 10 年）。用程序来计算，那么，"工龄≥10" 就是一个判定条件，而在设计程序或输入程序时，可能出错的常常是写错成大于号，这时一般的测试用例很难发现这个错误，所以把易于出错的地方，也就是边界、两侧多选几个测试用例。

在进行边界值分析时，也有一些启发式规则可以参考。

① 如果输入条件规定了取值范围，则对边界和边界附近设计测试用例。

② 如果输入条件规定了数据的个数，则要对值的最大个数、最小个数、稍大于最大个数、稍小于最小个数情况进行设计测试用例。

③ 针对规格说明中的每个输出条件同样可使用①、②。

④ 如果规格说明中提到的输入和输出域是有序的集合，则应选取第一个和最后一个元素作为测试用例。

例如，输入数据的值的范围是 -1.0 至 1.0，则可选 -1.0、1.0、-1.001、1.001 等数据作为测试数据。

（3）错误推测

在测试程序时，人们可能根据经验或直觉推测程序中可能存在的各种错误，从而有针对性地编写检查这些错误的测试用例，这就是错误推测法。

错误推测法在很大程度上靠直觉和经验进行。它的基本想法是列举程序中可能有的错误和容易发生错误的特殊情况，对于程序中容易出错的情况也有一些经验总结出来，例如，输入数据为零或输出数据为零往往容易发生错误。在一段程序中已经发现的错误数目往往和尚未发现的错误数成正比。

（4）因果图

因果图能有效地检测输入条件的各种组合可能引起的错误。其基本原理是通过画因果图把用自然语言描述的功能说明转换为判定表，最后为判定表的每一列设计一个测试用例。

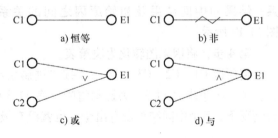

图 11-16　因果图的基本图形符号

通常在因果图中，用 C 表示原因，E 表示结果，其基本符号如图 11-16 所示。各结点表示状态，可取值 0 或 1。0 表示某状态不出现，1 表示某状态出现。

利用因果图生成测试用例的基本步骤如下：

① 确定软件规格（需求）中的原因和结果。

② 确定原因和结果之间的逻辑关系，画出因果图。

③ 确定因果图中的各个约束。

④ 画出因果图并转换为判定表（决策表）。

⑤ 根据判定表设计测试用例。

下面通过实例来说明因果图生成测试用例的步骤。

【例 11-3】　自动售货机。

产品说明书：有一个处理单价为1元5角钱的盒装饮料的自动售货机软件。若投入1元5角硬币，按下"可乐""雪碧"或"红茶"按钮，相应的饮料就送出来。若投入的是2元硬币，在送出饮料的同时退还5角硬币。试用因果图法生成测试用例。

解：依题意，分5步完成：

第1步：确定需求中的原因与结果。

原因：

- C1：投入1元5角硬币
- C2：投入2元硬币
- C3：按"可乐"按钮
- C4：按"雪碧"按钮
- C5：按"红茶"按钮

结果：

- E1：退还5角硬币
- E2：送出"可乐"饮料
- E3：送出"雪碧"饮料
- E4：送出"红茶"饮料

第2步：确定原因与结果的逻辑关系，画出因果图。

C1与C2需要一个中间结果Cm1，C3、C4、C5需要一个中间结果Cm2，因果图如图11-17所示。

第3步：确定因果图中的约束。

C1与C2是或的关系；C3、C4、C5是或的关系；结果和中间结果及初始原因之间的关系如图11-17所示。

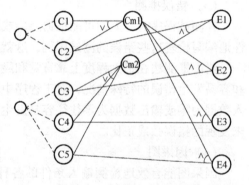

图 11-17　自动售货机因果图

第4步：将因果图转化为决策表。

将原因C1、C2、C3、C4、C5按二进制由小到大分别取值，并分析中间结果的成立与否，填写决策表表11-3。为显示清晰，表11-3中的中间结果和结果列的空白处，表示该组合情况下，2个中间结果没有出全，也就没有最后的结果输出动作。

表 11-3　自动售货机决策表

编号	原因					中间结果		结果			
	C1	C2	C3	C4	C5	Cm1	Cm2	E1	E2	E3	E4
1	0	0	0	0	0						
2	0	0	0	0	1						
3	0	0	0	1	0						
4	0	0	0	1	1						
5	0	0	1	0	0						
6	0	0	1	0	1						

（续）

编号	原因					中间结果		结果			
	C1	C2	C3	C4	C5	Cm1	Cm2	E1	E2	E3	E4
7	0	0	1	1	0						
8	0	0	1	1	1						
9	0	1	0	0	0						
10	0	1	0	0	1	1	1	1			1
11	0	1	0	1	0	1	1	1		1	
12	0	1	0	1	1						
13	0	1	1	0	0	1	1	1	1		
14	0	1	1	0	1						
15	0	1	1	1	0						
16	0	1	1	1	1						
17	1	0	0	0	0						
18	1	0	0	0	1	1	1				1
19	1	0	0	1	0	1	1			1	
20	1	0	0	1	1						
21	1	0	1	0	0	1	1		1		
22	1	0	1	0	1						
23	1	0	1	1	0						
24	1	0	1	1	1						
25	1	1	0	0	0						
26	1	1	0	0	1						
27	1	1	0	1	0						
28	1	1	0	1	1						
29	1	1	1	0	0						
30	1	1	1	0	1						
31	1	1	1	1	0						
32	1	1	1	1	1						

进而得出如表 11-4 所示的简化版决策表（即中间结果 Cm1、Cm2 成立的情况）。

表 11-4　自动售货机简化版的决策表

编号	原因					中间结果		结果			
	C1	C2	C3	C4	C5	Cm1	Cm2	E1	E2	E3	E4
1	0	1	0	0	1	1	1	1			1
2	0	1	0	1	0	1	1			1	

（续）

编号	原因					中间结果		结果			
	C1	C2	C3	C4	C5	Cm1	Cm2	E1	E2	E3	E4
3	0	1	1	0	0	1		1	1		
4	1	0	0	0	1	1	1				1
5	1	0	0	1	0	1	1			1	
6	1	0	1	0	0	1	1		1		

第 5 步：根据判定表设计测试用例，见表 11-5。

表 11-5 自动售货机测试用例

编号	输入数据	预期输出	实际输出	判定
1	投入 2 元硬币、按下红茶	退还 5 角、送出红茶		
2	投入 2 元硬币、按下雪碧	退还 5 角、送出雪碧		
3	投入 2 元硬币、按下可乐	退还 5 角、送出可乐		
4	投入 1.5 元硬币、按下红茶	送出红茶		
5	投入 1.5 元硬币、按下雪碧	送出雪碧		
6	投入 1.5 元硬币、按下可乐	送出可乐		

本例的最终测试用例共 6 种合理情况，见表 11-5。

前面介绍的软件测试方法，各有所长。每种方法都能设计出一组有用的测试用例，用这组测试用例容易发现某种类型的错误，但可能不易发现另一种类型的错误。因此在实际测试中，联合使用各种测试方法形成综合策略，通常先用黑盒法设计基本的测试用例，再用白盒法补充一些必要的测试用例。

11.4.4 调试

软件调试和软件测试是两个不同的过程，但又是相互伴随、相互交叉进行的。软件调试是在进行了成功的测试之后才开始的工作。它与软件测试不同，调试的任务是进一步诊断和改正程序中潜在的错误。

软件运行失效或出现问题，往往只是潜在错误的外部表现，而外部表现与内在原因之间常常没有明显的联系。可以说，调试是通过现象找出原因的一个思维分析的过程。如果要找出真正的原因，排除潜在的错误，不是一件易事。调试工作是一个具有很强技巧性的工作。

1. 调试活动的组成

一般的调试由两部分组成：

1）确定程序中可疑错误的确切性质和位置。

2）对程序（设计，编码）进行修改，排除这个错误。

2. 调试的步骤

1）从错误的外部表现形式入手，确定程序中的出错位置。

2）研究有关部分的程序，找出错误的内在原因。

3）修改设计和代码，以排除这个错误。

4）重复进行暴露了这个错误的原始测试或某些相关测试。

3. 难以查找错误的原因

从技术角度来看，查找错误的难度在于如下几个方面：

1）现象与原因所处的位置可能相距甚远。

2）当其他错误得到纠正时，这一错误所表现出的现象可能会暂时消失，但并未实际排除。

3）现象实际上是由一些非错误原因（例如，舍入不精确）引起的。

4）现象可能是由于一些不容易发现的人为错误引起的。

5）错误是由于时序问题引起的，与处理过程无关。

6）现象是由于难于精确再现的输入状态（例如，实时应用中输入顺序不确定）引起。

7）现象可能是时有时无出现的。在软、硬件结合的嵌入式系统中常常遇到。

4. 调试方法

调试的关键在于推断程序内部的错误位置及原因。可以采用以下方法：

（1）试探法

这种调试方法目前使用较多，效率较低，它不需要过多的思考。一般有如下几种方式：

① 通过内存全部打印来调试，在大量的数据中寻找出错的位置。

② 在程序特定部位设置打印语句，把打印语句插在出错的源程序的各个关键变量改变部位、重要分支部位、子程序调用部位，跟踪程序的执行，监视重要变量的变化。

③ 自动调试工具。利用某些程序语言的调试功能或专门的交互式调试工具，分析程序的动态过程，而不必修改程序。

应用以上任一种方法之前，都应当对错误的征兆进行全面彻底的分析，得出对出错位置及错误性质的推测，再使用一种适当的调试方法来检验推测的正确性。

（2）回溯法调试

这是在小程序中常用的一种有效的调试方法。一旦发现了错误，人们先分析错误征兆，确定最先发现"症状"的位置。然后，人工沿程序的控制流程，向回追踪源程序代码，直到找到错误根源或确定错误产生的范围。

例如，程序中发现错误节点是某个打印语句。通过输出值可推断程序在这一点上变量的值。再从这一点出发，回溯程序的执行过程，反复考虑："如果程序在这一点上的状态（变量的值）是这样，那么程序在上一点的状态一定是这样…"，直到找到错误的位置。

（3）对分查找法

如果已经知道每个变量在程序内若干个关键点的正确值，则可用赋值语句或输入语句在程序中点附近"注入"这些变量的正确值，然后检查程序的输出。如果输出结果是正确的，则故障在程序的前半部分；反之，故障在程序的后半部分。

（4）归纳法调试

归纳法是一种从特殊推断一般的系统化思考方法。归纳法调试的基本思想是从一些线索（错误征兆）着手，通过分析它们之间的关系来找出错误。有如下 4 步：

① 收集有关的数据。列出所有已知的测试用例和程序执行结果。看哪些输入数据的运行结果是正确的，哪些输入数据的运行结果是错误的。

② 组织数据。由于归纳法是从特殊到一般的推断过程，所以需要组织整理数据，以发

293

现规律。

③ 提出假设。分析线索之间的关系，利用在线索结构中观察到的矛盾现象，设计一个或多个关于出错原因的假设。如果一个假设也提不出来，归纳过程就需要收集更多的数据。此时，应当再设计与执行一些测试用例，以获得更多的数据。

④ 证明假设。把假设与原始线索或数据进行比较，若它能完全解释一切现象，则假设得到证明；否则，就认为假设不合理或不完全，或是存在多个错误，以致只能消除部分错误。

（5）演绎法调试

演绎法是一种从一般原理或前提出发，经过排除和精化的过程来推导出结论的思考方法。演绎法排错是测试人员首先根据已有的测试用例，设想及枚举出所有可能出错的原因作为假设；然后再用原始测试数据或新的测试，从中逐个排除不可能正确的假设；最后，再用测试数据验证余下的假设确定出错的原因。

① 列举所有可能出错原因的假设。把所有可能的错误原因列成表。通过它们可以组织、分析现有数据。

② 利用已有的测试数据，排除不正确的假设。仔细分析已有的数据，寻找矛盾，力求排除前一步列出所有原因。如果所有原因都被排除了，则需要补充一些数据（测试用例），以建立新的假设。

③ 改进余下的假设。利用已知的线索，进一步改进余下的假设，使之更具体化，以便可以精确地确定出错位置。

④ 证明余下的假设。

5. 调试原则

在调试方面，许多原则本质上是心理学方面的问题。调试由两部分组成，调试原则也分成两组。

确定错误的性质和位置的原则：

1）用头脑去分析思考与错误征兆有关的信息。

2）避开死胡同。

3）只把调试工具当做辅助手段来使用。利用调试工具，可以帮助思考，但不能代替思考。

4）避免用试探法，最多只能把它当做最后手段。

修改错误的原则：

1）在出现错误的地方，很可能还有别的错误。

2）修改错误的一个常见失误是只修改了这个错误的征兆或这个错误的表现，而没有修改错误的本身。

3）当心修正一个错误的同时有可能会引入新的错误。

4）修改错误的过程将迫使人们暂时回到程序设计阶段。

5）修改源代码程序，不要改变目标代码。

11.5 本章小结

本章首先介绍软件工程的基本概念，接着详细地讲述了应用软件的设计开发过程以及测试和调试技术，重点是掌握软件设计的测试与调试的多种方法。

1. 软件工程的概念

软件工程是用工程、科学和数学的原则与方法，研究、维护计算机软件的有关技术及管理方法，是研究用工程化方法构建和维护有效、实用和高质量的软件的一门学科。

2. 软件生命周期

它包括了 3 个大的阶段，每个阶段又由若干过程组成。

1）软件定义阶段，又包括了问题定义、可行性研究和需求分析 3 个子阶段。

2）软件开发阶段，它通常由下述 5 个阶段组成：总体设计、详细设计、编码和单元测试、综合测试、确认测试。

3）软件运行与维护阶段。

3. 介绍在软件开发过程中使用较多的瀑布模型和快速原型模型两种开发模型。

4. 典型的总体设计过程包括以下 9 个步骤：

（1）设想供选择的方案　　（2）选取合理的方案　　（3）推荐最佳方案

（4）功能分解　　　　　　（5）设计软件结构　　　（6）设计数据库

（7）制定测试计划　　　　（8）书写文档　　　　　（9）审查和复审

5. 模块的独立程度可以由两个定性标准度量，这两个标准分别称为耦合和内聚。

模块间耦合性越高，则模块的独立性越弱，模块间常见的耦合关系有如下 7 种：

（1）内容耦合　　（2）公共耦合　　（3）外部耦合　　（4）控制耦合

（5）标记耦合　　（6）数据耦合　　（7）非直接耦合

模块间内聚性越高，则模块的独立性越强，模块内常见的内聚关系也有 7 种：

（1）巧合内聚　　（2）逻辑内聚　　（3）时间内聚　　（4）过程内聚

（5）通信内聚　　（6）顺序内聚　　（7）功能内聚

6. 启发式规则

人们在开发计算机软件的长期实践中总结出了一些启发式规则，这些规则在许多场合能给软件工程师以有益的启示，帮助他们找到改进软件设计、提高软件质量的途径。

7. 详细设计工具

为了在详细设计阶段清楚地表达设计思想，可以借助一定的工具，本章重点介绍了 6 种工具：

（1）程序流程图　　（2）N-S 图　　（3）问题分析图（PAD）

（4）判定表　　　　（5）判定树　　（6）过程设计语言

8. 编码规则

源程序代码的逻辑简明清晰、易读易懂是优秀程序的一个重要标准，为了做到这一点，应该遵循相关的规则。

9. 软件测试

软件测试方法一般分为两大类：白盒测试与黑盒测试。

白盒测试又称为结构测试或逻辑测试，即把程序看成装在一个透明的白盒子里，测试者完全知道程序的结构和处理算法。包括以下 6 种：

（1）语句覆盖　　　　（2）判定覆盖　　　（3）条件覆盖

（4）判定/条件覆盖　　（5）条件组合覆盖　（6）路径覆盖

黑盒测试法又称功能测试，即把程序看作一个黑盒子，完全不考虑程序的内部结构和处理过程的测试方法，本章介绍了以下4种常见的黑盒测试：

（1）等价类划分　　　（2）边界值分析　　　（3）错误推测　　　（4）因果图

10. 调试

调试的任务是进一步诊断和改正程序中潜在的错误。调试的关键在于推断程序内部的错误位置及原因。可以采用以下方法：

（1）试探法　　（2）回溯法调试　　（3）对分查找法　　（4）归纳法调试　　（5）演绎法调试

 习题

11-1　判断题

（1）测试是为了验证软件已正确地实现了用户的要求。（　　　）

（2）白盒测试仅与程序的内部结构有关，完全可以不考虑程序的功能要求。（　　　）

（3）程序员兼任测试员可以提高工作效率。（　　　）

（4）测试是为了证明程序是正确的。（　　　）

（5）成功的测试是没有发现错误的测试。（　　　）

（6）成功的测试是发现了至今尚未发现的错误的测试。（　　　）

11-2　选择题

（1）软件生存周期过程中，修改错误代价最大的阶段是（　　　）。

　　　A. 发布运行阶段　　　　　　　　　B. 设计阶段

　　　C. 编程阶段　　　　　　　　　　　D. 需求阶段

（2）用黑盒技术设计测试用例的方法之一为（　　　）。

　　　A. 因果图　　　　B. 逻辑覆盖　　　　C. 循环覆盖　　　　D. 基本路径测试

（3）如果一个判定中的复合条件表达式为（A>1）or（B<=3），则为了达到100%的条件覆盖率，至少需要设计多少个测试用例（　　　）。

　　　A. 1　　　　　B. 4　　　　　C. 3　　　　　D. 2

（4）在覆盖准则中，最常用的是（　　　）。

　　　A. 语句覆盖　　　B. 条件覆盖　　　C. 分支覆盖　　　D. 以上全部

（5）单元测试中设计测试用例的依据是（　　　）。

　　　A. 项目计划说明书　　　　　　　　B. 需求规格说明书

　　　C. 详细设计规格说明书　　　　　　D. 概要设计规格说明书

（6）数据流图（DFD图）中表示"加工"的图形符号是（　　　）。

　　　A. 箭头　　　　　B. 双横线　　　　C. 矩形框　　　　D. 圆

（7）N-S图，也称盒图，是（　　　）时使用的一种图形工具。

　　　A. 系统结构设计　　　　　　　　　B. 过程设计

　　　C. 数据设计　　　　　　　　　　　D. 接口设计

（8）结构化程序设计的原则中要求每一个控制结构（　　　）。

　　　A. 只能有一个入口和一个出口　　　B. 可以有一个入口和多个出口

　　　C. 可以有多个入口和一个出口　　　D. 可以有多个入口和多全出口

11-3　简答题

(1) 什么是软件工程？应用软件一般的设计开发的过程是什么？

(2) 什么是软件生存周期？软件生存周期有那些？

(3) 什么是软件危机？产生软件危机的原因是什么？如何消除之？

(4) 需求分析的目的和任务是什么？

(5) 软件开发与写程序有什么不同？

(6) 软件测试的主要任务与主要目的。

(7) 名词解释：对象、类、消息、方法。

(8) 比较程序流程图、N-S 图、PAD 图、PDL 语言的优缺点？

11-4　应用题

(1) 某企业库存量监控的处理规则如下：

　　库存量≤0——————————————缺货处理

　　库存下限<库存量≤储备定额—————订货处理

　　储备定额<库存量≤库存上限—————正常处理

　　库存量>库存上限——————————上限报警

　　0<库存量≤库存下限————————下限报警

要求：画出判定表。

(2) 根据下面的函数代码，画出流程图，然后分别用语句覆盖、判定覆盖、路径覆盖、条件覆盖、判定/条件覆盖、条件组合覆盖、路径覆盖测试法设计其测试用例，对下图中的程序进行测试。

```
int logicExample(int x,int y)
{
  int magic=0;
  if(x>0 && y>0)
    magic=x+y+10;
  else
    magic=x+y-10;
  if(magic<0)
    magic=0;
  return magic;
}
```

参 考 文 献

[1] 严蔚敏，等. 数据结构 C 语言版 [M]. 北京：人民邮电出版社，2016.

[2] 徐士良，葛兵. 计算机软件技术基础 [M]. 北京：清华大学出版社，2014.

[3] 张黎明. 计算机软件技术基础 [M]. 北京：北京工业大学出版社，2006.

[4] 张海藩，等. 软件工程 [M]. 6 版. 北京：清华大学出版社，2013.

[5] 胡元义，等. 操作系统原理教程 [M]. 北京：电子工业出版社，2018.

[6] 瞿亮. 软件技术基础 [M]. 北京：清华大学出版社，2020.